Linux操作系统
（微课版）
（RHEL 8/CentOS 8）
（第2版）

杨 云 编著

清华大学出版社

北京

内 容 简 介

本书是国家精品课程、国家精品资源共享课程和精品在线开放课程"Linux 网络操作系统"的配套教材。本书满足国家自主可控操作系统的战略需要,是一本基于"项目驱动、任务导向"的"双元"模式的"纸质教材+电子活页"的项目化新形态教材。

本书以 RHEL 8 服务器为例,完全兼容 CentOS 8,"教、学、做"一体,着眼应用,根据网络工程实际工作过程所需的知识和技能抽象出 31 个教学项目(含 12 个电子活页视频)。教学项目包括:搭建与测试 Linux 服务器、使用常用的 Linux 命令、Shell 与 vim 编辑器、用户和组管理、文件系统和磁盘管理、配置防火墙和 SELinux、DHCP 服务器配置、DNS 服务器配置、NFS 网络文件系统、samba 服务器配置、Apache 服务器配置、FTP 服务器配置、电子邮件服务器配置、代理服务器配置。每章后面有"项目实录""练习题"等结合实践应用的内容。本书使用大量翔实的企业应用实例,配以知识点微课和项目实录慕课,使"教、学、做"融为一体,实现理论与实践的统一;12 个电子活页视频含系统安全与故障排除,以及拓展提升两大学习情境。

本书可作为高等院校大数据、云计算、网络工程、软件工程、计算机科学与技术、计算机网络技术、计算机应用技术等专业的理论与实践一体化教材,也可作为 Linux 系统管理和网络管理人员的自学指导书。

图书在版编目(CIP)数据

Linux 操作系统:微课版:RHEL 8/CentOS 8/杨云编著. —2 版. —北京:清华大学出版社,2021.10
(2024.8重印)

ISBN 978-7-302-58292-2

Ⅰ.①L… Ⅱ.①杨… Ⅲ.①Linux 操作系统 Ⅳ.①TP316.85

中国版本图书馆 CIP 数据核字(2021)第 105898 号

策划编辑:张龙卿
文稿编辑:李慧恬
封面设计:范春燕
责任校对:赵琳爽
责任印制:杨 艳

出版发行:清华大学出版社
   网   址:https://www.tup.com.cn,https://www.wqxuetang.com
   地   址:北京清华大学学研大厦 A 座   邮 编:100084
   社 总 机:010-83470000   邮 购:010-62786544
   投稿与读者服务:010-62776969,c-service@tup.tsinghua.edu.cn
   质量反馈:010-62772015,zhiliang@tup.tsinghua.edu.cn
   课件下载:https://www.tup.com.cn,010-83470410
印 装 者:北京同文印刷有限责任公司
经 销:全国新华书店
开 本:185mm×260mm   印 张:20.5   字 数:495 千字
版 次:2018 年 9 月第 1 版 2021 年 10 月第 2 版   印 次:2024 年 8 月第 10 次印刷
定 价:59.00 元

产品编号:093288-01

前 言

习近平总书记在党的二十大报告中指出：教育、科技、人才是全面建设社会主义现代化国家的基础性、战略性支撑；必须坚持科技是第一生产力、人才是第一资源、创新是第一动力；深入实施科教兴国战略、人才强国战略、创新驱动发展战略，这三大战略共同服务于创新型国家的建设。

1. 编写背景

《Linux 操作系统（微课版）》一书自 2018 年 9 月出版以来，已重印 6 次，读者在肯定该书的同时，也提出了一些建议，特别是版本升级方面的建议尤为突出。

有鉴于此，现将操作系统版本升级到 Red Hat Enterprise Linux 8（以下简称 RHEL 8）/CentOS 8，同时删除部分陈旧的内容，增加了 firewall、nmcli、systemctl、SELinux、squid 等相关内容；以"纸质教材＋电子活页"形式呈现教学内容，扩展了纸质教材的内涵，知识点微课和项目实录慕课与教材相得益彰，创新和丰富了新形态教材的形式和内容。

2. 改版内容

教材在形式和内容上进行了更新和提升，与时俱进，更能体现"三教"改革精神。

（1）将操作系统版本升级到 RHEL 8/CentOS 8，删除陈旧的内容，新增电子活页、课程思政等内容，优化教学项目，完善企业案例。

（2）本书采用了知识点微课和项目实录慕课的形式辅助教学，使用"纸质教材＋电子活页"模式增加了超值丰富的数字资源。

（3）电子活页包括"系统安全与故障排除""拓展提升"2 个学习情境（12 个项目实录视频和 1 个文档）。纸质教材和电子活页以项目为载体，以工作过程为导向，以职业素养和职业能力培养为重点，按照技术应用从易到难，教学内容从简单到复杂、从局部到整体，职业能力不断提升的原则优化教材内容。

（4）增加课程思政内容。本书弘扬精益求精的专业精神、职业精神、工匠精神，电子活页中融入了"核高基"项目、自主可控操作系统国家战略、"雪人计划"、超级计算机、银河麒麟操作系统、国家最高科学技术奖、龙芯和王选等中国计算机的重要事件和突出贡献人物，鞭策学生努力学习，激发学生的爱国热情，引导学生树立正确的世界观、人生观和价值观，努力成为德、智、体、美、劳全面发展的社会主义建设者和接班人。

（5）31 个慕课和 11 个微课视频全部重新设计和录制。

3. 本书特点

"为中华崛起传播智慧"是我不变的初心。本书最大的特点是为教师和学生提供了一站式课程解决方案和立体化教学资源,助力"易教易学"。

1)服务国家战略,激发爱国情怀

助力破解"缺芯少魂"难题,服务国家战略性新兴产业和经济社会急需,是立德树人教育的良好载体。自主可控操作系统是国家战略,"Linux 网络操作系统"课程运维人才培养满足了社会急需。

2)本书是国家精品课程和国家精品资源共享课程的配套教材

教学中用到的 PPT 课件、电子教案、实践教学、授课计划、课程标准、题库、论坛、学习指南、习题解答、补充材料等内容,都放在了国家精品资源共享课程网站上。

3)提供"教、学、做、导、考"一站式课程解决方案

本书教学资源建设获得省级教学成果二等奖。提供"微课＋3A 学习平台＋共享课程＋资源库"四位一体教学平台,配有知识点微课和项目实训慕课,国家精品资源共享课程建有开放共享型资源 1321 条,国家资源库有相关资源 700 多条,为院校提供"教、学、做、导、考"一站式课程解决方案。

4)产教融合、书证融通、课证融通,校企"双元"合作开发理实一体教材

教材内容对接职业标准和岗位需求,以企业"真实工程项目"为素材进行项目设计及实施,将教学内容与 Linux 资格认证相融合,业界专家拍摄项目实录,书证融通、课证融通。每个项目一体化设计,全书也是一脉相承进行一体化设计。

5)符合"三教"改革精神,创新教材形态

将教材、课堂、教学资源、LEEPEE 教学法四者融合,实现线上线下有机结合,为翻转课堂和混合课堂改革奠定了基础。"微课＋慕课"体现了"教、学、做"的完美统一。

6)采用了"纸质教材＋电子活页"的形式编写教材

除教材外,还提供超值丰富的数字资源,包含视频、音频、作业、试卷、拓展资源、讨论、扩展的项目实录视频等。实现纸质教材三年修订、电子活页随时增减和修订的目标。

4. 配套的教学资源

(1)全部章节的知识点微课和全套的项目实录慕课都可通过扫描书中二维码获取。知识点微课和项目实录慕课近 50 个,视频时长 1200 分钟。

(2)课件、电子教案、授课计划、项目指导书、课程标准、拓展提升、项目任务单、实训指导书等。

(3)可参考服务器的配置文件。

(4)大赛试题及答案、试卷 A、试卷 B、习题及答案。

本书由杨云编著,红帽认证架构师(RHCA)宁方明、魏尧、吴敏、刁琦、郑泽等参加了部分视频创作和教材的编写。特别感谢付强、朱晓彦、左安顺、董爱民等老师,以及 Linux 教师研讨群里 2000 多位教师的无私帮助和支持。

订购教材后请向作者索要全套备课包,欢迎加入计算机研讨 & 资源共享教师 QQ 群,联系方式可以向出版社索要。

编著者

2023 年 1 月

目　录

第 1 章　搭建与测试 Linux 服务器 ……………………………………… 1

1.1　认识 Linux 操作系统 ……………………………………… 1

1.1.1　Linux 系统的历史 ……………………………… 1

1.1.2　Linux 的版权问题 ……………………………… 2

1.1.3　理解 Linux 体系结构 …………………………… 2

1.1.4　认识 Linux 的版本 ……………………………… 3

1.1.5　Red Hat Enterprise Linux 8 …………………… 4

1.2　使用 VM 虚拟机安装 RHEL 8 …………………………… 5

1.2.1　安装配置 VM 虚拟机 …………………………… 5

1.2.2　安装配置 RHEL 8 操作系统 …………………… 12

1.3　重置 root 管理员密码 …………………………………… 21

1.4　使用 yum 和 dnf …………………………………………… 22

1.5　systemd 初始化进程 ……………………………………… 25

1.6　启动 Shell …………………………………………………… 26

1.7　配置常规网络 ……………………………………………… 27

1.7.1　使用 nmtui 修改主机名 ………………………… 28

1.7.2　使用系统菜单配置网络 ………………………… 29

1.7.3　使用图形界面配置网络 ………………………… 31

1.7.4　使用 nmcli 命令配置网络 ……………………… 33

1.8　项目实录：Linux 系统安装与基本配置 ………………… 37

1.9　练习题 ……………………………………………………… 38

第 2 章　使用常用的 Linux 命令 ………………………………………… 40

2.1　Linux 命令基础 …………………………………………… 40

2.1.1　了解 Linux 命令特点 …………………………… 40

2.1.2　后台运行程序 …………………………………… 41

2.2　熟练使用文件目录类命令 ………………………………… 41

2.2.1　使用浏览目录类命令 …………………………… 41

2.2.2　熟练使用浏览文件类命令 ……………………… 42

2.2.3　熟练使用目录操作类命令 ……………………… 44

2.2.4　熟练使用 cp 命令 ……………………………… 45

2.2.5　熟练使用文件操作类命令 ……………………… 47

2.3　熟练使用系统信息类命令 ………………………………… 55

2.4 熟练使用进程管理类命令 ·· 57

2.5 熟练使用其他常用命令 ·· 61

2.6 项目实录：使用 Linux 基本命令 ·································· 64

2.7 练习题 ·· 65

第 3 章 Shell 与 vim 编辑器 ·· **67**

3.1 Shell ·· 67

　　3.1.1 Shell 概述 ·· 67

　　3.1.2 Shell 环境变量 ·· 69

　　3.1.3 正则表达式 ·· 72

　　3.1.4 输入/输出重定向与管道 ································ 74

　　3.1.5 Shell 脚本 ·· 77

3.2 vim 编辑器 ·· 80

3.3 项目实录 ·· 87

　　项目实录一：Shell 编程 ·· 87

　　项目实录二：vim 编辑器 ·· 87

3.4 练习题 ·· 88

第 4 章 用户和组管理 ·· **90**

4.1 理解用户账户和组 ·· 90

4.2 理解用户账户文件和组文件 ···································· 91

　　4.2.1 理解用户账户文件 ·· 91

　　4.2.2 理解组文件 ·· 93

4.3 管理用户账户 ·· 94

　　4.3.1 新建用户 ·· 94

　　4.3.2 设置用户账户口令 ·· 95

　　4.3.3 维护用户账户 ·· 96

4.4 管理组 ·· 99

　　4.4.1 维护组账户 ·· 99

　　4.4.2 为组添加用户 ·· 99

4.5 使用 su 命令 ·· 100

4.6 使用常用的账户管理命令 ·· 101

4.7 企业实战与应用——账户管理实例 ······························ 102

4.8 项目实录：管理用户和组 ·· 103

4.9 练习题 ·· 103

第 5 章 文件系统和磁盘管理 ·· **106**

5.1 了解文件系统 ·· 106

　　5.1.1 认识文件系统 ·· 106

5.1.2　理解 Linux 文件系统目录结构 ………………………………………… 107

5.1.3　理解绝对路径与相对路径 …………………………………………… 109

5.1.4　Linux 文件权限管理 …………………………………………………… 109

5.2　管理磁盘 ………………………………………………………………………… 114

5.2.1　MBR 硬盘与 GPT 硬盘 ……………………………………………… 114

5.2.2　物理设备的命名规则 …………………………………………………… 115

5.2.3　硬盘分区 ………………………………………………………………… 116

5.2.4　为虚拟机添加需要的硬盘 ……………………………………………… 117

5.2.5　硬盘的使用规划 ………………………………………………………… 119

5.2.6　使用硬盘管理工具 fdisk ……………………………………………… 119

5.2.7　使用其他硬盘管理工具 ………………………………………………… 123

5.3　在 Linux 中配置软 RAID ……………………………………………………… 127

5.3.1　常用的 RAID …………………………………………………………… 127

5.3.2　实现 RAID 的典型案例 ………………………………………………… 129

5.4　LVM 逻辑卷管理器 …………………………………………………………… 132

5.4.1　LVM 概述 ……………………………………………………………… 132

5.4.2　实现 LVM 的典型案例 ………………………………………………… 133

5.5　硬盘配额配置企业案例（XFS 文件系统） …………………………………… 137

5.5.1　环境需求 ………………………………………………………………… 137

5.5.2　解决方案 ………………………………………………………………… 138

5.6　项目实录 ………………………………………………………………………… 141

项目实录一：文件权限管理 …………………………………………………… 141

项目实录二：文件系统管理 …………………………………………………… 142

项目实录三：LVM 逻辑卷管理器 ……………………………………………… 142

项目实录四：动态磁盘管理 …………………………………………………… 143

5.7　练习题 …………………………………………………………………………… 143

第 6 章　配置防火墙和 SELinux ……………………………………………………… **146**

6.1　防火墙概述 ……………………………………………………………………… 146

6.1.1　防火墙的特点 …………………………………………………………… 146

6.1.2　iptables 与 firewall …………………………………………………… 147

6.1.3　NAT 基础知识 ………………………………………………………… 147

6.1.4　SELinux ………………………………………………………………… 149

6.2　案例设计及准备 ………………………………………………………………… 150

6.3　使用 firewalld 服务 …………………………………………………………… 150

6.3.1　使用终端管理工具 ……………………………………………………… 151

6.3.2　使用图形管理工具 ……………………………………………………… 155

6.4　管理 SELinux …………………………………………………………………… 158

6.4.1　设置 SELinux 的模式 ………………………………………………… 158

6.4.2　设置 SELinux 安全上下文 ·················· 159

6.4.3　管理布尔值 ·················· 160

6.5　NAT(SNAT 和 DNAT)企业实战案例 ·················· 162

6.5.1　企业环境和需求 ·················· 162

6.5.2　解决方案 ·················· 163

6.6　项目实录:配置与管理 firewall 防火墙 ·················· 168

6.7　练习题 ·················· 169

第 7 章　DHCP 服务器配置 ·················· **170**

7.1　了解 DHCP 服务 ·················· 170

7.1.1　DHCP 服务简介 ·················· 170

7.1.2　DHCP 服务工作原理 ·················· 170

7.2　案例设计及准备 ·················· 172

7.2.1　案例设计 ·················· 172

7.2.2　案例需求准备 ·················· 173

7.3　安装与配置 DHCP 服务 ·················· 174

7.3.1　在服务器 Server01 上安装 DHCP 服务器 ·················· 174

7.3.2　配置 DHCP 主配置文件 ·················· 175

7.4　配置 DHCP 服务器应用案例 ·················· 179

7.4.1　案例需求 ·················· 179

7.4.2　解决方案 ·················· 179

7.5　项目实录:配置与管理 DHCP 服务器 ·················· 183

7.6　练习题 ·················· 185

第 8 章　DNS 服务器配置 ·················· **187**

8.1　认识 DNS 服务 ·················· 187

8.1.1　DNS 概述 ·················· 187

8.1.2　DNS 查询模式 ·················· 188

8.1.3　DNS 域名空间结构 ·················· 188

8.2　案例设计与准备 ·················· 189

8.3　安装与配置 DNS 服务 ·················· 189

8.3.1　安装与启动 DNS ·················· 190

8.3.2　掌握 BIND 配置文件 ·················· 190

8.4　配置主 DNS 服务器实例 ·················· 193

8.4.1　案例环境及需求 ·················· 193

8.4.2　解决方案 ·················· 194

8.5　配置惟缓存 DNS 服务器 ·················· 199

8.6　使用工具测试 DNS ·················· 199

8.7　项目实录:配置与管理 DNS 服务器 ·················· 201

8.8　练习题 ·· 201

第 9 章　NFS 网络文件系统 ··· **203**

9.1　NFS 基本原理 ·· 203

9.1.1　NFS 服务概述 ·· 203

9.1.2　NFS 工作原理 ·· 204

9.1.3　NFS 组件 ·· 204

9.2　案例设计与准备 ·· 205

9.3　配置一台完整的 NFS 服务器 ··· 205

9.3.1　NFS 服务器端配置 ··· 205

9.3.2　在客户端挂载 NFS 文件系统 ·· 210

9.3.3　了解 NFS 服务的文件存取权限 ·· 212

9.4　排除 NFS 故障 ·· 212

9.5　项目实录：配置与管理 NFS 服务器 ··· 214

9.6　练习题 ·· 215

第 10 章　samba 服务器配置 ·· **217**

10.1　samba 简介 ·· 217

10.2　案例设计与准备 ··· 218

10.2.1　了解 samba 服务器配置的工作流程 ··································· 218

10.2.2　设备准备 ··· 219

10.3　配置 samba 服务器 ·· 219

10.3.1　安装并启动 samba 服务 ··· 219

10.3.2　了解主要配置文件 smb.conf ·· 220

10.4　samba 服务的日志文件和密码文件 ·· 224

10.5　user 服务器实例解析 ·· 225

10.6　配置可匿名访问的 samba 服务器 ·· 231

10.7　项目实录：配置与管理 samba 服务器 ·· 233

10.8　练习题 ·· 234

第 11 章　Apache 服务器配置 ··· **236**

11.1　认识 Web ·· 236

11.2　案例设计和准备 ··· 238

11.3　安装与配置 Web 服务器 ·· 238

11.3.1　安装、启动与停止 Apache 服务 ·· 238

11.3.2　认识 Apache 服务器的配置文件 ·· 240

11.4　Web 服务器简单案例 ·· 241

11.4.1　设置文档根目录和首页文件的实例 ····································· 241

11.4.2　用户个人主页实例 ··· 243

11.4.3 虚拟目录实例 ·· 245

11.5 Web 服务器虚拟主机案例 ··· 246

11.5.1 配置基于 IP 地址的虚拟主机 ···································· 246

11.5.2 配置基于域名的虚拟主机 ·· 248

11.5.3 配置基于端口号的虚拟主机 ···································· 249

11.6 保障企业网站安全——配置用户身份认证 ······················· 251

11.6.1 .htaccess 文件控制存取 ··· 251

11.6.2 用户身份认证 ··· 252

11.7 项目实录:配置与管理 Web 服务器 ·································· 255

11.8 练习题 ·· 256

第 12 章 FTP 服务器配置 ··· 258

12.1 认识 FTP 服务 ·· 258

12.1.1 FTP 工作原理 ··· 258

12.1.2 匿名用户 ·· 259

12.2 案例设计与准备 ·· 259

12.3 安装、启动与停止 vsftpd 服务 ··· 260

12.4 认识 vsftpd 的配置文件 ··· 260

12.5 配置匿名用户 FTP 案例 ·· 262

12.5.1 案例需求 ·· 263

12.5.2 解决方案 ·· 263

12.6 配置本地模式的常规 FTP 服务器案例 ·································· 264

12.6.1 案例需求 ·· 264

12.6.2 需求分析 ·· 265

12.6.3 解决方案 ·· 265

12.7 设置 vsftp 虚拟账户案例 ·· 268

12.7.1 案例需求 ·· 268

12.7.2 解决方案 ·· 269

12.8 项目实录:配置与管理 FTP 服务器 ···································· 272

12.9 练习题 ·· 273

第 13 章 电子邮件服务器配置 ·· 274

13.1 了解电子邮件服务工作原理 ··· 274

13.1.1 电子邮件服务概述 ·· 274

13.1.2 电子邮件系统的组成 ·· 274

13.1.3 电子邮件传输过程 ·· 275

13.1.4 与电子邮件相关的协议 ··· 276

13.1.5 邮件处理及认证 ··· 276

13.2 案例设计及准备 ·· 277

13.3　配置 postfix 常规服务器 ……………………………………………………… 278

13.3.1　安装所需要的服务器组件 ………………………………………………… 278

13.3.2　postfix 服务程序主配置文件 ……………………………………………… 278

13.3.3　群发和邮件中继 …………………………………………………………… 279

13.4　配置 Dovecot 服务程序 ………………………………………………………… 283

13.4.1　安装 Dovecot 服务程序软件包 …………………………………………… 284

13.4.2　配置部署 Dovecot 服务程序 ……………………………………………… 284

13.4.3　配置邮件格式与存储路径 ………………………………………………… 285

13.4.4　创建用户，建立保存邮件的目录 ………………………………………… 285

13.5　配置完整的收发邮件服务器案例 ……………………………………………… 285

13.5.1　案例需求 …………………………………………………………………… 285

13.5.2　案例分析 …………………………………………………………………… 285

13.5.3　解决方案 …………………………………………………………………… 286

13.6　使用 Cyrus-SASL 实现 SMTP 认证案例 …………………………………… 292

13.6.1　案例需求 …………………………………………………………………… 292

13.6.2　解决方案 …………………………………………………………………… 292

13.7　项目实录：配置与管理电子邮件服务器 ……………………………………… 295

13.8　练习题 …………………………………………………………………………… 296

第 14 章　代理服务器配置 …………………………………………………………… **298**

14.1　认识代理服务器 ………………………………………………………………… 298

14.1.1　代理服务器的工作原理 …………………………………………………… 298

14.1.2　代理服务器的作用 ………………………………………………………… 299

14.2　案例设计与准备 ………………………………………………………………… 299

14.3　配置 squid 服务器 ……………………………………………………………… 300

14.3.1　安装、启动、停止与随系统启动 squid 服务 ……………………………… 300

14.3.2　配置 squid 服务器 ………………………………………………………… 301

14.4　企业实战与应用案例 …………………………………………………………… 304

14.4.1　企业环境和需求 …………………………………………………………… 304

14.4.2　手动设置代理服务器解决方案 …………………………………………… 305

14.4.3　客户端不需要配置代理服务器的解决方案 ……………………………… 307

14.4.4　反向代理的解决方案 ……………………………………………………… 308

14.4.5　几种错误的解决方案（以反向代理为例） ………………………………… 309

14.5　项目实录：配置与管理 squid 代理服务器 …………………………………… 311

14.6　练习题 …………………………………………………………………………… 311

附录　电子活页 ………………………………………………………………………… **313**

参考文献 ………………………………………………………………………………… **315**

Linux 是当前有很大发展潜力的计算机操作系统，Internet 的旺盛需求正推动着 Linux 的发展热潮一浪高过一浪。自由与开放的特性，加上强大的网络功能，使 Linux 在 21 世纪有着无限的发展前景。本章主要介绍 Linux 系统的安装与简单配置。

学习要点

- 了解 Linux 系统的历史、版权以及特点。
- 了解 RHEL 8 的优点及其家族成员。
- 掌握如何搭建 RHEL 8 服务器。
- 掌握如何配置 Linux 常规网络和如何测试 Linux 网络环境。

1.1 认识 Linux 操作系统

1.1.1 Linux 系统的历史

Linux 系统是一个类似 UNIX 的操作系统。Linux 系统是 UNIX 在计算机上的完整实现，它的标志是一个名为 Tux 的可爱的小企鹅，如图 1-1 所示。UNIX 操作系统是 1969 年由 K.Thompson 和 D.M.Richie 在美国贝尔实验室开发的一个操作系统。由于良好而稳定的性能，其迅速在计算机中得到广泛的应用，在随后的几十年中又做了不断的改进。

图 1-1　Linux 的标志 Tux

自由开源的 Linux 操作系统

1990 年，芬兰人 Linus Torvalds 接触了为教学而设计的 Minix 系统后，开始着手研究编写一个开放的与 Minix 系统兼容的操作系统。1991 年 10 月 5 日，Linus Torvalds 在赫尔辛基技术大学的一台 FTP 服务器上发布了一个消息，这也标志着 Linux 系统的诞生。Linus Torvalds 公布了第一个 Linux 的内核版本 0.02 版。在最开始时，Linus Torvalds 的兴趣在于了解操作系统运行原理，因此 Linux 早期的版本并没有考虑最终用户的使用，只是提供了最核心的框架,使得 Linux 编程人员可以享受编制内核的乐趣,但这样也保证了 Linux 系统内核的强大与稳定。Internet 的兴起,使得 Linux 系统也能十分迅速地发展,很快就有许多程序员加入了 Linux 系统的编写行列之中。

随着编程小组的扩大和完整的操作系统基础软件的出现,Linux 开发人员认识到,Linux 已经逐渐变成一个成熟的操作系统。1992 年 3 月,内核 1.0 版本的推出,标志着 Linux 第一个正式版本的诞生。这时能在 Linux 上运行的软件已经十分广泛了,从编译器到网络软件以及 X-Window 都有。现在,Linux 凭借优秀的设计、不凡的性能,加上 IBM、Intel、AMD、Dell、Oracle、Sybase 等国际知名企业的大力支持,市场份额逐步扩大,逐渐成为主流操作系统之一。

1.1.2　Linux 的版权问题

Linux 是基于 Copyleft(无版权)的软件模式进行发布的,其实 Copyleft 是与 Copyright

(版权所有)相对立的新名称,它是 GNU 项目制定的通用公共许可证(General Public License,GPL)。GNU 项目是由 Richard Stallman 于 1984 年提出的,他建立了自由软件基金会(FSF)并提出 GNU 计划的目的是开发一个完全自由的、与 UNIX 类似但功能更强大的操作系统,以便为所有的计算机使用者提供一个功能齐全、性能良好的基本系统,它的标志是角马,如图 1-2 所示。

图 1-2　GNU 的标志角马

GPL 是由自由软件基金会发行的用于计算机软件的协议证书,使用证书的软件称为自由软件(后来改名为开放源代码软件)。大多数的 GNU 程序和超过半数的自由软件使用它,GPL 保证任何人都有权使用、复制和修改该软件。任何人都有权取得、修改和重新发布自由软件的源代码,并且规定在不增加附加费用的条件下可以得到自由软件的源代码。同时还规定自由软件的衍生作品必须以 GPL 作为它重新发布的许可协议。Copyleft 软件的组成非常透明化,这样当出现问题时,就可以准确地查明故障原因,及时采取相应对策,同时用户不用再担心有"后门"的威胁。

GNU 这个名字使用了有趣的递归缩写,它是 GNU's Not UNIX 的缩写形式。由于递归缩写是一种在全称中递归引用它自身的缩写,因此无法精确地解释出它的真正全称。

总之,Linux 操作系统作为一个免费、自由、开放的操作系统,它的发展势不可挡,它拥有如下所述的一些特点。

1.1.3　理解 Linux 体系结构

Linux 一般有 3 个主要部分:内核(Kernel)、命令解释层(Shell 或其他操作环境)、实用工具。

1. Linux 内核

内核是系统的心脏,是运行程序和管理磁盘及打印机等硬件设备的核心程序。操作环境向用户提供一个操作界面,它从用户那里接受命令,并且把命令送给内核去执行。由于内核提供的都是操作系统最基本的功能,如果内核发生问题,整个计算机系统就可能会崩溃。

Linux 内核的源代码主要用 C 语言编写,只有部分与驱动相关的用汇编语言 Assembly 编写。Linux 内核采用模块化的结构,其主要模块包括存储管理、CPU 和进程管理、文件系统管理、设备管理和驱动、网络通信以及系统的引导、系统调用等。Linux 内核的源代码通常安装在/usr/src 目录,可供用户查看和修改。

2. 命令解释层

Shell 是系统的用户界面,提供了用户与内核进行交互操作的一种接口。它接收用户输入的命令,并且把它送入内核去执行。

操作环境在操作系统内核与用户之间提供操作界面,它可以描述为一个解释器。操作系统对用户输入的命令进行解释,再将其发送到内核。Linux 存在几种操作环境,分别是:桌面(Desktop)、窗口管理器(Window Manager)和命令行 Shell(Command Line Shell)。Linux 系统中的每个用户都可以拥有自己的用户操作界面,根据自己的要求进行定制。

3. 实用工具

标准的 Linux 系统都有一套叫作实用工具的程序,它们是专门的程序,如编辑器、执行标准的计算操作等。用户也可以产生自己的工具。

实用工具可分为以下 3 类。

- 编辑器:用于编辑文件。
- 过滤器:用于接收数据并过滤数据。
- 交互程序:允许用户发送信息或接收来自其他用户的信息。

Linux 的编辑器主要有 Ed、Ex、vi、vim 和 Emacs。Ed 和 Ex 是行编辑器,vi、vim 和 Emacs 是全屏幕编辑器。

Linux 的过滤器(Filter)读取用户文件或其他设备的输入数据。

交互程序是用户与机器的信息接口。Linux 是一个多用户系统,它必须与所有用户保持联系。

1.1.4 认识 Linux 的版本

Linux 的版本分为内核版本和发行版本两种。

1. 内核版本

内核是系统的心脏,是运行程序和管理磁盘及打印机等硬件设备的核心程序,它提供了一个在裸设备与应用程序间的抽象层。例如,程序本身不需要了解用户的主板芯片集或磁盘控制器的细节就能在高层次上读写磁盘。

内核的开发和规范一直由 Linus 领导的开发小组控制着,版本也是唯一的。开发小组每隔一段时间公布新的版本或其修订版,从 1991 年 10 月 Linus 向世界公开发布的内核 0.0.2 版本(0.0.1 版本功能相当简陋,所以没有公开发布)到目前最新的内核 5.10.12 版本,Linux 的功能越来越强大。

Linux 内核的版本号命名是有一定规则的,版本号的格式通常为"主版本号.次版本号.修正号"。主版本号和次版本号标志着重要的功能变动,修正号表示较小的功能变更。以 2.6.12 版本为例,2 代表主版本号,6 代表次版本号,12 代表修正号。其中次版本号还有特定的意义：如果是偶数，就表示该内核是一个可放心使用的稳定版；如果是奇数，则表示该内核加入了某些测试的新功能，是一个内部可能存在着 BUG 的测试版。如 2.5.74 表示是一个测试版的内核，2.6.12 表示是一个稳定版的内核。读者可以到 Linux 内核官方网站 http://www.kernel.org/下载最新的内核代码，如图 1-3 所示。

图 1-3　Linux 内核官方网站 http://www.kernel.org/

2. 发行版本

仅有内核而没有应用软件的操作系统是无法使用的，所以许多公司或社团将内核、源代码及相关的应用程序组织构成一个完整的操作系统，让一般的用户可以简便地安装和使用 Linux，这就是所谓的发行版本（Distribution），一般谈论的 Linux 系统便是针对这些发行版本的。目前各种发行版本超过 300 种，它们的发行版本号各不相同，使用的内核版本号也可能不一样，现在流行的套件有 Red Hat（红帽）、CentOS、Fedora、openSUSE、Debian、Ubuntu 等。

本书是基于最新的 Red Hat Enterprise Linux 8 操作系统（简称 RHEL 8）编写的，书中内容及实验完全通用于 CentOS、Fedora 等系统。也就是说，当你学完本书后，即便公司内的生产环境部署的是 CentOS 系统，也照样会使用。更重要的是，本书配套资料中的 ISO 映像与红帽 RHCSA（Red Hat Certified System Administrator，红帽认证系统管理员）及 RHCE（Red Hat Certified Engineer，红帽认证工程师）考试基本保持一致，因此更适合备考红帽认证的考生使用。

1.1.5　Red Hat Enterprise Linux 8

作为面向云环境和企业 IT 的强大企业级 Linux 系统，Red Hat Enterprise Linux 8 正式版于 2019 年 5 月 8 日正式发布。在 RHEL 7 系列发布将近 5 年之后，RHEL 8 在优化诸多核心组件的同时引入了诸多强大的新功能，从而让用户轻松驾驭各种环境以及支持各种工作负载。

RHEL 8 为混合云时代的到来引入了大量新功能，包括用于配置、管理、修复和配置

RHEL 8 的 Red Hat Smart Management 扩展程序，以及包含快速迁移框架、编程语言和诸多开发者工具在内的 Application Streams。

RHEL 8 同时对管理员和管理区域进行了改善，让系统管理员、Windows 管理员更容易访问，此外通过 Red Hat Enterprise Linux System Roles 让 Linux 初学者更快自动化执行复杂任务，以及通过 RHEL Web 控制台用于管理和监控 Red Hat Enterprise Linux 系统的运行状况。

在安全方面，RHEL 8 内置了对 OpenSSL 1.1.1 和 TLS 1.3 加密标准的支持。它还为 Red Hat 容器工具包提供全面支持，用于创建、运行和共享容器化应用程序，改进对 ARM 和 POWER 架构、SAP 解决方案和实时应用程序以及 Red Hat 混合云基础架构的支持。

1.2　使用 VM 虚拟机安装 RHEL 8

在安装操作系统前，先介绍下如何安装 VM 虚拟机。

1.2.1　安装配置 VM 虚拟机

（1）成功安装 VMware Workstation 后的界面如图 1-4 所示。

图 1-4　虚拟机软件的管理界面

（2）在图 1-4 所示的界面中，单击"创建新的虚拟机"选项，并在弹出的"新建虚拟机向导"界面中选择"典型"单选按钮，然后单击"下一步"按钮，如图 1-5 所示。

（3）选中"稍后安装操作系统"单选按钮，然后单击"下一步"按钮，如图 1-6 所示。

请一定选择"稍后安装操作系统"单选按钮，如果选择"安装程序光盘映像文件"单选按钮，并把下载好的 RHEL 8 系统的映像选中，虚拟机会通过默认的安装策略为你部署最精简的 Linux 系统，而不会再向你询问安装设置的选项。

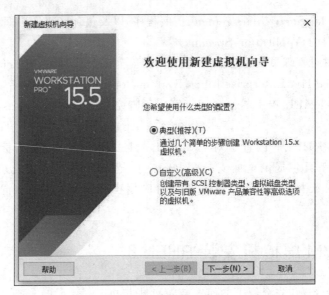

图 1-5　新建虚拟机向导

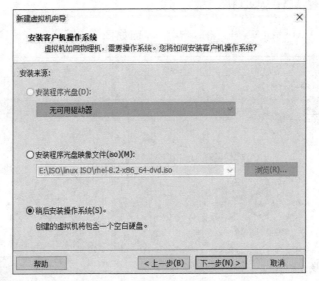

图 1-6　选择虚拟机的安装来源

（4）在图 1-7 所示的界面中,将客户机操作系统的类型选择为 Linux,版本为"Red Hat Enterprise Linux 8 64 位",然后单击"下一步"按钮。

（5）填写"虚拟机名称"字段,并在选择安装位置之后单击"下一步"按钮,如图 1-8 所示。

（6）将虚拟机系统的"最大磁盘大小"设置为 100.0GB(默认 20GB),然后单击"下一步"按钮,如图 1-9 所示。

（7）单击"自定义硬件"按钮,如图 1-10 所示。

（8）在出现的图 1-11 所示的界面中,建议将虚拟机系统内存的可用量设置为 2GB,最低不应低于 1GB。根据宿主机的性能设置 CPU 处理器的数量以及每个处理器的核心数量,并开启虚拟化功能,如图 1-12 所示。

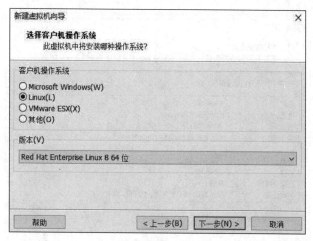

图 1-7　选择操作系统的版本

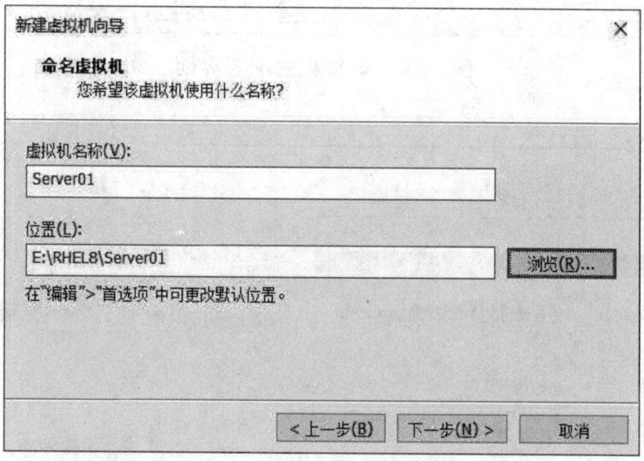

图 1-8　命名虚拟机及设置安装路径

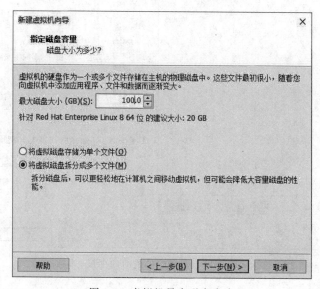

图 1-9　虚拟机最大磁盘大小

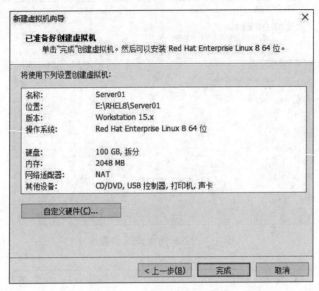

图 1-10　虚拟机的配置界面

图 1-11　设置虚拟机的内存量

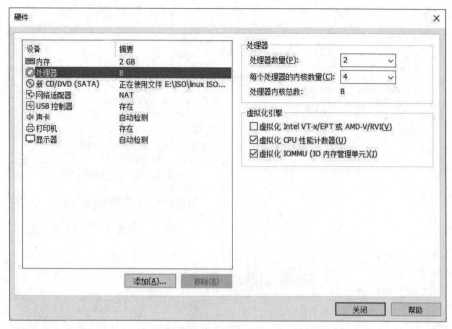

图 1-12　设置虚拟机的处理器参数

（9）光驱设备此时应在"使用 ISO 映像文件"中选中了下载好的 RHEL 系统映像文件，如图 1-13 所示。

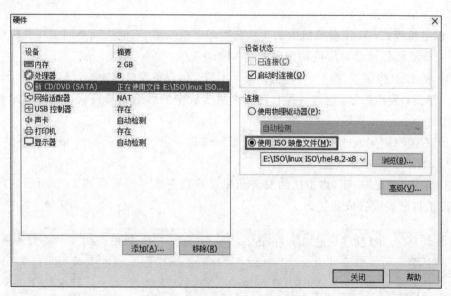

图 1-13　设置虚拟机的光驱设备

（10）VM 虚拟机软件为用户提供了 3 种可选的网络模式，分别为桥接模式、NAT 模式与仅主机模式。这里选择"仅主机模式"，如图 1-14 所示。

- **桥接模式**：相当于在物理主机与虚拟机网卡之间架设了一座桥梁，从而可以通过物理主机的网卡访问外网。在实际应用，桥接模式使用的虚拟机网卡是 VMnet0。

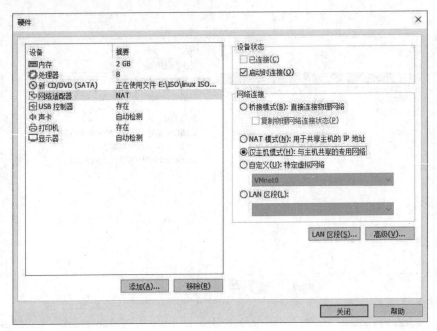

图 1-14　设置虚拟机的网络适配器

- **NAT 模式**：让 VM 虚拟机的网络服务发挥路由器的作用，使得通过虚拟机软件模拟的主机可以通过物理主机访问外网。在真机中，NAT 虚拟机网卡对应的物理网卡是 VMnet8。

- **仅主机模式**：仅让虚拟机内的主机与物理主机通信，不能访问外网。在真机中，仅主机模式模拟网卡对应的物理网卡是 VMnet1。

（11）把 USB 控制器、声卡、打印机设备等不需要的设备统统移除掉。移掉声卡后，可以避免在输入错误后发出提示声音，确保自己在今后实验中的思绪不被打扰，然后单击"关闭"→"完成"按钮。

（12）右击刚刚完成的虚拟机，选择"设置"→"选项"→"高级"命令，根据实际情况选择固件类型，如图 1-15 所示。

（13）单击"确定"按钮，虚拟机的安装和配置顺利完成。当看到图 1-16 所示的界面时，就说明虚拟机已经配置成功了。

小知识

①UEFI（Unified Extensible Firmware Interface，统一的可扩展固件接口）启动需要一个独立的分区，它将系统启动文件和操作系统本身隔离，可以更好地保护系统的启动。②UEFI 启动方式支持的硬盘容量更大。传统的 BIOS（Basic Input Output System，基本输入/输出系统）启动由于 MBR（Master Boot Record，主引导记录）的限制，默认是无法引导超过 2.1TB 以上的硬盘的。随着硬盘价格的不断走低，2.1TB 以上的硬盘会逐渐普及，因此 UEFI 启动也是今后主流的启动方式。③本书采取 UEFI 启动，但在某些关键点会同时讲解两种方式，请读者学习时注意。

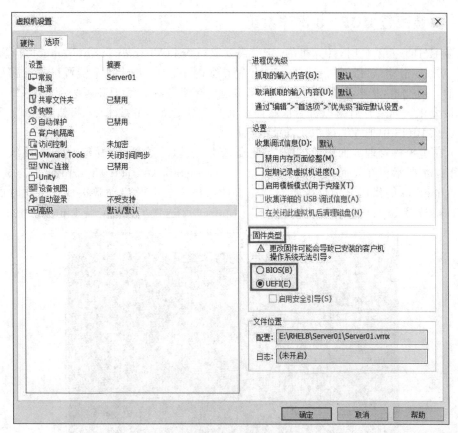

图 1-15　最终的虚拟机配置情况

图 1-16　虚拟机配置成功的界面

1.2.2 安装配置 RHEL 8 操作系统

安装 RHEL 8 系统时,计算机的 CPU 需要支持 VT(Virtualization Technology,虚拟化技术)。VT 是指让单台计算机能够分割出多个独立资源区,并让每个资源区按照需要模拟出系统的一项技术,其本质就是通过中间层实现计算机资源的管理和再分配,让系统资源的利用率最大化。如果开启虚拟机后依然提示"CPU 不支持 VT 技术"等报错信息,请重启计算机并进入 BIOS 中把 VT 虚拟化功能开启即可。

(1) 在虚拟机管理界面中单击"开启此虚拟机"按钮后数秒,就看到 RHEL 系统安装界面,如图 1-17 所示。在界面中,Test this media & install Red Hat Enterprise Linux 8.2 和 Troubleshooting 的作用分别是校验光盘完整性后再安装以及启动救援模式。此时通过键盘的方向键选择 Install Red Hat Enterprise Linux 8.2 选项来直接安装 Linux 系统。

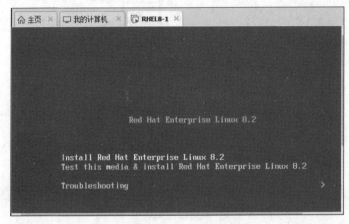

图 1-17　RHEL 8 系统安装界面

(2) 按 Enter 键后开始加载安装映像,所需时间在 30~60 秒,请耐心等待。选择系统的安装语言(简体中文)后单击"继续"按钮,如图 1-18 所示。

图 1-18　选择系统的安装语言

（3）如图 1-19 所示，"软件选择"项按系统默认值，不必更改。RHEL 8 系统的软件定制界面可以根据用户的需求来调整系统的基本环境，例如把 Linux 系统用作基础服务器、文件服务器、Web 服务器或工作站等。RHEL 8 系统已默认选中"带 GUI 的服务器"单选按钮（如果不选此项，则无法进入图形界面），可以不做任何更改。单击"软件选择"按钮，会显示图 1-20 所示的界面。

图 1-19　安装系统界面

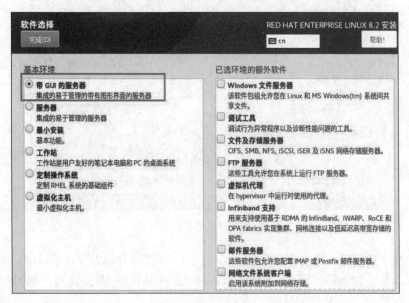

图 1-20　软件选择

（4）单击"完成"按钮返回到 RHEL 8 系统安装主界面。单击"网络和主机名"选项后，将"主机名"字段设置为 Server01，将以太网的连接状态改成"打开"状态，然后单击左上角的

"完成"按钮,如图 1-21 所示。

图 1-21　配置网络和主机名

(5) 选择"时间和日期"命令,设置时区为亚洲/上海,单击"完成"按钮,返回 RHEL 8 系统安装主界面。

(6) 单击"安装目的地"选项后,单击"自定义"按钮,然后单击左上角的"完成"按钮,如图 1-22 所示。

图 1-22　选择"我要配置分区"

(7) 开始配置分区。磁盘分区允许用户将一个磁盘划分成几个单独的部分,每一部分都有自己的盘符。在分区之前,首先规划分区,以 100GB 硬盘为例,做如下规划。

- /boot 分区大小为 500MB。
- /boot/efi 分区大小为 500MB。
- "/"分区大小为 10GB。
- /home 分区大小为 8GB。

- swap 分区大小为 4GB。
- /usr 分区大小为 8GB。
- /var 分区大小为 8GB。
- /tmp 分区大小为 1GB。
- 预留 60GB 左右。

下面进行具体分区操作。

① 创建/boot 分区（启动分区）。在"新挂载点将使用以下分区方案"选中"标准分区"。单击"＋"按钮，如图 1-23 所示，选择挂载点为/boot（也可以直接输入挂载点），容量大小设置为 500MB，然后单击"添加挂载点"按钮。在图 1-24 所示的界面中设置文件系统类型为默认文件系统 xfs。

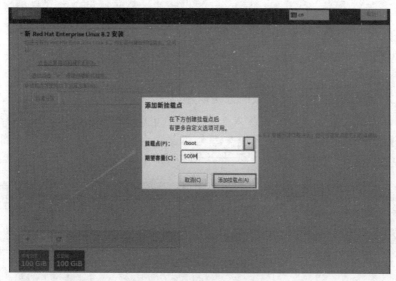

图 1-23　添加/boot 挂载点

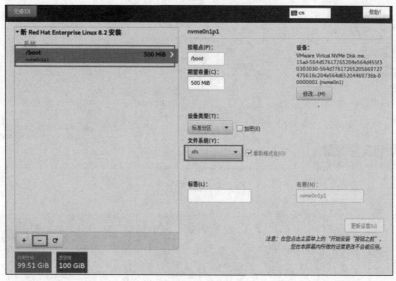

图 1-24　设置/boot 挂载点的文件类型

① 一定选中标准分区,以保证/home 为单独分区,为后面的配额实训做必要准备。②UEFI 类型下的 Linux 系统至少必须建立的 4 个分区是:根分区(/)、启动分区(/boot)、EFI 启动分区(/boot/efi)和交换分区(swap)。③单击图 1-24 中的"—"号,可以删除选中的分区。

② 创建交换分区。单击"+"按钮,创建交换分区。"文件系统"类型中选择 swap,大小一般设置为物理内存的两倍即可。例如,计算机物理内存大小为 2GB,设置的 swap 分区大小就是 4096MB(4GB)。

什么是 swap 分区?简单地说,swap 就是虚拟内存分区,它类似于 Windows 的 PageFile.sys 页面交换文件。就是当计算机的物理内存不够时,利用硬盘上的指定空间作为后备军来动态扩充内存的大小。

③ 创建 EFI 启动分区。用与上面类似的方法创建 EFI 启动分区(/boot/efi),大小为 500MB。

④ 创建"/"分区。用与上面类似的方法创建"/"分区,大小为 10GB。

⑤ 用同样方法:创建/home 分区大小为 8GB,/usr 分区大小为 8GB,/var 分区大小为 8GB,/tmp 分区大小为 1GB。文件系统类型全部设置为 xfs,设置分区类型全部为"标准分区"。设置完成如图 1-25 所示。

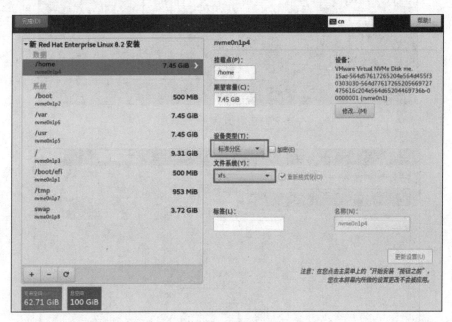

图 1-25　手动分区

① 不可与 root 分区分开的目录是:/dev、/etc、/sbin、/bin 和/lib。系统启动时,核心只载入一个分区,那就是"/",核心启动要加载/dev、/etc、/sbin、/bin 和/lib 5 个目录的程序,所以以上几个目录必须和/根目录在一起。

② 最好单独分区的目录是：/home、/usr、/var 和 /tmp。出于安全和管理的目的，最好将以上 4 个目录独立出来。例如，在 samba 服务中，/home 目录可以配置磁盘配额；在 postfix 服务中，/var 目录可以配置磁盘配额。

⑥ 单击左上角的"完成"按钮，如图 1-26 所示，单击"接受更改"按钮完成分区。

顺序	操作	类型	设备
1	销毁格式	Unknown	VMware Virtual NVMe Disk me.15ad-564d57
2	创建格式	分区表 (GPT)	VMware Virtual NVMe Disk me.15ad-564d57
3	创建设备	partition	VMware Virtual NVMe Disk me.15ad-564d57
4	创建格式	EFI System Partition	VMware Virtual NVMe Disk me.15ad-564d57
5	创建设备	partition	VMware Virtual NVMe Disk me.15ad-564d57
6	创建设备	partition	VMware Virtual NVMe Disk me.15ad-564d57
7	创建设备	partition	VMware Virtual NVMe Disk me.15ad-564d57
8	创建设备	partition	VMware Virtual NVMe Disk me.15ad-564d57
9	创建设备	partition	VMware Virtual NVMe Disk me.15ad-564d57
10	创建设备	partition	VMware Virtual NVMe Disk me.15ad-564d57

图 1-26　完成分区后的结果

如果选择的固件类型为 UEFI，则 Linux 系统至少必须建立 4 个分区：根分区(/)、启动分区(/boot)、EFI 启动分区(/boot/efi)和交换分区(swap)。

本例中，/home 使用了独立分区 /dev/nvme0n1p2。分区号与分区顺序有关。

对于非易失性存储器标准(Non-Volatile Memory Express，NVMe)硬盘要特别注意，这是一种固态硬盘。/dev/nvme0n1 是第 1 个 NVMe 硬盘，/dev/nvme0n2 是第 2 个 NVMe 硬盘，而 /dev/nvme0n1p1 表示第 1 个 NVMe 硬盘的第 1 个主分区，/dev/nvme0n1p5 表示第 1 个 NVMe 硬盘的第 1 个逻辑分区，以此类推。

(8) 返回到安装主界面，如图 1-27 所示，单击"开始安装"按钮后即可看到安装进度。在此处选择"根密码"，如图 1-28 所示。

(9) 设置根密码的密码。若坚持用弱口令的密码，则需要单击两次"完成"按钮才可以确认。这里需要说明，当你在虚拟机中做实验时，密码无所谓强弱，但在生产环境中一定要让 root 管理员的密码足够复杂，否则系统将面临严重的安全问题。完成根密码设置后，单击"完成"按钮。

(10) Linux 系统安装过程需要 30～60 分钟，用户在安装期间耐心等待即可。安装完成后单击"重启"按钮。

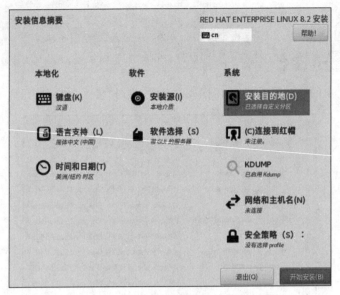

图 1-27 RHEL 8 安装主界面

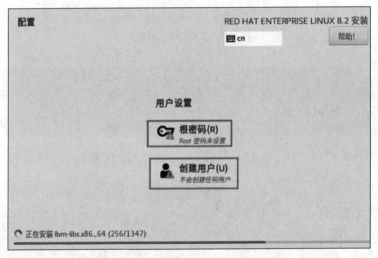

图 1-28 RHEL 8 系统的配置界面

（11）重启系统后将看到系统的初始化界面，单击 License Information 选项，如图 1-29 所示。

（12）选中"我同意许可协议"复选框，然后单击左上角的"完成"按钮。

（13）返回到初始化界面后单击"结束配置"按钮，系统自动重启。

（14）重启后，连续单击"前进"或"跳过"按钮，直到出现如图 1-30 所示的创建一个本地的普通用户界面，输入用户名和密码等信息，例如该账户的用户名为 yangyun，密码为"12345678"，然后单击两次"前进"按钮。

（15）在图 1-31 所示的界面中，单击"开始使用 Red Hat Enterprise Linux(S)"按钮后，系统自动重启，出现图 1-32 所示的登录界面。

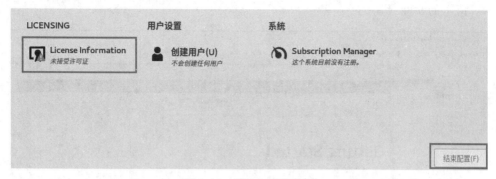

图 1-29　系统初始化界面

图 1-30　设置本地普通用户

图 1-31　系统初始化结束界面

图 1-32　登录界面

（16）单击"未列出"命令，出现登录界面，以 root 用户身份登录 RHEL 8 系统。

（17）语言选项选择默认设置"汉语"，然后单击"前进"按钮。

（18）选择系统的键盘布局或输入方式的默认值"汉语"，然后单击"前进"按钮。

（19）单击"开始使用 Red Hat Enterprise Linux"按钮后，系统再次自动重启，出现如

图 1-33 所示的欢迎界面。

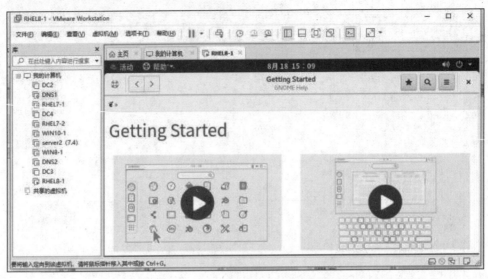

图 1-33 设置系统的输入来源类型

（20）关闭欢迎界面，接着呈现新安装的 RHEL 8 的炫酷界面。RHEL 8 不像之前的版本，右击就可以打开命令行界面，需要在活动菜单中打开需要的应用。单击左上角的"活动"按钮，如图 1-34 所示。

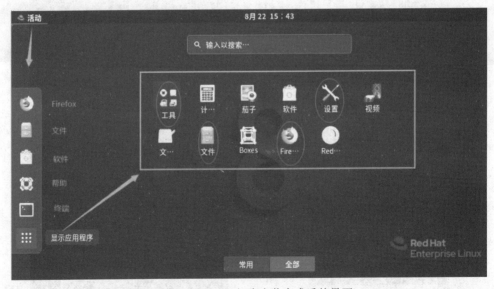

图 1-34 RHEL 8 初次安装完成后的界面

  单击"活动"→"显示应用程序"命令，会显示全部应用程序，包括工具、设置、文件和 Firefox 等常用应用程序。

1.3　重置 root 管理员密码

平日里让运维人员头疼的事情已经很多了,因此偶尔把 Linux 系统的密码忘记了并不用慌,只需简单几步就可以完成密码的重置工作。如果你刚刚接手了一台 Linux 系统,要先执行第 1 步,确定是否为 RHEL 8 系统。如果是,则可进行第 2 步及以后的操作。

（1）在 RHEL 8 中,选择“活动”→“终端”命令,然后在打开的终端中输入如下命令。

```
[root@Server01 ~]# cat /etc/redhat-release
Red Hat Enterprise Linux release 8.2 (Ootpa)
```

（2）在终端输入 reboot,或者单击右上角的关机按钮 ⏻ ,选择“重启”按钮,重启 Linux 系统主机并在出现引导界面时,按 e 键进入内核编辑界面,如图 1-35 所示。

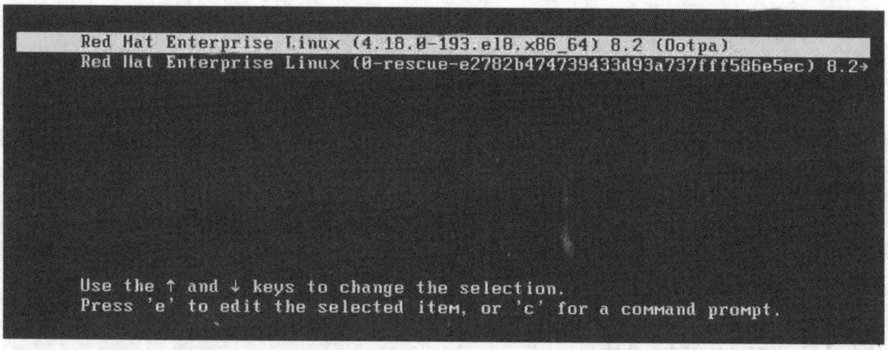

图 1-35　Linux 系统的引导界面

（3）在 Linux 参数这行的最后面追加 rd.break 参数,然后按 Ctrl ＋ X 组合键来运行修改过的内核程序,如图 1-36 所示。

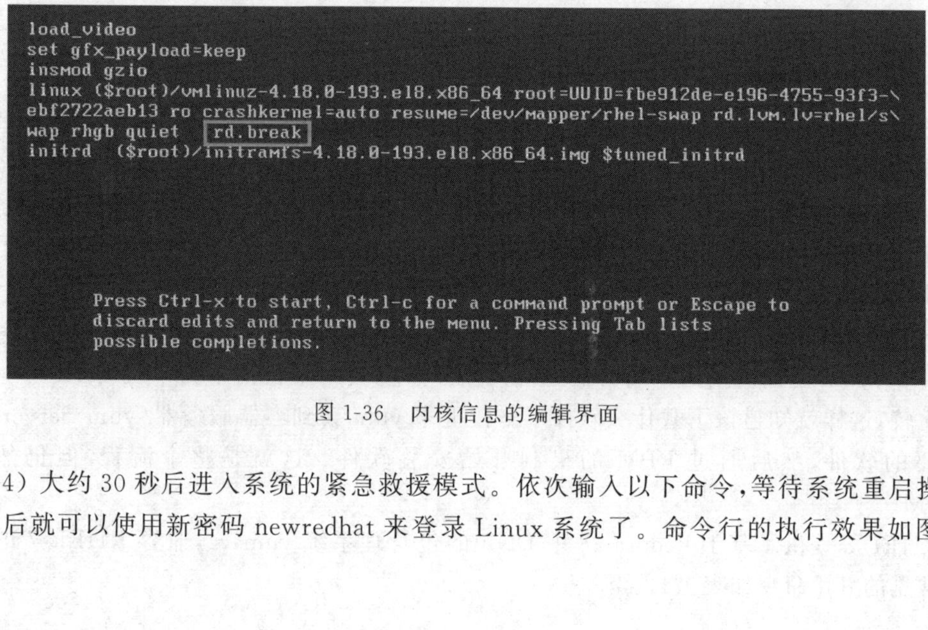

图 1-36　内核信息的编辑界面

（4）大约 30 秒后进入系统的紧急救援模式。依次输入以下命令,等待系统重启操作完毕,然后就可以使用新密码 newredhat 来登录 Linux 系统了。命令行的执行效果如图 1-37 所示。

```
Generating "/run/initramfs/rdsosreport.txt"

Entering emergency mode. Exit the shell to continue.
Type "journalctl" to view system logs.
You might want to save "/run/initramfs/rdsosreport.txt" to a USB stick or /boot
after mounting them and attach it to a bug report.

switch_root:/# mount -o remount,rw /sysroot
switch_root:/# chroot /sysroot
sh-4.4# passwd
        root

passwd
sh-4.4# touch /.autorelabel
sh-4.4# exit
exit
switch_root:/# reboot
```

图 1-37　重置 Linux 系统的 root 管理员密码

输入 passwd 后,输入密码和确认密码是不显示的!

    mount -o remount,rw /sysroot
    chroot /sysroot
    passwd
    touch /.autorelabel
    exit
    reboot

注 意

1.4　使用 yum 和 dnf

尽管 RPM 能够帮助用户查询软件相关的依赖关系,但问题还是要运维人员自己来解决,而有些大型软件可能与数十个程序都有依赖关系,在这种情况下安装软件会是非常痛苦的。yum 软件仓库便是为了进一步降低软件安装难度和复杂度而设计的技术。

1. yum 软件仓库

RHEL 先将发布的软件存放到 yum 服务器内,再分析这些软件的依赖属性问题,将软件内的记录信息写下来,然后将这些信息分析后记录成软件相关性的清单列表。这些列表数据与软件所在的位置叫作容器。当用户端有软件安装的需求时,用户端主机会主动地从网络上面的 yum 服务器的容器网址下载清单列表,然后通过清单列表的数据与本机 RPM 数据库已存在的软件数据相比较,就能够一次性地安装所有需要的具有依赖属性的软件了。整个流程如图 1-38 所示。

当用户端有升级、安装的需求时,yum 会向容器要求清单的更新,使清单更新到本机的/var/cache/yum 里面。当用户端实施更新、安装时,就会用本机清单与本机的 RPM 数据库进行比较,这样就知道该下载什么软件了。接下来 yum 会到容器服务器(yum Server)下载所需要的软件,然后通过 RPM 的机制开始安装软件。这就是整个流程,但仍然离不开 RPM。

RHEL 8 提供了基于 Fedora 28 中 DNF 的包管理系统 yum v4,兼容 RHEL 7 的 yum v3。常见的 dnf 命令如表 1-1 所示。

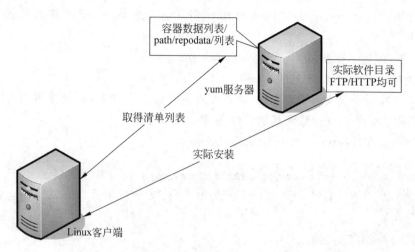

图 1-38　yum 使用的流程示意图

表 1-1　常见的 dnf 命令

命　令	作　用
dnf repolist all	列出所有仓库
dnf list all	列出仓库中所有软件包
dnf info 软件包名称	查看软件包信息
dnf install 软件包名称	安装软件包
dnf reinstall 软件包名称	重新安装软件包
dnf update 软件包名称	升级软件包
dnf remove 软件包名称	移除软件包
dnf clean all	清除所有仓库缓存
dnf check-update	检查可更新的软件包
dnf grouplist	查看系统中已经安装的软件包组
dnf groupinstall 软件包组	安装指定的软件包组
dnf groupremove 软件包组	移除指定的软件包组
dnf groupinfo 软件包组	查询指定的软件包组信息

2. BaseOS 和 AppStream

在 RHEL 8 中提出了一个新的设计理念，即 AppStream（应用程序流），这样就可以比以往更轻松地升级用户空间软件包，同时保留核心操作系统软件包。AppStream 的工作原理是支持 Red Hat 经典 RPM 打包格式的新扩展——模块。这使用户能够安装同一个程序的多个主要版本。

RHEL 8 软件源分成了两个主要仓库：BaseOS 和 AppStream。

① BaseOS 仓库以传统 RPM 软件包的形式提供操作系统底层软件的核心集，是基础软件安装库。

② AppStream 包括额外的用户空间应用程序、运行时语言和数据库，以支持不同的工

作负载和用例。AppStream 中的内容有两种格式——熟悉的 RPM 格式和称为模块的 RPM 格式扩展。

【例 1-1】 配置本地 yum 源,安装 network-scripts。

1) 创建挂载光盘映像 ISO 的文件夹

/media 一般是系统安装时建立的,读者可以不必新建文件夹,直接使用该文件夹即可。但如果想把光盘映像 ISO 挂载到其他文件夹,则请自建。

2) 新建配置文件/etc/yum.repos.d/dvd.repo

```
[root@Server01 ~]#vim /etc/yum.repos.d/dvd.repo
[root@Server01 ~]#cat /etc/yum.repos.d/dvd.repo
[Media]
name=Meida
baseurl=file:///media/BaseOS
gpgcheck=0
enabled=1

[rhel8-AppStream]
name=rhel8-AppStream
baseurl=file:///media/AppStream
gpgcheck=0
enabled=1
```

　　　　baseurl 语句的写法,baseurl=file:/// media/BaseOS,是 3 个"/"。

3) 挂载光盘映像 ISO(保证/media 存在)

本书中,一般用黑体表示输入命令。

```
[root@Server01 ~]#mount /dev/cdrom /media
mount: /media: WARNING: device write-protected, mounted read-only.
[root@Server01 ~]#
```

4) 清理缓存

```
[root@Server01 ~]#dnf clean all
[root@Server01 ~]#dnf makecache                //建立元数据缓存
```

5) 查看

```
[root@Server01 ~]#dnf repolist          //查看系统中可用和不可用的所有的 DNF 软件库
[root@Server01 ~]#dnf list              //列出所有 RPM 包
[root@Server01 ~]#dnf list installed    //列出所有安装了的 RPM 包
[root@Server01 ~]#dnf list available    //列出所有可供安装的 RPM 包
[root@Server01 ~]#dnf list available    //列出所有可供安装的 RPM 包
```

```
[root@Server01 ~]#dnf search network-scripts        //搜索软件库中的 RPM 包
[root@Server01 ~]#dnf provides /bin/bash            //查找某一文件的提供者
[root@Server01 ~]#dnf info network-scripts          //查看软件包详情
```

6）安装 network-scripts 软件（不需信息确认）

```
[root@Server01 ~]#dnf install network-scripts -y
```

1.5　systemd 初始化进程

　　Linux 操作系统的开机过程是这样的，即从 BIOS 开始，进入 Boot Loader，再加载系统内核，然后内核进行初始化，最后启动初始化进程。初始化进程作为 Linux 系统的第一个进程，需要完成 Linux 系统中相关的初始化工作，为用户提供合适的工作环境。红帽 RHEL 8 系统已经替换掉了熟悉的初始化进程服务 System V init，正式采用全新的 systemd 初始化进程服务。systemd 初始化进程服务采用了并发启动机制，开机速度得到了不小的提升。

　　RHEL 8 系统选择 systemd 初始化进程服务已经是一个既定事实，因此也没有了"运行级别"这个概念。Linux 系统在启动时要进行大量的初始化工作，如挂载文件系统和交换分区、启动各类进程服务等，这些都可以看作一个一个的单元（Unit）。systemd 用目标（Target）代替了 System V init 中运行级别的概念，这两者的区别如表 1-2 所示。

表 1-2　systemd 与 System V init 的区别以及作用

System V init 运行级别	systemd 目标名称	作　　用
0	runlevel0.target，poweroff.target	关机
1	runlevel1.target，rescue.target	单用户模式
2	runlevel2.target，multi-user.target	等同于级别 3
3	runlevel3.target，multi-user.target	多用户的文本界面
4	runlevel4.target，multi-user.target	等同于级别 3
5	runlevel5.target，graphical.target	多用户的图形界面
6	runlevel6.target，reboot.target	重启
emergency	emergency.target	紧急 Shell

　　下面在 RHEL 8 系统中做 2 个实例。

　　【例 1-2】　多用户的图形界面转换为多用户的文本界面。

```
[root@Server01 ~]#systemctl get-default
graphical.target
[root@Server01 ~]#systemctl set-default multi-user.target
Removed /etc/systemd/system/default.target.
Created symlink /etc/systemd/system/default.target→
/usr/lib/systemd/system/multi-user.target.
[root@Server01 ~]#reboot
```

　　【例 1-3】　多用户的文本界面转换为多用户的图形界面。

```
[root@Server01 ~]#systemctl set-default graphical.target
Removed /etc/systemd/system/default.target.
Created symlink /etc/systemd/system/default.target →
/usr/lib/systemd/system/graphical.target.
[root@Server01 ~]#reboot
```

在 RHEL 6 系统中使用 service、chkconfig 等命令来管理系统服务,而在 RHEL 8 系统中使用 systemctl 命令来管理服务。表 1-3 和表 1-4 是 RHEL 6 系统中的 System V init 命令与 RHEL 7 系统中的 systemctl 命令的对比,后续章节中会经常用到它们。

表 1-3 systemctl 管理服务的启动、重启、停止、重载、查看状态等常用命令

System V init 命令(RHEL 6 系统)	systemctl 命令(RHEL 7 系统)	作 用
service foo start	systemctl start foo.service	启动服务
service foo restart	systemctl restart foo.service	重启服务
service foo stop	systemctl stop foo.service	停止服务
service foo reload	systemctl reload foo.service	重新加载配置文件(不终止服务)
service foo status	systemctl status foo.service	查看服务状态

表 1-4 systemctl 设置服务开机启动、不启动、查看各级别下服务启动状态等常用命令

System V init 命令(RHEL 6 系统)	systemctl 命令(RHEL 7 系统)	作 用
chkconfig foo on	systemctl enable foo.service	开机自动启动
chkconfig foo off	systemctl disable foo.service	开机不自动启动
chkconfig foo	systemctl is-enabled foo.service	查看特定服务是否为开机自动启动
chkconfig -list	systemctl list-unit-files--type=service	查看各个级别下服务的启动与禁用情况

1.6 启动 Shell

Linux 中的 Shell 又称命令行,在这个命令行窗口中,用户输入指令,操作系统执行并将结果回显在屏幕上。

1. 使用 Linux 系统的终端窗口

现在的 Red Hat Enterprise Linux 8 操作系统默认采用的都是图形界面的 GNOME 或者 KDE 操作方式,要想使用 Shell 功能,就必须像在 Windows 中那样打开一个命令行窗口。一般用户可以通过执行"活动"→"终端"命令来打开终端窗口,如图 1-39 所示。

执行以上命令后,就打开了一个白底黑字的命令行窗口,这里可以使用 Red Hat Enterprise Linux 8 支持的所有命令行指令。

2. 使用 Shell 提示符

登录之后,普通用户的命令行提示符以"$"号结尾,超级用户的命令行提示符以"#"号结尾。

图 1-39　RHEL 8 的终端窗口

```
[root@RHEL 8-1 ~]#                       ;根用户以"#"号结尾
[root@RHEL 8-1 ~]# su -yangyun           ;切换到普通账户 yangyun,提示符将变为"$"
[yangyun@RHEL 8-1 ~]$ su -root           ;再切换回 root 账户,提示符将变为"$"
密码:
```

3. 退出系统

在终端中输入"shutdown -P now",或者单击右上角的关机按钮 ,选择"关机"命令,可以关闭系统。

4. 再次登录

如果再次登录,为了后面的实训顺利进行,请选择 root 用户。如图 1-40 所示,单击"未列出?"按钮,在出现的登录对话框中输入 root 用户及密码,以 root 身份登录计算机。

图 1-40　选择用户登录

5. 制作系统快照

安装成功后,请一定使用 VM 的快照功能进行快照备份,一旦需要可立即恢复到系统的初始状态。提醒读者,对于重要实训节点,也可以进行快照备份,以便后续可以恢复到适当断点。

1.7　配置常规网络

Linux 主机要与网络中其他主机进行通信,首先要进行正确的网络配置。网络配置通常包括主机名、IP 地址、子网掩码、默认网关、DNS 服务器等。

1.7.1 使用 nmtui 修改主机名

RHEL8 有以下 3 种形式的主机名。

- 静态的(Static):"静态"主机名也称为内核主机名,是系统在启动时从/etc/hostname 自动初始化的主机名。
- 瞬态的(Transient):"瞬态"主机名是在系统运行时临时分配的主机名,由内核管理。例如,通过 DHCP 或 DNS 服务器分配的 localhost 就是这种形式的主机名。
- 灵活的(Pretty):"灵活"主机名是 UTF8 格式的自由主机名,以展示给终端用户。

与之前版本不同,RHEL 8 中的主机名配置文件为/etc/hostname,可以在配置文件中直接更改主机名。请读者使用"vim /etc/hostname"命令试一试。

1. 使用 nmtui 修改主机名

```
[root@Server01 ~]#nmtui
```

在图 1-41 和图 1-42 所示的界面中进行配置。

图 1-41　配置 hostname

图 1-42　修改主机名为 Server01

使用 NetworkManager 的 nmtui 接口修改了静态主机名后(/etc/hostname 文件),不会通知 hostnamectl。要想强制让 hostnamectl 知道静态主机名已经被修改,需要重启 hostnamed 服务。

```
[root@Server01 ~]#systemctl restart systemd-hostnamed
```

2. 使用 hostnamectl 修改主机名

1) 查看主机名

```
[root@Server01 ~]#hostnamectl status
    Static hostname: Server01
    ......
```

2) 设置新的主机名

```
[root@Server01 ~]#hostnamectl set-hostname my.smile.com
```

3）再次查看主机名

```
[root@Server01 ~]#hostnamectl status
  Static hostname: my.smile.com
    ……
```

3. 使用 NetworkManager 的命令行接口 nmcli 修改主机名

1）nmcli 可以修改/etc/hostname 中的静态主机名

```
//查看主机名
[root@Server01 ~]#nmcli general hostname
my.smile.com
//设置新主机名
[root@Server01 ~]#nmcli general hostname Server01
[root@Server01 ~]#nmcli general hostname
Server01
```

2）重启 hostnamed 服务让 hostnamectl 知道静态主机名已经被修改

```
[root@Server01 ~]#systemctl restart systemd-hostnamed
```

1.7.2 使用系统菜单配置网络

后续将学习如何在 Linux 系统上配置服务。在此之前,必须先保证主机之间能够顺畅地通信。如果网络不通,即便服务部署得再正确,用户也无法顺利访问,所以,配置网络并确保网络的连通性是学习部署 Linux 服务之前的最后一个重要知识点。

实训项目 配置 TCP/IP 网络接口

（1）以 Server01 为例。在 Server01 的桌面上依次单击"活动"→"显示应用程序"→"设置"→"网络"命令,打开网络配置界面,一步步完成网络信息查询和网络配置。具体过程如图 1-43 和图 1-44 所示。

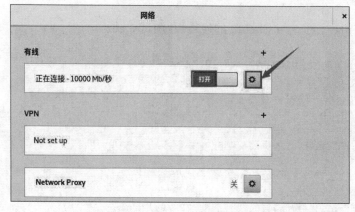

图 1-43　打开连接、单击齿轮进行配置

图 1-44   配置有线连接

(2) 设置完成后,单击"应用"按钮应用配置,回到图 1-43 所示的界面。注意网络连接应该在"打开"状态下设置,如果在"关闭"状态,请进行修改。

(3) 再次单击齿轮 ⚙ 按钮,显示图 1-45 所示的最终配置结果,一定勾选"自动连接"选项,否则计算机启动后不能自动连接网络,切记! 最后单击"应用"按钮。注意,有时需要重启系统配置才能生效。

建议:

① 首选使用系统菜单配置网络。因为从 RHEL 8 开始,图形界面已经非常完善。

② 如果网络正常工作,会在桌面的右上角显示网络连接图标 🖧 ,直接单击该图标也可以进行网络配置,如图 1-46 所示。

③ 按同样方法配置 Client1 的网络参数:IP 地址为 192.168.10.21/24,默认网关为 192.168.10.254。

④ 在 Server01 上测试与 Client1 的连通性,测试成功。

```
[root@Server01 ~]#ping 192.168.10.20 -c 4
PING 192.168.10.20 (192.168.10.20) 56(84) bytes of data.
64 bytes from 192.168.10.20: icmp_seq=1 ttl=64 time=0.904 ms
64 bytes from 192.168.10.20: icmp_seq=2 ttl=64 time=0.961 ms
64 bytes from 192.168.10.20: icmp_seq=3 ttl=64 time=1.12 ms
64 bytes from 192.168.10.20: icmp_seq=4 ttl=64 time=0.607 ms

---192.168.10.20 ping statistics ---
4 packets transmitted, 4 received, 0%packet loss, time 34ms
rtt min/avg/max/mdev =0.607/0.898/1.120/0.185 ms
```

图 1-45　网络配置界面　　　　　　图 1-46　单击网络连接图标
　　　　　　　　　　　　　　　　　　　　　　　　配置网络

1.7.3　使用图形界面配置网络

使用图形界面配置网络是比较方便、简单的一种网络配置方式。

（1）1.7.2 小节使用网络配置文件配置网络服务，本节使用 nmtui 命令来配置网络。

```
[root@Server01 ~]#nmtui
```

（2）显示图 1-47 所示的图形配置界面。配置过程如图 1-48 和图 1-49 所示。

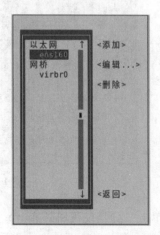

图 1-47　选中"编辑连接"并按 Enter 键　　图 1-48　选中要编辑的网卡名称，然后按 Enter 键

31

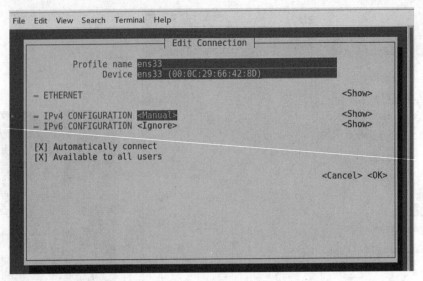

图 1-49　把网络 IPv4 的配置方式改成 Manual(手动)

　　本书中所有的服务器主机 IP 地址均为 192.168.10.1,而客户端主机一般设为 192.168.10.20 及 192.168.10.30。之所以这样做,就是为了后面服务器配置方便。

(3) 单击"显示"按钮,显示信息配置框,如图 1-50 所示。在服务器主机的网络配置信息中填写 IP 地址 192.168.10.1/24 等信息,单击"确定"按钮,如图 1-51 所示。

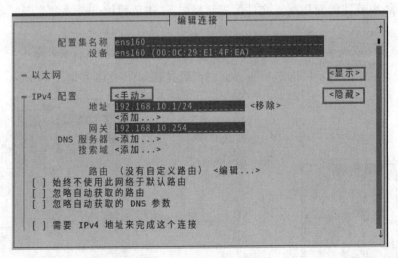

图 1-50　填写 IP 地址等参数

(4) 单击"返回"按钮回到 nmtui 图形界面初始状态,选中"启用连接"选项,激活刚才的连接 ens160。前面有"＊"号表示激活,如图 1-52 和图 1-53 所示。

(5) 至此,在 Linux 系统中配置网络的步骤就结束了,使用 ifconfig 命令测试配置情况。

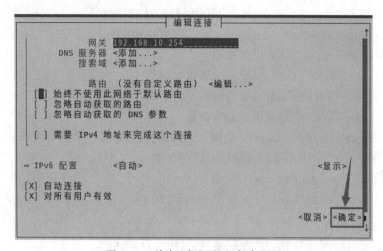

图 1-51　单击"确定"按钮保存配置

图 1-52　选择"启用连接"选项

图 1-53　激活连接或停用连接

```
[root@Server01 ~]#ifconfig
ens160: flags=4163<UP,BROADCAST,RUNNING,MULTICAST>mtu 1500
        inet 192.168.10.1 netmask 255.255.255.0 broadcast 192.168.10.255
        inet6 fe80::c0ae:d7f4:8f5:e135 prefixlen 64 scopeid 0x20<link>
        ...
```

1.7.4　使用 nmcli 命令配置网络

NetworkManager 是管理和监控网络设置的守护进程,设备即网络接口,连接是对网络接口的配置。一个网络接口可以有多个连接配置,但同时只有一个连接配置生效。以下实例仍在 Server01 上实现。

1. 常用命令

- nmcli connection show:显示所有连接。

- nmcli connection show --active：显示所有活动的连接状态。
- nmcli connection show "ens160"：显示网络连接配置。
- nmcli device status：显示设备状态。
- nmcli device show ens160：显示网络接口属性。
- nmcli connection add help：查看帮助。
- nmcli connection reload：重新加载配置。
- nmcli connection down test2：禁用 test2 的配置，注意一个网卡可以有多个配置。
- nmcli connection up test2：启用 test2 的配置。
- nmcli device disconnect ens160：禁用 ens160 网卡。
- nmcli device connect ens160：启用 ens160 网卡。

2. 创建新连接配置

1) 创建新连接配置 default，IP 地址通过 DHCP 自动获取

```
[root@Server01 ~]#nmcli connection show
NAME     UUID                                   TYPE      DEVICE
ens160   25982f0e-69c7-4987-986c-6994e7f34762   ethernet  ens160
virbr0   ea1235ae-ebb4-4750-ba67-bbb4de7b4b1d   bridge    virbr0
[root @ Server01 ~ ] # nmcli connection add con - name default type Ethernet
                    ifname ens160
连接 "default" (01178d20-ffc4-4fda-a15a-0da2547f8545) 已成功添加。
```

2) 删除连接

```
[root@Server01 ~]#nmcli connection delete default
成功删除连接 "default" (01178d20-ffc4-4fda-a15a-0da2547f8545)。
```

3) 创建新的连接配置 test2，指定静态 IP 地址，不自动连接

```
[root@Server01 ~]#nmcli connection add con-name test2 ipv4.method manual ifname
            ens160 autoconnect no type Ethernet ipv4.addresses 192.168.10.
            100/24 gw4 192.168.10.1
Connection 'test2' (7b0ae802-1bb7-41a3-92ad-5a1587eb367f) successfully added.
```

4) 参数说明

- con-name：指定连接名字，没有特殊要求。
- ipv4.methmod：指定获取 IP 地址的方式。
- ifname：指定网卡设备名，也就是本次配置所生效的网卡。
- autoconnect：指定是否自动启动。
- ipv4.addresses：指定 IPv4 地址。
- gw4：指定网关。

3. 查看/etc/sysconfig/network-scripts/目录

```
[root@Server01 ~]#ls /etc/sysconfig/network-scripts/ifcfg-*
/etc/sysconfig/network-scripts/ifcfg-ens160
/etc/sysconfig/network-scripts/ifcfg-test2
```

多出一个文件/etc/sysconfig/network-scripts/ifcfg-test2,说明添加确实生效了。

4. 启用 test2 连接配置

```
[root@Server01 ~]#nmcli connection up test2
连接已成功激活(D-Bus 活动路径:
/org/freedesktop/NetworkManager/ActiveConnection/11)
[root@Server01 ~]#nmcli connection show
NAME      UUID                                     TYPE              DEVICE
test2     7b0ae802-1bb7-41a3-92ad-5a1587eb367f     802-3-ethernet    ens160
virbr0    f30a1db5-d30b-47e6-a8b1-b57c614385aa     bridge 4          virbr0
ens160    9d5c53ac-93b5-41bb-af37-4908cce6dc31     802-3-ethernet    --
```

5. 查看是否生效

```
[root@Server01 ~]#nmcli device show ens160
GENERAL.DEVICE:                          ens160
...
```

基本的 IP 地址配置成功。

6. 修改连接设置

1) 修改 test2 为自动启动

```
[root@Server01 ~]#nmcli connection modify test2 connection.autoconnect yes
```

2) 修改 DNS 为 192.168.10.1

```
[root@Server01 ~]#nmcli connection modify test2 ipv4.dns 192.168.10.1
```

3) 添加 DNS 114.114.114.114

```
[root@Server01 ~]#nmcli connection modify test2 +ipv4.dns 114.114.114.114
```

4) 看一下是否成功

```
[root@Server01 ~]#cat /etc/sysconfig/network-scripts/ifcfg-test2
TYPE=Ethernet
PROXY_METHOD=none
BROWSER_ONLY=no
BOOTPROTO=none
IPADDR=192.168.10.100
PREFIX=24
GATEWAY=192.168.10.1
DEFROUTE=yes
IPV4_FAILURE_FATAL=no
IPV6INIT=yes
IPV6_AUTOCONF=yes
IPV6_DEFROUTE=yes
```

```
IPV6_FAILURE_FATAL=no
IPV6_ADDR_GEN_MODE=stable-privacy
NAME=test2
UUID=7b0ae802-1bb7-41a3-92ad-5a1587eb367f
DEVICE=ens160
ONBOOT=yes
DNS1=192.168.10.1
DNS2=114.114.114.114
```

可以看到均已生效。

5）删除 DNS

```
[root@Server01 ~]#nmcli connection modify test2 -ipv4.dns 114.114.114.114
```

6）修改 IP 地址和默认网关

```
[root@Server01 ~]#nmcli connection modify test2 ipv4.addresses 192.168.10.200/24
    gw4 192.168.10.254
```

7）还可以添加多个 IP 地址

```
[root@Server01 ~]#nmcli connection modify test2 +ipv4.addresses 192.168.10.
    250/24
[root@Server01 ~]#nmcli connection show "test2"
```

8）为了不影响后面的实训，将 test2 连接删除

```
[root@Server01 ~]#nmcli connection delete test2
成功删除连接 "test2" (9fe761ef-bd96-486b-ad89-66e5ea1531bc)。
[root@Server01 ~]#nmcli connection show
NAME     UUID                                  TYPE      DEVICE
ens160   25982f0e-69c7-4987-986c-6994e7f34762  ethernet  ens160
virbr0   ea1235ae-ebb4-4750-ba67-bbb4de7b4b1d  bridge    virbr0
```

9）nmcli 命令和/etc/sysconfig/network-scripts/ifcfg-＊文件的对应关系

nmcli 命令和/etc/sysconfig/network-scripts/ifcfg-＊文件的对应关系如表 1-5 所示。

表 1-5　nmcli 命令和/etc/sysconfig/network-scripts/ifcfg-＊文件的对应关系

nmcli 命令	/etc/sysconfig/network-scripts/ifcfg-＊文件
ipv4.method manual	BOOTPROTO＝none
ipv4.method auto	BOOTPROTO＝dhcp
ipv4.addresses 192.0.2.1/24	IPADDR＝192.0.2.1 PREFIX＝24
gw4 192.0.2.254	GATEWAY＝192.0.2.254
ipv4.dns 8.8.8.8	DNS0＝8.8.8.8
ipv4.dns-search example.com	DOMAIN＝example.com

续表

nmcli 命令	/etc/sysconfig/network-scripts/ifcfg-＊文件
ipv4.ignore-auto-dns true	PEERDNS＝no
connection.autoconnect yes	ONBOOT＝yes
connection.id eth0	NAME＝eth0
connection.interface-name eth0	DEVICE＝eth0
802-3-ethernet.mac-address...	HWADDR＝...

1.8 项目实录：Linux 系统安装与基本配置

1. 观看视频

实训前请扫描二维码观看视频。

2. 项目背景

公司需要新安装一台 RHEL 8,该计算机硬盘大小为
100GB,固件启动类型仍采用传统的 BIOS 模式,而不采用
UEFI 启动模式。

实训项目 Linux 操作系统的
安装与基本配置

3. 项目要求

(1) 规划好 2 台计算机(Server01 和 Client1)的 IP 地址、主机名、虚拟机网络连接方式
等内容。

(2) 在 Server01 上安装完整的 RHEL 8 操作系统。

(3) 硬盘大小为 100GB,按要求完成分区创建：

* /boot 分区大小为 600MB。
* swap 分区大小为 4GB。
* /分区大小为 10GB。
* /usr 分区大小为 8GB。
* /home 分区大小为 8GB。
* /var 分区大小为 8GB。
* /tmp 分区大小为 6GB。
* 预留 55GB 不进行分区。

(4) 简单设置新安装的 RHEL 8 的网络环境。

(5) 安装 GNOME 桌面环境,将显示分辨率调至 1280×768。

(6) 制作快照。

(7) 使用 VMware 虚拟机的"克隆"功能新生成一个 RHEL 8 系统,主机名为 Client1,
并设置该主机的 IP 地址等参数。(克隆生成的主机系统要避免与原主机冲突)

(8) 使用 ping 命令测试这 2 台 Linux 主机的连通性。

4. 深度思考

在观看视频时思考以下几个问题。

（1）分区规划为什么必须要慎之又慎？

（2）第一个系统的虚拟内存设置至少多大？为什么？

5. 做一做

根据项目要求及视频内容，将项目完整地做一遍。

1.9　练习题

一、填空题

1. GNU 的含义是＿＿＿＿＿＿＿。

2. Linux 一般有 3 个主要部分：＿＿＿＿＿＿、＿＿＿＿＿＿、＿＿＿＿＿＿。

3. ＿＿＿＿＿＿文件主要用于设置基本的网络配置，包括主机名称、网关等。

4. 一块网卡对应一个配置文件，配置文件位于目录＿＿＿＿＿＿中，文件名以＿＿＿＿＿＿开始。

5. ＿＿＿＿＿＿文件是 DNS 客户端用于指定系统所用的 DNS 服务器的 IP 地址。

6. POSIX 是＿＿＿＿＿＿的缩写，重点在规范核心与应用程序之间的接口，这是由美国电气与电子工程师学会（IEEE）所发布的一项标准。

7. 当前的 Linux 常见的应用可分为＿＿＿＿＿＿与＿＿＿＿＿＿两个方面。

8. Linux 的版本分为＿＿＿＿＿＿和＿＿＿＿＿＿两种。

9. 安装 Linux 最少需要两个分区，分别是＿＿＿＿＿＿。

10. Linux 默认的系统管理员账户是＿＿＿＿＿＿。

二、选择题

1. Linux 最早是由计算机爱好者（　　）开发的。

    A. Richard Petersen　　　　　　　　　B. Linus Torvalds

    C. Rob Pick　　　　　　　　　　　　　D. Linux Sarwar

2. 下列（　　）是自由软件。

    A. Windows XP　　　B. UNIX　　　　C. Linux　　　　　　D. Windows 2008

3. 下列（　　）不是 Linux 的特点。

    A. 多任务　　　　　B. 单用户　　　　C. 设备独立性　　　D. 开放性

4. Linux 的内核版本 2.3.20 是（　　）的版本。

    A. 不稳定　　　　　B. 稳定的　　　　C. 第三次修订　　　D. 第二次修订

5. Linux 安装过程中的硬盘分区工具是（　　）。

    A. PQmagic　　　　B. FDISK　　　　C. FIPS　　　　　　D. Disk Druid

6. Linux 的根分区系统类型可以设置成（　　）。

    A. FAT16　　　　　B. FAT32　　　　C. ext4　　　　　　D. NTFS

7. 以下能用来显示 server 当前正在监听的端口的命令是（　　）。

    A. ifconfig　　　　B. netlst　　　　C. iptables　　　　D. netstat

8. 以下存放机器名到 IP 地址的映射的文件是（　　）。

    A. /etc/hosts　　　B. /etc/host　　　C. /etc/host.equiv　D. /etc/hdinit

9. Linux 系统提供了一些网络测试命令,当与某远程网络连接不上时,就需要跟踪路由查看,以便了解在网络的什么位置出现了问题,满足该目的的命令是(　　)。

  A. ping   B. ifconfig   C. traceroute   D. netstat

三、补充表格

请将 nmcli 命令的含义列表补充完整(表 1-6)。

表 1-6　补充命令

常 用 命 令	功　　能
	显示所有连接
	显示所有活动的连接状态
nmcli connection show "ens160"	
nmcli device status	
nmcli device show ens160	
	查看帮助
	重新加载配置
nmcli connection down test2	
nmcli connection up test2	
	禁用 ens160 网卡,物理网卡
nmcli device connect ens160	

四、简答题

1. 简述 Linux 的体系结构。

2. 使用虚拟机安装 Linux 系统时,为什么要先选择稍后安装操作系统,而不是选择 RHEL 8 系统映像光盘?

3. 简述 RPM 与 yum 软件仓库的作用。

4. 安装 Linux 系统的基本磁盘分区有哪些?

5. Linux 系统支持的文件类型有哪些?

6. 丢失 root 口令如何解决?

7. RHEL 8 系统采用了 systemd 作为初始化进程,那么如何查看某个服务的运行状态?

第 2 章
使用常用的 Linux 命令

在文本模式和终端模式下,经常使用 Linux 命令来查看系统的状态和监视系统的操作,如对文件和目录进行浏览、操作等。在 Linux 较早的版本中,由于不支持图形化操作,用户基本上是使用命令行方式对系统进行操作,所以掌握常用的 Linux 命令是必要的。本章将对 Linux 的常用命令进行分类介绍。

学习要点

- Linux 系统的终端窗口和命令基础。
- 文件目录类命令。
- 系统信息类命令。
- 进程管理类命令及其他常用命令。

2.1 Linux 命令基础

掌握 Linux 命令对于管理 Linux 网络操作系统是非常必要的。

2.1.1 了解 Linux 命令特点

在 Linux 系统中命令区分大小写。在命令行中,可以使用 Tab 键来自动补齐命令,即可以只输入命令的前几个字母,然后按 Tab 键。

Linux 常用命令与
vim 编辑器

按 Tab 键时,如果系统只找到一个和输入字符相匹配的目录或文件,则自动补齐;如果没有匹配的内容或有多个相匹配的名字,系统将发出警鸣声,再按一下 Tab 键将列出所有相匹配的内容(如果有),以供用户选择。例如,在命令提示符后输入 mou,然后按 Tab 键,系统将自动补全该命令为 mount;如果在命令提示符后只输入 mo,然后按 Tab 键,此时将警鸣一声,再次按 Tab 键,系统将显示所有以 mo 开头的命令。

另外,利用向上或向下的光标键,可以翻查曾经执行过的历史命令,并可以再次执行。

如果要在一个命令行上输入和执行多条命令,可以使用分号来分隔命令,例如:"cd / ;ls"。

断开一个长命令行,可以使用反斜杠"\",可以将一个较长的命令分成多行表达,增强命令的可读性。执行后,Shell 自动显示提示符">",表示正在输入一个长命令,此时可继续在新行上输入命令的后续部分。

2.1.2　后台运行程序

一个文本控制台或一个仿真终端在同一时刻只能运行一个程序或命令,在未执行结束前,一般不能进行其他操作,此时可采用将程序在后台执行的方式,以释放控制台或终端,使其仍能进行其他操作。要使程序以后台方式执行,只需在要执行的命令后跟上一个"&"符号即可,如"top &"。

2.2　熟练使用文件目录类命令

文件目录类命令是对文件和目录进行各种操作的命令。

2.2.1　使用浏览目录类命令

1. 使用 pwd 命令

pwd 命令用于显示用户当前所处的目录。如果用户不知道自己当前所处的目录,就必须使用它。例如:

```
[root@Server01 ~]#pwd
/root
```

2. 使用 cd 命令

cd 命令用来在不同的目录中进行切换。用户在登录系统后,会处于用户的家目录($ HOME)中,该目录一般以/home 开始,后跟用户名,这个目录就是用户的初始登录目录(root 用户的家目录为/root)。如果用户想切换到其他的目录中,就可以使用 cd 命令,后跟想要切换的目录名。例如:

```
[root@Server01 ~]#cd ..          //改变目录位置至当前目录的父目录下
[root@Server01 /]#cd etc         //改变目录位置至当前目录下的 etc 子目录下
[root@Server01 etc]#cd ./yum     //改变目录位置至当前目录(.)下的 yum 子目录下
[root@Server01 yum]#cd ~         //改变目录位置至用户登录时的工作目录(用户的家目
                                 //  录)下
[root@Server01 ~]#cd ../etc      //改变目录位置至当前目录的父目录下的 etc 子目录下
[root@Server01 etc]#cd /etc/xml  //利用绝对路径改变目录到 /etc/xml 目录下
[root@Server01 xml]#cd          //改变目录位置至用户登录时的工作目录下
```

在 Linux 系统中,用"."代表当前目录;用".."代表当前目录的父目录;用"~"代表用户的个人家目录(主目录)。例如,root 用户的个人主目录是/root,则不带任何参数的 cd 命令相当于 cd ~,即将目录切换到用户的家目录。

3. 使用 ls 命令

ls 命令用来列出文件或目录信息。该命令的语法为:

```
ls [参数] [目录或文件]
```

ls 命令的常用参数选项如下。

- -a：显示所有文件,包括以"."开头的隐藏文件。
- -A：显示指定目录下所有的子目录及文件,包括隐藏文件,但不显示"."和".."。
- -c：按文件的修改时间排序。
- -C：分成多列显示各行。
- -d：如果参数是目录,则只显示其名称而不显示其下的各个文件。往往与"-l"选项一起使用,以得到目录的详细信息。
- -l：以长格形式显示文件的详细信息。
- -i：在输出的第一列显示文件的 i 节点号。

例如：

```
[root@Server01 ~]#ls          //列出当前目录下的文件及目录
[root@Server01 ~]#ls -a       //列出包括以"."开始的隐藏文件在内的所有文件
[root@Server01 ~]#ls -t       //依照文件最后修改时间的顺序列出文件
[root@Server01 ~]#ls -F       //列出当前目录下的文件名及其类型。以 / 结尾表示为目录名,
                                以 * 结尾表示为可执行文件,以@结尾表示为符号连接
[root@Server01 ~]#ls -l       //列出当前目录下所有文件的权限、所有者、文件大小、修改时间
                                及名称
[root@Server01 ~]#ls -lg      //同上,并显示出文件的所有者工作组名
[root@Server01 ~]#ls -R       //显示出目录下以及其所有子目录的文件名
```

2.2.2 熟练使用浏览文件类命令

1. 使用 cat 命令

cat 命令主要用于滚屏显示文件内容或是将多个文件合并成一个文件。该命令的语法为：

```
cat [参数] 文件名
```

cat 命令的常用参数选项如下。

- -b：对输出内容中的非空行标注行号。
- -n：对输出内容中的所有行标注行号。

通常使用 cat 命令查看文件内容,但是 cat 命令的输出内容不能够分页显示,要查看超过一屏的文件内容,需要使用 more 或 less 等其他命令。如果在 cat 命令中没有指定参数,则 cat 会从标准输入(键盘)中获取内容。

例如,要查看/soft/file1 文件内容的命令为：

```
[root@Server01 ~]#cat /etc/passwd
```

利用 cat 命令还可以合并多个文件。例如,要把 file1 和 file2 文件的内容合并为 file3,且 file2 文件的内容在 file1 文件的内容前面,则命令为：

```
[root@Server01 ~]#echo "This is file1!">file1        //先建立 file1 示例文件
[root@Server01 ~]#echo "This is file2!">file2        //先建立 file2 示例文件
[root@Server01 ~]#cat file2 file1>file3
[root@Server01 ~]#cat file3
This is file2!
This is file1!
//如果 file3 文件存在,则此命令的执行结果会覆盖 file3 文件中原有内容
[root@Server01 ~]#cat file2 file1>>file3
//如果 file3 文件存在,此命令的执行结果将把 file2 和 file1 文件的内容附加到 file3 文件中
原有内容的后面
```

2. 使用 more 命令

在使用 cat 命令时,如果文件太长,用户只能看到文件的最后一部分。这时可以使用 more 命令,一页一页地分屏显示文件的内容。more 命令通常用于分屏显示文件内容。大部分情况下,可以不加任何参数选项执行 more 命令查看文件内容,执行 more 命令后,进入 more 状态,按 Enter 键可以向下移动一行,按 Space 键可以向下移动一页;按 q 键可以退出 more 命令。该命令的语法为:

```
more 〔参数〕 文件名
```

more 命令的常用参数选项如下。

- -num:这里的 num 是一个数字,用来指定分页显示时每页的行数。
- +num:指定从文件的第 num 行开始显示。

例如:

```
[root@Server01 ~]#more /etc/passwd        // 以分页方式查看/etc/passwd 文件的内容
[root@Server01 ~]#cat /etc/passwd |more   // 以分页方式查看 passwd 文件的内容
```

more 命令经常在管道中被调用于实现各种命令输出内容的分屏显示。上面的第二个命令就是利用 Shell 的管道功能分屏显示 file1 文件的内容。关于管道的内容在第 4 章中有详细介绍。

3. 使用 less 命令

less 命令是 more 命令的改进版,比 more 命令的功能强大。more 命令只能向下翻页,而 less 命令可以向下、向上翻页,甚至可以前后左右移动。执行 less 命令后,进入了 less 状态,按 Enter 键可以向下移动一行,按 Space 键可以向下移动一页,按 b 键可以向上移动一页,也可以用光标键向前、后、左、右移动,按 q 键可以退出 less 命令。

less 命令还支持在一个文本文件中进行快速查找。先按斜杠键/,再输入要查找的单词或字符。less 命令会在文本文件中进行快速查找,并把找到的第一个搜索目标高亮度显示。如果希望继续查找,就再次按斜杠键/,再按 Enter 键即可。

less 命令的用法与 more 基本相同,例如:

```
[root@Server01 ~]#less /etc/passwd        // 以分页方式查看 passwd 文件的内容
```

4. 使用 head 命令

head 命令用于显示文件的开头部分，默认情况下只显示文件的前 10 行内容。该命令的语法为：

```
head ［参数］ 文件名
```

head 命令的常用参数选项如下。

- -n num：显示指定文件的前 num 行。
- -c num：显示指定文件的前 num 个字符。

例如：

```
［root@Server01 ～]#head-n20/etc/passwd          //显示 passwd 文件的前 20 行
```

5. 使用 tail 命令

tail 命令用于显示文件的末尾部分，默认情况下只显示文件的末尾 10 行内容。该命令的语法为：

```
tail ［参数］ 文件名
```

tail 命令的常用参数选项如下。

- -n num：显示指定文件的末尾 num 行。
- -c num：显示指定文件的末尾 num 个字符。
- +num：从第 num 行开始显示指定文件的内容。

例如：

```
［root@Server01 ～]#tail -n 20 /etc/passwd         //显示 passwd 文件的末尾 20 行
```

tail 命令最强悍的功能是可以持续刷新一个文件的内容，当想要实时查看最新日志文件时，这特别有用，此时的命令格式为"tail -f 文件名"：

```
［root@Server01 ～]#tail -f /var/log/messages
Aug 19 17:37:44 RHEL8-1 dbus-daemon[2318]: [session uid=0 pid=2318] Successfully
activated service 'org.freedesktop.Tracker1.Miner.Extract'
...
Aug 19 17:39:11 RHEL8-1 dbus-daemon[2318]: [session uid=0 pid=2318] Successfully
activated service 'org.freedesktop.Tracker1.Miner.Extract'
```

2.2.3　熟练使用目录操作类命令

1. 使用 mkdir 命令

mkdir 命令用于创建一个目录。该命令的语法为：

```
mkdir ［参数］ 目录名
```

上述目录名可以为相对路径,也可以为绝对路径。

mkdir 命令的常用参数选项如下。

-p:在创建目录时,如果父目录不存在,则同时创建该目录及该目录的父目录。

例如:

```
[root@Server01 ~]#mkdir dir1            //在当前目录下创建 dir1 子目录
[root@Server01 ~]#mkdir -p dir2/subdir2
//在当前目录的 dir2 目录中创建 subdir2 子目录,如果 dir2 目录不存在,则同时创建
```

2. 使用 rmdir 命令

rmdir 命令用于删除空目录。该命令的语法为:

```
rmdir [参数] 目录名
```

上述目录名可以为相对路径,也可以为绝对路径。但所删除的目录必须为空目录。

rmdir 命令的常用参数选项如下。

-p:在删除目录时,一起删除父目录,但父目录中必须没有其他目录及文件。

例如:

```
[root@Server01 ~]#rmdir dir1            //在当前目录下删除 dir1 空子目录
[root@Server01 ~]#rmdir -p dir2/subdir2
//删除当前目录中 dir2/subdir2 子目录。删除 subdir2 目录时,如果 dir2 目录中无其他目录,则
  一起删除
```

2.2.4　熟练使用 cp 命令

1. cp 命令的使用方法

cp 命令主要用于文件或目录的复制。该命令的语法为:

```
cp [参数] 源文件 目标文件
```

cp 命令的常用参数选项如下。

- -a:尽可能将文件状态、权限等属性照原状予以复制。
- -f:如果目标文件或目录存在,先删除它们再进行复制(即覆盖),并且不提示用户。若仍提示用户,则设置了别名,可用 unalias cp 命令取消别名。
- -i:如果目标文件或目录存在,提示是否覆盖已有的文件。
- -r:递归复制目录,即包含目录下的各级子目录。

2. 使用 cp 命令的范例

cp 这个命令是非常重要的,不同身份者执行这个指令会有不同的结果产生,尤其是-a、-p 选项,对于不同身份来说,差异非常大。下面的练习中,有的身份为 root,有的身份为一般账户(在这里用 bobby 这个账户),练习时请特别注意身份的差别。请观察下面的复制练习。

【例 2-1】 用 root 身份,将家目录下的.bashrc 复制到/tmp 下,并更名为 bashrc。

```
[root@Server01 ~]#cp ~/.bashrc /tmp/bashrc
[root@Server01 ~]#cp -i ~/.bashrc /tmp/bashrc
cp: 是否覆盖'/tmp/bashrc'? n 不覆盖,y 为覆盖
#重复做两次,由于/tmp 下已经存在 bashrc 了,加上-i 选项后,
#则在覆盖前会询问使用者是否确定。可以按下 n 或者 y 来二次确认
```

【例 2-2】 变换目录到/tmp,并将/var/log/wtmp 复制到/tmp 且观察属性。

```
[root@Server01 ~]#cd /tmp
[root@Server01 tmp]#cp /var/log/wtmp .          //复制到当前目录,最后的"."不要忘记
[root@Server01 tmp]#ls -l /var/log/wtmp wtmp
-rw-rw-r--. 1 root utmp 7680 8月 19 17:09 /var/log/wtmp
-rw-r--r--. 1 root root 7680 8月 19 18:02 wtmp
#注意上面的特殊字体,在不加任何选项复制的情况下,文件的某些属性/权限会改变
#这是个很重要的特性,连文件建立的时间也不一样了,要注意
```

那如果要将文件的所有特性都一起复制过来该怎么办? 可以加上-a,如下所示。

```
[root@Server01 tmp]#cp -a /var/log/wtmp wtmp_2
[root@Server01 tmp]#ls -l /var/log/wtmp wtmp_2
-rw-rw-r--. 1 root utmp 7680 8月 19 17:09 /var/log/wtmp
-rw-rw-r--. 1 root utmp 7680 8月 19 17:09 wtmp_2
```

cp 的功能很多,由于经常会进行一些数据的复制,所以也会经常用到这个指令。一般来说,当复制别人的数据(当然,你必须要有 read 的权限)时,总是希望复制到的数据最后是自己的。所以,在预设的条件中,cp 的源文件与目的文件的权限是不同的,目的文件的拥有者通常会是指令操作者本身。

举例来说,例 2-2 中,由于是 root 的身份,因此复制过来的文件拥有者与群组就改变成为 root 所有。由于具有这个特性,因此在进行备份时,某些需要特别注意的特殊权限文件,例如密码文件(/etc/shadow)及一些配置文件,就不能直接以 cp 来复制,而必须加上-a 或-p 等选项。-p 选项表示除复制文件的内容外,把修改时间和访问权限也复制到新文件中。

 如果要复制文件给其他使用者,必须要注意到文件的权限(包含读、写、执行以及文件拥有者等),否则,其他人还是无法针对你给的文件进行修改。

【例 2-3】 复制/etc/这个目录下的所有内容到/tmp 里面。

```
[root@Server01 tmp]#cp /etc /tmp
//cp 未指定-r 选项,略过目录"/etc"。如果是目录,则不能直接复制,要加上-r 的选项
[root@Server01 tmp]#cp -r /etc /tmp
#再次强调: -r 可以复制目录,但是,文件与目录的权限可能会被改变。
#所以,在备份时,常利用"cp -a /etc /tmp"命令保持复制前后的对象权限不发生变化
```

【例 2-4】 若～/.bashrc 比/tmp/bashrc 新,才复制过来。

```
[root@Server01 tmp]#cp -u ~/.bashrc /tmp/bashrc
```

```
#-u的特性是在目标文件与来源文件有差异时,才会复制。
#所以,常被用于"备份"的工作当中
```

思考:你能否使用 yangyun 身份,完整地复制/var/log/wtmp 文件到/tmp 下面,并更名为 bobby_wtmp 呢?

参考答案:

```
[root@Server01 tmp]#su -yangyun
[yangyun@Server01 ~]$cp -a /var/log/wtmp  /tmp/bobby_wtmp
[yangyun@Server01 ~]$ls -l /var/log/wtmp  /tmp/bobby_wtmp
-rw-rw-r--. 1 yangyun yangyun 7680 8月  19 17:09 /tmp/bobby_wtmp
-rw-rw-r--. 1 root    utmp    7680 8月  19 17:09 /var/log/wtmp
[yangyun@Server01 ~]$exit
[root@Server01 tmp]#
```

2.2.5 熟练使用文件操作类命令

1. 使用 mv 命令

mv 命令主要用于文件或目录的移动或改名。该命令的语法为:

```
mv [参数] 源文件或目录  目标文件或目录
```

mv 命令的常用参数选项如下。

- -i:如果目标文件或目录存在时,提示是否覆盖目标文件或目录。
- -f:无论目标文件或目录是否存在,直接覆盖目标文件或目录,不提示。

例如:

```
//将当前目录下的/tmp/wtmp 文件移动到/usr/目录下,文件名不变
[root@Server01 tmp]#cd
[root@Server01 ~]#mv /tmp/wtmp /usr/
//将/usr/wtmp 文件移动到根目录下,移动后的文件名为 tt
[root@Server01 ~]#mv /usr/wtmp /tt
```

2. 使用 rm 命令

rm 命令主要用于文件或目录的删除。该命令的语法为:

```
rm [参数] 文件名或目录名
```

rm 命令的常用参数选项如下。

- -i:删除文件或目录时提示用户。
- -f:删除文件或目录时不提示用户。
- -R:递归删除目录,即包含目录下的文件和各级子目录。

例如:

```
//删除当前目录下的所有文件,但不删除子目录和隐藏文件
[root@Server01 ~]#mkdir /dir1;cd /dir1          //";"分隔连续运行的命令
[root@Server01 dir1]#touch aa.txt bb.txt; mkdir subdir11;ll
[root@Server01 dir1]#rm *
// 删除当前目录下的子目录 subdir11,包含其下的所有文件和子目录,并且提示用户确认
[root@Server01 dir]#rm -iR subdir11
```

3. 使用 touch 命令

touch 命令用于建立文件或更新文件的修改日期。该命令的语法为:

```
touch [参数] 文件名或目录名
```

touch 命令的常用参数选项如下。

- -d yyyymmdd:把文件的存取或修改时间改为 yyyy 年 mm 月 dd 日。
- -a:只把文件的存取时间改为当前时间。
- -m:只把文件的修改时间改为当前时间。

例如:

```
[root@Server01 dir]#cd
[root@Server01 ~]#touch aa
//如果当前目录下存在 aa 文件,则把 aa 文件的存取和修改时间改为当前时间
//如果不存在 aa 文件,则新建 aa 文件
[root@Server01 ~]#touch -d 20220808 aa //将 aa 文件的存取和修改时间改为 2022 年 8 月 8 日
```

4. 使用 diff 命令

diff 命令用于比较两个文件内容的不同。该命令的语法为:

```
diff [参数] 源文件 目标文件
```

diff 命令的常用参数选项如下。

- -a:将所有的文件当作文本文件处理。
- -b:忽略空格造成的不同。
- -B:忽略空行造成的不同。
- -q:只报告什么地方不同,不报告具体的不同信息。
- -i:忽略大小写的变化。

例如(aa、bb、aa.txt、bb.txt 文件在 root 家目录下使用 **vim** 提前建立好):

```
[root@Server01 ~]#diff aa.txt bb.txt      //比较 aa.txt 文件和 bb.txt 文件的不同
```

5. 使用 ln 命令

ln 命令用于建立两个文件之间的链接关系。该命令的语法为:

```
ln [参数] 源文件或目录 链接名
```

ln 命令的常用参数选项-s 用于建立符号链接(软链接),不加该参数时建立的链接为硬链接。

两个文件之间的链接关系有两种:一种称为硬链接,另一种称为符号链接(软链接)。

1) 硬链接

此时两个文件名指向的是硬盘上的同一块存储空间,对两个文件中的任何一个文件的内容进行修改都会影响到另一个文件。它可以由 ln 命令不加任何参数建立。

利用 ll 命令查看家目录下 aa 文件情况:

```
[root@Server01 ~]#ll aa
-rw-r--r--  1 root root 0  1月 31  15:06 aa
[root@Server01 ~]#cat aa
this is aa
```

由上面命令的执行结果可以看出 aa 文件的链接数为 1,文件内容为"this is aa"。

使用 ln 命令建立 aa 文件的硬链接 bb:

```
[root@Server01 ~]#ln aa bb
```

上述命令产生了 bb 新文件,它和 aa 文件建立起了硬链接关系。

```
[root@Server01 ~]#ll aa bb
-rw-r--r--  2 root root 11  1月 31 15:44 aa
-rw-r--r--  2 root root 11  1月 31 15:44 bb
[root@Server01 ~]#cat bb
this is aa
```

可以看出,aa 和 bb 的大小相同,内容相同。再看详细信息的第 2 列,原来 aa 文件的链接数为 1,说明这块硬盘空间只有 aa 文件指向它,而建立起 aa 和 bb 的硬链接关系后,这块硬盘空间就有 aa 和 bb 两个文件同时指向它,所以 aa 和 bb 的链接数都变为 2。

此时,如果修改 aa 或 bb 任意一个文件的内容,另外一个文件的内容也将随之变化。如果删除其中一个文件(不管是哪一个),就是删除了该文件和硬盘空间的指向关系,该硬盘空间不会释放,另外一个文件的内容也不会发生改变,但是该文件的链接数会减少一个。

只能对文件建立硬链接,不能对目录建立硬链接。

2) 软链接

软链接是指一个文件指向另外一个文件的文件名。软链接类似于 Windows 系统中的快捷方式。软链接由 ln -s 命令建立。

首先查看一下 aa 文件的信息:

```
[root@Server01 ~]#ll aa
-rw-r--r--  1 root root 11  1月 31 15:44 aa
```

创建 aa 文件的符号链接 cc,创建完成后查看 aa 和 cc 文件的链接数的变化:

```
[root@Server01 ~]#ln -s aa cc
[root@Server01 ~]#ll aa cc
-rw-r--r--  1 root root 11  1月 31 15:44 aa
lrwxrwxrwx  1 root root 2   1月 31 16:02 cc ->aa
```

可以看出 cc 文件是指向 aa 文件的一个符号链接。而指向存储 aa 文件内容的那块硬盘空间的文件仍然只有 aa 一个文件,cc 文件只不过是指向了 aa 文件名而已,所以 aa 文件的链接数仍为 1。

在利用 cat 命令查看 cc 文件的内容时,cat 命令在寻找 cc 的内容时,发现 cc 是一个符号链接文件,就根据 cc 记录的文件名找到 aa 文件,然后将 aa 文件的内容显示出来。

此时如果删除了 cc 文件,对 aa 文件无任何影响,但如果删除了 aa 文件,那么 cc 文件就因无法找到 aa 文件而毫无用处了。

可以对文件或目录建立软链接。

6. 使用 gzip 和 gunzip 命令

gzip 命令用于对文件进行压缩,生成的压缩文件以“.gz”结尾,而 gunzip 命令是对以“.gz”结尾的文件进行解压缩。该命令的语法为:

```
gzip -v      文件名
gunzip -v    文件名
```

-v 参数选项表示显示被压缩文件的压缩比或解压时的信息。

例如(在 root 家目录下):

```
[root@Server01 ~]#cd
[root@Server01 ~]#gzip -v initial-setup-ks.cfg
initial-setup-ks.cfg:    53.4%--replaced with initial-setup-ks.cfg.gz
[root@Server01 ~]#gunzip -v initial-setup-ks.cfg.gz
initial-setup-ks.cfg.gz:    53.4%--replaced with initial-setup-ks.cfg
```

7. 使用 tar 命令

tar 是用于文件打包的命令行工具,tar 命令可以把一系列的文件归档到一个大文件中,也可以把档案文件解开以恢复数据。总体来说,tar 命令主要用于打包和解包。tar 命令是 Linux 系统中常用的备份工具之一。该命令的语法为:

```
tar [参数]  档案文件  文件列表
```

tar 命令的常用参数选项如下。

- -c:生成档案文件。

- -v：列出归档解档的详细过程。
- -f：指定档案文件名称。
- -r：将文件追加到档案文件末尾。
- -z：以 gzip 格式压缩或解压缩文件。
- -j：以 bzip2 格式压缩或解压缩文件。
- -d：比较档案与当前目录中的文件。
- -x：解开档案文件。

例如（提前用 touch 命令在"/"目录下建立测试文件）：

```
[root@Server01 ~]#tar -cvf yy.tar aa tt        //将当前目录下的 aa 和 tt 文件归档为
                                                 yy.tar
[root@Server01 ~]#tar -xvf yy.tar              //从 yy.tar 档案文件中恢复数据
[root@Server01 ~]#tar -czvf yy.tar.gz aa tt    //将当前目录下的 aa 和 tt 文件归档并压
                                                 缩为 yy.tar.gz
[root@Server01 ~]#tar -xzvf yy.tar.gz          //将 yy.tar.gz 文件解压缩并恢复数据
[root@Server01 ~]#tar -czvf etc.tar.gz /etc    //把/etc目录进行打包压缩
[root@Server01 ~]#mkdir /root/etc
[root@Server01 ~]#tar xzvf etc.tar.gz -C /root/etc
                                    //将打包后的压缩包文件指定解压到/root/etc
```

8. 使用 rpm 命令

rpm 命令主要用于对 RPM 软件包进行管理。RPM 包是 Linux 的各种发行版本中应用最为广泛的软件包格式之一。学会使用 rpm 命令对 RPM 软件包进行管理至关重要。该命令的语法为：

```
rpm ［参数］ 软件包名
```

rpm 命令的常用参数选项如下。

- -qa：查询系统中安装的所有软件包。
- -q：查询指定的软件包在系统中是否已安装。
- -qi：查询系统中已安装软件包的描述信息。
- -ql：查询系统中已安装软件包里所包含的文件列表。
- -qf：查询系统中指定文件所属的软件包。
- -qp：查询 RPM 包文件中的信息，通常用于在未安装软件包之前了解软件包中的信息。
- -i：用于安装指定的 RPM 软件包。
- -v：显示较详细的信息。
- -h：以"＃"显示进度。
- -e：删除已安装的 RPM 软件包。
- -U：升级指定的 RPM 软件包。软件包的版本必须比当前系统中安装的软件包的版本高才能正确升级。如果当前系统中并未安装指定的软件包，则直接安装。
- -F：更新软件包。

【例 2-5】 使用 rpm 命令查询软件包及文件。

```
[root@Server01 ~]#rpm -qa|more              //显示系统安装的所有软件包列表
[root@Server01 ~]#rpm -q selinux-policy      //查询系统是否安装了 selinux-policy
[root@Server01 ~]#rpm -qi selinux-policy     //查询系统已安装的软件包的描述信息
[root@Server01 ~]#rpm -ql selinux-policy     //查询系统已安装软件包包含的文件
[root@Server01 ~]#rpm -qf /etc/passwd         //查询 passwd 文件所属的软件包
```

【例 2-6】 可以利用 RPM 安装 network-scripts 软件包(在 RHEL 8)中,网络相关服务管理已经转移到 NetworkManager 了,不再是 network 了。若想要使用网卡配置文件,则必须安装 network-scripts 包,该包默认没有安装。安装与卸载过程如下。

```
[root@Server01 ~]#mount /dev/cdrom /media           //挂载光盘
[root@Server01 ~]#cd /medai/BaseOS/Packages          //改变目录到软件包所在的目录
[root@Server01 Packages]#rpm -ivh network-scripts-10.00.6-1.el8.x86_64.rpm
                              //安装软件包,系统将以"#"显示安装进度和安装的详细信息
[root@Server01 Packages]#rpm -Uvh network-scripts-10.00.6-1.el8.x86_64.rpm
                              //升级 network-scripts 软件包
[root@Server01 Packages]#rpm -e network-scripts-10.00.6-1.el8.x86_64
                              //卸载 network-scripts 软件包
```

 卸载软件包时不加扩展名.rpm,如果使用命令 rpm -e network-scripts-10.00.6-1.el8.x86_64 --nodeps,则表示不检查依赖性。另外,软件包的名称会因系统版本而稍有差异,不要机械照抄。

9. 使用 whereis 命令

whereis 命令用于寻找命令的可执行文件所在的位置。该命令的语法为:

```
whereis [参数] 命令名称
```

whereis 命令的常用参数选项如下。

- -b:只查找二进制文件。
- -m:只查找命令的联机帮助手册部分。
- -s:只查找源代码文件。

例如:

```
//查找命令 rpm 的位置
[root@Server01 ~]#whereis rpm
rpm: /bin/rpm /etc/rpm /usr/lib/rpm /usr/include/rpm /usr/share/man/man8/rpm.
8.gz
```

10. 使用 whatis 命令

whatis 命令用于获取命令简介。它从某个程序的使用手册中抽出一行简单的介绍性文件,帮助用户迅速了解这个程序的具体功能。该命令的语法为:

```
whatis  命令名称
```

例如：（若不成功，先运行 mandb 命令进行初始化，或手动更新索引数据库缓存）

```
[root@Server01 ~]#whatis ls
ls                 (1)  -list directory contents
```

11. 使用 find 命令

find 命令用于文件查找，它的功能非常强大。该命令的语法为：

```
find  [路径]  [匹配表达式]
```

find 命令的匹配表达式主要有如下几种类型。

- -name filename：查找指定名称的文件。
- -user username：查找属于指定用户的文件。
- -group grpname：查找属于指定组的文件。
- -print：显示查找结果。
- -size n：查找大小为 n 块的文件，一块为 512B。符号"＋n"表示查找大小大于 n 块的文件；符号"－n"表示查找大小小于 n 块的文件；符号"nc"表示查找大小为 n 个字符的文件。
- -inum n：查找索引节点号为 n 的文件。
- -type：查找指定类型的文件。文件类型有：b(块设备文件)、c(字符设备文件)、d(目录)、p(管道文件)、l(符号链接文件)、f(普通文件)。
- -atime n：查找 n 天前被访问过的文件。＋n 表示超过 n 天前被访问的文件；-n 表示未超过 n 天前被访问的文件。
- -mtime n：类似于 atime，但检查的是文件内容被修改的时间。
- -ctime n：类似于 atime，但检查的是文件索引节点被改变的时间。
- -perm mode：查找与给定权限匹配的文件，必须以八进制的形式给出访问权限。
- -newer file：查找比指定文件新的文件，即最后修改时间离现在较近。
- -exec command {} \;：对匹配指定条件的文件执行 command 命令。
- -ok command {} \;：与 exec 相同，但执行 command 命令时请求用户确认。

例如：

```
[root@Server01 ~]#find . -type f -exec ls -l {} \;
//在当前目录下查找普通文件,并以长格形式显示
[root@Server01 ~]#find /logs -type f -mtime 5 -exec rm {} \;
//在/logs目录中查找修改时间为5天以前的普通文件,并删除。保证/logs目录存在
[root@Server01 ~]#find /etc -name "*.conf"
//在/etc/目录下查找文件名以".conf"结尾的文件
[root@Server01 ~]#find . -type f -perm 755 -exec ls {} \;
//在当前目录下查找权限为755的普通文件并显示
```

由于 find 命令在执行过程中将消耗大量资源,建议以后台方式运行。

12. 使用 grep 命令

grep 命令用于查找文件中包含有指定字符串的行。该命令的语法为:

```
grep [参数] 要查找的字符串 文件名
```

grep 命令的常用参数选项如下。

- -v:列出不匹配的行。
- -c:对匹配的行计数。
- -l:只显示包含匹配模式的文件名。
- -h:抑制包含匹配模式的文件名的显示。
- -n:每个匹配行只按照相对的行号显示。
- -i:对匹配模式不区分大小写。

在 grep 命令中,字符"^"表示行的开始,字符"$"表示行的结尾。如果要查找的字符串中带有空格,可以用单引号或双引号括起来。

例如:

```
[root@Server01 ~]#grep -2 root /etc/passwd
//在文件 passwd 中查找包含字符串"root"的行,如果找到,显示该行及该行前后各 2 行的内容
[root@Server01 ~]#grep "^root$" /etc/passwd
//在 passwd 文件中搜索只包含"root"4 个字符的行
```

grep 和 find 命令的差别在于 grep 是在文件中搜索满足条件的行,而 find 是在指定目录下根据文件的相关信息查找满足指定条件的文件。

【例 2-7】 可以利用 grep 的-v 参数,过滤掉带"#"的注释行和空白行。下面的例子是将/etc/man_db.conf 中的空白行和注释行删除,将简化后的配置文件存放到当前目录下,并更改名字为 man_db.bak。

```
[root@Server01 ~]#grep -v "^#" /etc/man_db.conf |grep -v "^$">man_db.bak
[root@Server01 ~]#cat man_db.bak
```

13. 使用 dd 命令

dd 命令用于按照指定大小和个数的数据块来复制文件或转换文件,格式为"dd [参数]"。

dd 命令是一个比较重要而且比较有特色的一个命令,它能够让用户按照指定大小和个数的数据块来复制文件的内容。当然如果愿意,还可以在复制过程中转换其中的数据。Linux 系统中有一个名为/dev/zero 的设备文件,每次在课堂上解释它时都充满哲学理论的

色彩。因为这个文件不会占用系统存储空间,但却可以提供无穷无尽的数据,因此可以使用它作为 dd 命令的输入文件来生成一个指定大小的文件。dd 命令的参数及其作用如表 2-1 所示。

表 2-1　dd 命令的参数及其作用

参　　数	作　　用	参　　数	作　　用
if	输入的文件名称	bs	设置每个"块"的大小
of	输出的文件名称	count	设置要复制"块"的个数

例如,可以用 dd 命令从/dev/zero 设备文件中取出 2 个大小为 560MB 的数据块,然后保存成名为 file1 的文件。在理解了这个命令后,以后就能随意创建任意大小的文件了(做配额测试时很有用):

```
[root@Server01 ~]#dd if=/dev/zero of=file1 count=2 bs=560M
记录了 2+0 的读入
记录了 2+0 的写出
1174405120 bytes (1.2 GB, 1.1 GiB) copied, 8.23961 s, 143 MB/s
[root@Server01 ~]#rm file1
```

dd 命令的功能也绝不仅限于复制文件这么简单。如果你想把光驱设备中的光盘制作成 ISO 格式的映像文件,在 Windows 系统中需要借助于第三方软件才能做到,但在 Linux 系统中可以直接使用 dd 命令来压制出光盘映像文件,将它变成一个可立即使用的 ISO 映像:

```
[root@Server01 ~]#dd if=/dev/cdrom of=RHEL-server-8.0-x86_64.iso
7311360+0 records in
7311360+0 records out
3743416320 bytes (3.7 GB) copied, 370.758 s, 10.1 MB/s
[root@Server01 ~]#rm RHEL-server-8.0-x86_64.iso
```

2.3　熟练使用系统信息类命令

系统信息类命令是对系统的各种信息进行显示和设置的命令。

1. 使用 dmesg 命令

dmesg 命令用实例名和物理名称来标识连到系统上的设备。dmesg 命令也显示系统诊断信息、操作系统版本号、物理内存大小以及其他信息,例如:

```
[root@Server01 ~]#dmesg|more
```

系统启动时,屏幕上会显示系统 CPU、内存、网卡等硬件信息。但通常显示得比较快,如果用户没有来得及看清,可以在系统启动后用 dmesg 命令查看。

2. 使用 free 命令

free 命令主要用于查看系统内存、虚拟内存的大小及占用情况,例如:

```
[root@Server01 ~]#free
          total    used    free  shared  buff/cache  available
Mem:    1865284  894144  107128   14076      864012     714160
Swap:   4194300       0 4194300
```

3. 使用 timedatectl 命令

timedatectl 命令对于 RHEL/CentOS 7 的分布式系统来说,是一个新工具,RHEL 8 仍然沿用它。timedatectl 命令作为 systemd 系统和服务管理器的一部分,代替旧的、传统的用于基于 Linux 分布式系统的 sysvinit 守护进程的 date 命令。

timedatectl 命令可以查询和更改系统时钟和设置,你可以使用此命令来设置或更改当前的日期、时间和时区,或实现与远程 NTP 服务器的自动系统时钟同步。

(1) 显示系统的当前时间、日期、时区等信息。

```
[root@Server01 ~]#timedatectl status
Local time: 一 2021-02-01 11:33:31 EST
Universal time: 一 2021-02-01 16:33:31 UTC
RTC time: 一 2021-02-01 16:33:31
Time zone: America/New_York (EST, -0500)
System clock synchronized: no
NTP service: active
RTC in local TZ: no
```

RTC(Real-Time Clock)即实时时钟,也即硬件时钟。

(2) 设置当前时区。

```
[root@Server01 ~]#timedatectl |grep Time                    //查看当前时区
[root@Server01 ~]#timedatectl list-timezones               //查看所有可用时区
[root@Server01 ~]#timedatectl set-timezone Asia/Shanghai    //修改当前时区
```

(3) 设置时间和日期。

```
[root@Server01 ~]#timedatectl set-time 10:43:30            //只设置时间
Failed to set time: NTP unit is active
```

这个错误是启动了时间同步造成的,改正错误的办法是关闭该 NTP unit。

```
[root@Server01 ~]#clear                                      //清屏
[root@Server01 ~]#timedatectl set-ntp no                     //关闭时间同步
[root@Server01 ~]#timedatectl set-time 10:58:30              //仅设置时间,格式为时分秒
[root@Server01 ~]#timedatectl set-time 2020-08-22            //仅设置日期,格式为年月日
[root@Server01 ~]#timedatectl                                //查看设置结果
[root@Server01 ~]#timedatectl set-time "2021-8-21 11:01:40"  //设置日期和时间
[root@Server01 ~]#timedatectl                                //查看设置结果
```

注　意

只有 root 用户才可以改变系统的日期和时间。

4. 使用 cal 命令

cal 命令用于显示指定月份或年份的日历，可以带两个参数，其中年、月份用数字表示；只有一个参数时表示年份，年份的范围为 1～9999；不带任何参数的 cal 命令显示当前月份的日历。例如：

```
[root@Server01 ～]#cal 7 2022
七月 2022
日    一    二    三    四    五    六
                            1    2
 3    4    5    6    7    8    9
10   11   12   13   14   15   16
17   18   19   20   21   22   23
24   25   26   27   28   29   30
31
```

5. 使用 clock 命令

clock 命令用于从计算机的硬件获得日期和时间。例如：

```
[root@Server01 ～]#clock
2020-08-20 05:02:16.072524-04:00
```

2.4　熟练使用进程管理类命令

进程管理类命令是对进程进行各种显示和设置的命令。

1. 使用 ps 命令

ps 命令主要用于查看系统的进程。该命令的语法为：

```
ps  [参数]
```

ps 命令的常用参数选项如下。

- -a：显示当前控制终端的进程（包含其他用户的）。
- -u：显示进程的用户名和启动时间等信息。
- -w：宽行输出，不截取输出中的命令行。
- -l：按长格形式显示输出。
- -x：显示没有控制终端的进程。
- -e：显示所有的进程。
- -t n：显示第 n 个终端的进程。

例如：

```
[root@Server01 ~]#ps -au
USER   PID   %CPU  %MEM  VSZ   RSS   TTY   STAT  START  TIME  COMMAND
root   2459  0.0   0.2   1956  348   tty2  Ss+   09:00  0:00  /sbin/mingetty tty2
root   2460  0.0   0.2   2260  348   tty3  Ss+   09:00  0:00  /sbin/mingetty tty3
root   2461  0.0   0.2   3420  348   tty4  Ss+   09:00  0:00  /sbin/mingetty tty4
root   2462  0.0   0.2   3428  348   tty5  Ss+   09:00  0:00  /sbin/mingetty tty5
root   2463  0.0   0.2   2028  348   tty6  Ss+   09:00  0:00  /sbin/mingetty tty6
root   2895  0.0   0.9   6472  1180  tty1  Ss    09:09  0:00  bash
```

提示   ps 通常和重定向、管道等命令一起使用,用于查找出所需的进程。输出内容的第一行的中文解释是:进程的所有者;进程 ID 号;运算器占用率;内存占用率;虚拟内存使用量(单位是 KB);占用的固定内存量(单位是 KB);所在终端进程状态;被启动的时间;实际使用 CPU 的时间;命令名称与参数等。

2. 使用 pidof 命令

pidof 命令用于查询某个指定服务进程的 PID 值,格式为"pidof [参数] [服务名称]"。

每个进程的进程号码值(PID)是唯一的,因此可以通过 PID 来区分不同的进程。例如,可以使用如下命令来查询本机上 sshd 服务程序的 PID:

```
[root@Server01 ~]#pidof?sshd
1161
```

3. 使用 kill 命令

前台进程在运行时,可以用 Ctrl+C 组合键来终止它,但后台进程无法使用这种方法终止,此时可以使用 kill 命令向进程发送强制终止信号,以达到目的,例如:

```
[root@Server01 ~]#kill -l
 1) SIGHUP      2) SIGINT     3) SIGQUIT    4) SIGILL
 5) SIGTRAP     6) SIGABRT    7) SIGBUS     8) SIGFPE
 9) SIGKILL    10) SIGUSR1   11) SIGSEGV   12) SIGUSR2
13) SIGPIPE    14) SIGALRM   15) SIGTERM   17) SIGCHLD
18) SIGCONT    19) SIGSTOP   20) SIGTSTP   21) SIGTTIN
22) SIGTTOU    23) SIGURG    24) SIGXCPU   25) SIGXFSZ
26) SIGVTALRM  27) SIGPROF   28) SIGWINCH  29) SIGIO
30) SIGPWR     31) SIGSYS    34) SIGRTMIN  35) SIGRTMIN+1
(略)
```

上述命令用于显示 kill 命令所能够发送的信号种类。每个信号都有一个数值对应,例如 SIGKILL 信号的值为 9。

kill 命令的格式为:

```
kill [参数] 进程1 进程2…
```

参数选项-s 一般跟信号的类型。

例如:

```
[root@Server01 ~]#ps
 PID  TTY    TIME     CMD
1448  pts/1  00:00:00  bash
2394  pts/1  00:00:00  ps
[root@Server01 ~]#kill -s SIGKILL 1448 或者//kill -9 1448
//上述命令用于结束 bash 进程,会关闭终端
```

4. 使用 killall 命令

killall 命令用于终止某个指定名称的服务所对应的全部进程,格式为:"killall [参数] [进程名称]"。

通常来讲,复杂软件的服务程序会有多个进程协同为用户提供服务,如果逐个去结束这些进程会比较麻烦,此时可以使用 killall 命令来批量结束某个服务程序带有的全部进程。下面以 httpd 服务程序为例来结束其全部进程。由于 RHEL 7 系统默认没有安装 httpd 服务程序,因此大家此时只需看操作过程和输出结果即可,等学习了相关内容之后再来实践。

```
[root@Server01 ~]#pidof  httpd
13581  13580  13579  13578  13577  13576
[root@Server01 ~]#killall  -9 httpd
[root@Server01 ~]#pidof  httpd
[root@Server01 ~]#
```

　　如果在系统终端中执行一个命令后想立即停止它,可以同时按 Ctrl + C 组合键(生产环境中比较常用的一个快捷键),这样将立即终止该命令的进程。或者,如果有些命令在执行时不断地在屏幕上输出信息,影响到后续命令的输入,则可以在执行命令时在末尾添加上一个 & 符号,这样命令将进入系统后台来执行。

5. 使用 nice 命令

Linux 系统有两个和进程有关的优先级。用 ps -l 命令可以看到两个域:PRI 和 NI。PRI 是进程实际的优先级,它是由操作系统动态计算的,这个优先级的计算和 NI 值有关。NI 值可以被用户更改,NI 值越高,优先级越低。一般用户只能加大 NI 值,只有超级用户才可以减小 NI 值。NI 值被改变后,会影响 PRI。优先级高的进程被优先运行,缺省时进程的 NI 值为 0。nice 命令的用法如下:

```
nice  -n 程序名      //以指定的优先级运行程序
```

其中,n 表示 NI 值,正值代表 NI 值增加,负值代表 NI 值减小。
例如:

```
[root@Server01 ~]#nice --2 ps -l
```

6. 使用 renice 命令

renice 命令是根据进程的进程号来改变进程的优先级的。renice 的用法如下:

```
renice n  进程号
```

其中,n 为修改后的 NI 值。

例如:

```
[root@Server01 ~]#ps -l
F  S  UID  PID  PPID  C  PRI  NI  ADDR   SZ  WCHAN  TTY    TIME      CMD
0  S   0   3324  3322  0  80   0   -    27115  wait  pts/0  00:00:00  bash
4  R   0   4663  3324  0  80   0   -    27032   -    pts/0  00:00:00  ps
[root@Server01 ~]#renice -6 3324
```

7. 使用 top 命令

和 ps 命令不同,top 命令可以实时监控进程的状况。top 屏幕每 5 秒自动刷新一次,也可以用"top -d 20",使 top 屏幕每 20 秒刷新一次。top 屏幕的部分内容如下:

```
top -19:47:03 up 10:50, 3 users, load average: 0.10, 0.07, 0.02
Tasks: 90 total, 1 running, 89 sleeping, 0 stopped, 0 zombie
Cpu(s): 1.0%us, 3.1%sy, 0.0%ni, 95.8%id, 0.0%wa, 0.0%hi, 1.0%si
Mem:   126212k total,  124520k used,    1692k free,   10116k buffers
Swap:  257032k total,   25796k used,  231236k free,   34312k cached

PID   USER   PR  NI   VIRT   RES   SHR  S  %CPU  %MEM   TIME+    COMMAND
2946  root   14  -1   39812  12m   3504  S  1.3   9.8   14:25.46  X
3067  root   25  10   39744  14m   9172  S  1.0   11.8  10:58.34  rhn-applet-gui
2449  root   16   0   6156   3328  1460  S  0.3   3.6   0:20.26   hald
3086  root   15   0   23412  7576  6252  S  0.3   6.0   0:18.88   mixer_applet2
1446  root   16   0   8728   2508  2064  S  0.3   2.0   0:10.04   sshd
2455  root   16   0   2908   948   756   R  0.3   0.8   0:00.06   top
1     root   16   0   2004   560   480   S  0.0   0.4   0:02.01   init
```

top 命令前 5 行的含义如下。

第 1 行:正常运行时间行。显示系统当前时间、系统已经正常运行的时间、系统当前用户数等。

第 2 行:进程统计数。显示当前的进程总数、睡眠的进程数、正在运行的进程数、暂停的进程数、僵死的进程数。

第 3 行:CPU 统计行。包括用户进程、系统进程、修改过 NI 值的进程、空闲进程各自使用 CPU 的百分比。

第 4 行:内存统计行。包括内存总量、已用内存、空闲内存、共享内存、缓冲区的内存总量。

第 5 行:交换分区和缓冲分区统计行。包括交换分区总量、已使用的交换分区、空闲交换分区、高速缓冲区总量。

在 top 屏幕下,用 q 键可以退出,用 h 键可以显示 top 下的帮助信息。

8. 使用 jobs、fg、bg 命令

jobs 命令用于查看在后台运行的进程。例如:

```
[root@Server01 ~]#find / -name h*          //立即通过 ctrl +z 将当前命令暂停
[1]+  已停止                  find / -name h*
[root@Server01 ~]#jobs
[1]+  已停止                  find / -name h*
```

bg 命令用于把进程放到后台运行。例如：

```
[root@Server01 ~]#bg %1
```

fg 命令用于把从后台运行的进程调到前台。例如：

```
[root@Server01 ~]#fg %1
```

9. 使用 at 命令

如果要在特定时间运行 Linux 命令，你可以将 at 添加到语句中。语法是 at 后面跟着你希望命令运行的日期和时间，然后命令提示符变为 at>，这样你就可以输入在上面指定的时间运行的命令。

例如：

```
[root@Server01 ~]#at 4:08 PM Sat
at>echo 'hello'
at>Ctrl+D
job 1 at Sat May 5 16:08:00 2018
```

这将会在周六下午 4:08 运行 echo 'hello'程序。

2.5　熟练使用其他常用命令

除了上面介绍的命令外，还有一些命令也经常用到。

1. 使用 clear 命令

clear 命令用于清除字符终端屏幕内容。

2. 使用 uname 命令

uname 命令用于显示系统信息。例如：

```
[root@Server01 ~]#uname -a
Linux Server 3.6.9-5.EL #1 Wed Jan 5 19:22:18 EST 2005 i686 i686 i386 GNU/Linux
```

3. 使用 man 命令

man 命令用于列出命令的帮助手册。例如：

```
[root@Server01 ~]#man ls
```

典型的 man 手册包含以下几个部分。

- NAME：命令的名字。

- SYNOPSIS：名字的概要，简单说明命令的使用方法。
- DESCRIPTION：详细描述命令的使用，如各种参数选项的作用。
- SEE ALSO：列出可能要查看的其他相关的手册页条目。
- AUTHOR、COPYRIGHT：作者和版权等信息。

4. 使用 shutdown 命令

shutdown 命令用于在指定时间关闭系统。该命令的语法为：

```
shutdown ［参数］ 时间 ［警告信息］
```

shutdown 命令常用的参数选项如下。
- -r：系统关闭后重新启动。
- -h：关闭系统。

时间可以是以下几种形式。
- now：表示立即。
- hh:mm：指定绝对时间，hh 表示小时，mm 表示分钟。
- +m：表示 m 分钟以后。

例如：

```
[root@Server01 ~]#shutdown -h now      //关闭系统
```

5. 使用 halt 命令

halt 命令表示立即停止系统，但该命令不自动关闭电源，需要人工关闭电源。

6. 使用 reboot 命令

reboot 命令用于重新启动系统，相当于"shutdown -r now"。

7. 使用 poweroff 命令

poweroff 命令用于立即停止系统，并关闭电源，相当于"shutdown -h now"。

8. 使用 alias 命令

alias 命令用于创建命令的别名。该命令的语法为：

```
alias 命令别名 ="命令行"
```

例如：

```
[root@Server01 ~]#alias mand="vim /etc/man_db.conf"
//定义 mand 为命令"vim /etc/man_db.conf"的别名，输入 mand 会怎样？
```

alias 命令不带任何参数时将列出系统已定义的别名。

9. 使用 unalias 命令

unalias 命令用于取消别名的定义。例如：

```
[root@Server01 ~]#unalias mand
```

10. 使用 history 命令

history 命令用于显示用户最近执行的命令。可以保留的历史命令数和环境变量 HISTSIZE 有关。只要在编号前加"!"，就可以重新运行 history 中显示出的命令行。例如：

```
[root@Server01 ~]#!128
```

表示重新运行第 1239 个历史命令。

11. 使用 wget 命令

wget 命令用于在终端中下载网络文件，格式为"wget［参数］下载地址"。

表 2-2 所示为 wget 命令的参数以及作用。

表 2-2　wget 命令的参数以及作用

参数	作　　用	参数	作　　用
-b	后台下载模式	-c	断点续传
-P	下载到指定目录	-p	下载页面内所有资源，包括图片、视频等
-t	最大尝试次数	-r	递归下载

尝试使用 wget 命令下载 testfile.zip 文件，假如这个文件的完整路径为 http://www. smile.net/testfile.zip，执行该命令（**注意该网站仅是示例网站，不能真正访问**）：

```
[root@Server01  ~]#wget http://www.smile90.net/testfile.zip
```

接下来，使用 wget 命令递归下载 http://www.smile.net/网站内的所有页面数据以及文件，下载完后会自动保存到当前路径下一个名为 http://www.smile.net/的目录中。执行该操作的命令为 wget -r -p http://www.smile.net/。

```
[root@Server01  ~]#wget  -r  -p  http://www.smile90.net/
```

12. 使用 who 命令

who 用于查看当前登录主机的用户终端信息，格式为"who［参数］"。

这三个简单的字母可以快速显示出所有正在登录本机的用户的名称以及他们正在开启的终端信息。表 2-3 所示为执行 who 命令的结果。

表 2-3　执行 who 命令的结果

登录的用户名	终端设备	登录到系统的时间
root	:0	2018-05-02 23:57 (:0)
root	pts/0	2018-05-03 17:34 (:0)

13. 使用 last 命令

last 命令用于查看所有系统的登录记录，格式为"last［参数］"。

使用 last 命令可以查看本机的登录记录。但是，由于这些信息都是以日志文件的形式保存在系统中，因此黑客可以很容易地对内容进行窜改。千万不要单纯以该命令的输出信息而判断系统有无被恶意入侵！

```
[root@Server01?~]#last
root     pts/0          :0          Thu May  3 17:34    still   logged in
root     pts/0          :0          Thu May  3 17:29 -  17:31   (00:01)
root     pts/1          :0          Thu May  3 00:29    still   logged in
root     pts/0          :0          Thu May  3 00:24 -  17:27   (17:02)
root     pts/0          :0          Thu May  3 00:03 -  00:03   (00:00)
root     pts/0          :0          Wed May  2 23:58 -  23:59   (00:00)
root     :0             :0          Wed May  2 23:57    still   logged in
reboot   system boot   3.10.0-693.el7.x  Wed May  2 23:54 -  19:30   (19:36)
……………省略部分登录信息………………
```

14. 使用 echo 命令

echo 命令用于在终端输出字符串或变量提取后的值，格式为"echo［字符串│＄变量］"。例如，把指定字符串"Linuxprobe.com"输出到终端屏幕的命令为：

```
[root@Server01 ~]#echo  long90.cn
```

该命令会在终端屏幕上显示如下信息：

```
long90.cn
```

下面，使用＄变量的方式提取变量 SHELL 的值，并将其输出到屏幕上：

```
[root@Server01 ~]#echo  $SHELL
/bin/bash
```

15. 使用 uptime 命令

uptime 用于查看系统的负载信息，格式为 uptime。

uptime 命令真的很棒，它可以显示当前系统时间、系统已运行时间、启用终端数量以及平均负载值等信息。平均负载值指的是系统在最近 1 分钟、5 分钟、15 分钟内的压力情况（下面加粗的信息部分）；负载值越低越好，尽量不要长期超过 1，在生产环境中不要超过 5。

```
[root@Server01 ~]#uptime
20:24:04 up  4:28,  3 users,  load average: 0.00, 0.01, 0.05
```

2.6 项目实录：使用 Linux 基本命令

1. 观看视频

实训前请扫描二维码观看视频。

实训项目 使用 Linux
基本命令

2. 项目实训目的

• 掌握 Linux 各类命令的使用方法。

• 熟悉 Linux 操作环境。

3. 项目背景

现在有一台已经安装好 Linux 操作系统的主机，并且已经配置好基本的 TCP/IP 参数，能够通过网络连接局域网中或远程的主机。一台 Linux 服务器能够提供 FTP、Telnet 和 SSH 连接。

4. 项目实训内容

练习使用 Linux 常用命令，达到熟练应用的目的。

5. 做一做

根据项目实录视频进行项目的实训，检查学习效果。

2.7 练习题

一、填空题

1. 在 Linux 系统中命令_____大小写。在命令行中，可以使用_____键来自动补齐命令。

2. 如果要在一个命令行上输入和执行多条命令，可以使用_____来分隔命令。

3. 断开一个长命令行，可以使用_____，以将一个较长的命令分成多行表达，增强命令的可读性。执行后，Shell 自动显示提示符_____，表示正在输入一个长命令。

4. 要使程序以后台方式执行，只需在要执行的命令后跟上一个_____符号。

二、选择题

1. (　　)命令能用来查找在文件 TESTFILE 中包含 4 个字符的行。

    A. grep '???? ' TESTFILE   B. grep '…. ' TESTFILE

    C. grep '^???? $' TESTFILE   D. grep '^…. $ ' TESTFILE

2. (　　)命令用来显示/home 及其子目录下的文件名。

    A. ls -a /home   B. ls -R /home   C. ls -l /home   D. ls -d /home

3. 如果忘记了 ls 命令的用法，可以采用(　　)命令获得帮助。

    A. ? ls   B. help ls   C. man ls   D. get ls

4. 查看系统当中所有进程的命令是(　　)。

    A. ps all   B. ps aix   C. ps auf   D. ps aux

5. Linux 中有多个查看文件的命令，如果希望在查看文件内容过程中用光标可以上下移动来查看文件内容，则符合要求的那一个命令是(　　)。

    A. cat   B. more   C. less   D. head

6. (　　)命令可以了解您在当前目录下还有多大空间。

    A. df   B. du　/   C. du.   D. df　.

7. 假如需要找出 /etc/my.conf 文件属于哪个包(package)，可以执行(　　)命令。

    A. rpm -q /etc/my.conf   B. rpm -requires /etc/my.conf

    C. rpm -qf /etc/my.conf   D. rpm -q | grep /etc/my.conf

8. 在应用程序启动时，(　　)命令设置进程的优先级。

    A. priority   B. nice   C. top   D. setpri

9. (   )命令可以把 f1.txt 复制为 f2.txt。

    A. cp f1.txt ｜ f2.txt   B. cat f1.txt ｜ f2.txt

    C. cat f1.txt ＞ f2.txt   D. copy f1.txt ｜ f2.txt

10. 使用(   )命令可以查看 Linux 的启动信息。

    A. mesg － d   B. dmesg   C. cat /etc/mesg   D. cat /var/mesg

三、简答题

1. more 和 less 命令有何区别?

2. Linux 系统下对磁盘的命名原则是什么?

3. 在网上下载一个 Linux 下的应用软件,介绍其用途和基本使用方法。

第 3 章
Shell 与 vim 编辑器

Shell 是允许用户输入命令的界面，Linux 中最常用的交互式 Shell 是 bash。本章主要介绍 Shell 的功能和 vim 编辑器的使用。

学习要点

- 了解 Shell 的强大功能和 Shell 的命令解释过程。
- 学会使用重定向和管道。
- 掌握正则表达式的使用方法。
- 学会使用 vim 编辑器。

3.1 Shell

Shell 是用户与操作系统内核之间的接口，起着协调用户与系统的一致性和在用户与系统之间进行交互的作用。

3.1.1 Shell 概述

1. Shell 的地位

Shell 在 Linux 系统中具有极其重要的地位，Linux 系统结构组成如图 3-1 所示。

2. Shell 的功能

Shell 最重要的功能是命令解释，从这种意义上来说，Shell 是一个命令解释器。Linux 系统中的所有可执行文件都可以作为 Shell 命令来执行。将可执行文件作一个分类，如表 3-1 所示。

表 3-1　可执行文件的分类

类　　别	说　　明
Linux 命令	存放在/bin、/sbin 目录下
内置命令	出于效率的考虑，将一些常用命令的解释程序构造在 Shell 内部
实用程序	存放在/usr/bin、/usr/sbin、/usr/local/bin 等目录下
用户程序	用户程序经过编译生成可执行文件后，也可作为 Shell 命令运行
Shell 脚本	由 Shell 语言编写的批处理文件

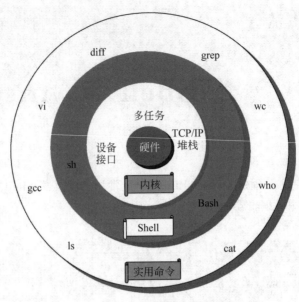

图 3-1　Linux 系统结构组成

　　当用户提交了一个命令后，Shell 首先判断它是否为内置命令，如果是就通过 Shell 内部的解释器将其解释为系统功能调用并转交给内核执行；若是外部命令或实用程序就试图在硬盘中查找该命令并将其调入内存，再将其解释为系统功能调用并转交给内核执行。在查找该命令时分为以下两种情况。

　　① 用户给出了命令路径，Shell 就沿着用户给出的路径查找，若找到则调入内存，若没找到则输出提示信息。

　　② 用户没有给出命令的路径，Shell 就在环境变量 PATH 所制定的路径中依次进行查找，若找到则调入内存，若没找到则输出提示信息。

　　图 3-2 描述了 Shell 是如何完成命令解释的。

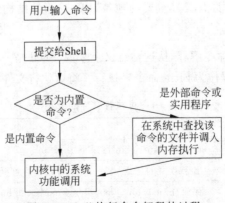

图 3-2　Shell 执行命令解释的过程

　　此外，Shell 还具有如下的一些功能。

　　① Shell 环境变量。

② 正则表达式。

③ 输入输出重定向与管道。

3. Shell 的主要版本

表 3-2 列出了 3 种常见的 Shell 版本。

表 3-2　Shell 的不同版本

版　　本	说　　明
Bourne Again Shell （bash. bsh 的扩展）	bash 是大多数 Linux 系统的默认 Shell。bash 与 bsh 完全向后兼容，并且在 bsh 的基础上增加和增强了很多特性。bash 也包含了很多 C Shell 和 Korn Shell 中的优点。bash 有很灵活和强大的编程接口，同时又有很友好的用户界面
Korn Shell(ksh)	Korn Shell(ksh)由 Dave Korn 所写。它是 UNIX 系统上的标准 Shell。另外，在 Linux 环境下有一个专门为 Linux 系统编写的 Korn Shell 的扩展版本，即 Public Domain.Korn Shell(pdksh)
tcsh(csh 的扩展)	tcsh 是 C.Shell 的扩展。tcsh 与 csh 完全向后兼容，但它包含了更多的使用户感觉方便的新特性，其最大的提高是在命令行编辑和历史浏览方面

3.1.2　Shell 环境变量

Shell 支持具有字符串值的变量。Shell 变量不需要专门的说明语句，通过赋值语句完成变量说明并予以赋值。在命令行或 Shell 脚本文件中使用 $ name 的形式引用变量 name 的值。

Shell 程序的变量和特殊字符

1. 变量的定义和引用

在 Shell 中，变量的赋值格式如下：

```
name=string
```

其中，name 是变量名，它的值就是 string，"="是赋值符号。变量名是以字母或下画线开头的字母、数字和下画线字符序列。

通过在变量名(name)前加 $ 字符(如 $ name)引用变量的值，引用的结果就是用字符串 string 代替 $ name。此过程也称为变量替换。

在定义变量时，若 string 中包含空格、制表符和换行符，则 string 必须用'string'(或者 "string")的形式，即用单(双)引号将其括起来。双引号内允许变量替换，而单引号内则不可以。

下面给出一个定义和使用 Shell 变量的例子。

```
//显示字符常量
[root@Server01 ~]#echo who are you
who are you
[root@Server01 ~]#echo 'who are you'
who are you
[root@Server01 ~]#echo "who are you"
who are you
```

```
[root@Server01 ~]#
//由于要输出的字符串中没有特殊字符,所以' '和" "的效果是一样的,不用""但相当于使用了""
[root@Server01 ~]#echo Je t'aime
>
//由于要使用特殊字符('),
//'不匹配,shell 认为命令行没有结束,Enter 键后会出现系统第二提示符,
//让用户继续输入命令行,按 Ctrl+C 组合键结束
[root@Server01 ~]#
//为了解决这个问题,可以使用下面的两种方法
[root@Server01 ~]#echo "Je t'aime"
Je t'aime
[root@Server01 ~]#echo Je t\'aime
```

2. Shell 变量的作用域

与程序设计语言中的变量一样,Shell 变量有其规定的作用范围。Shell 变量分为局部变量和全局变量。

① 局部变量的作用范围仅仅限制在其命令行所在的 Shell 或 Shell 脚本文件中。

② 全局变量的作用范围则包括本 Shell 进程及其所有子进程。

③ 可以使用 export 内置命令将局部变量设置为全局变量。

下面给出一个 Shell 变量作用域的例子。

```
//在当前 Shell 中定义变量 var1
[root@Server01 ~]#var1=Linux
//在当前 Shell 中定义变量 var2 并将其输出
[root@Server01 ~]#var2=unix
[root@Server01 ~]#export var2
//引用变量的值
[root@Server01 ~]#echo $var1
Linux
[root@Server01 ~]#echo $var2
unix
//显示当前 Shell 的 PID
[root@Server01 ~]#echo $$
2670
[root@Server01 ~]#
//调用子 Shell
[root@Server01 ~]#bash
//显示当前 Shell 的 PID
[root@Server01 ~]#echo $$
2709
//由于 var1 没有被输出,所以在子 Shell 中已无值
[root@Server01 ~]#echo $var1
//由于 var2 被输出,所以在子 Shell 中仍有值
[root@Server01 ~]#echo $var2
unix
//返回主 Shell,并显示变量的值
```

```
[root@Server01 ~]#exit
[root@Server01 ~]#echo $$
2670
[root@Server01 ~]#echo $var1
Linux
[root@Server01 ~]#echo $var2
unix
[root@Server01 ~]#
```

3. 环境变量

环境变量是指由 Shell 定义和赋初值的 Shell 变量。Shell 用环境变量来确定查找路径、注册目录、终端类型、终端名称、用户名等。所有环境变量都是全局变量,并可以由用户重新设置。表 3-3 列出了一些系统中常用的环境变量。

表 3-3　Shell 中的环境变量

环境变量名	说　明	环境变量名	说　明
EDITOR、FCEDIT	bash fc 命令的默认编辑器	PATH	bash 寻找可执行文件的搜索路径
HISTFILE	用于存储历史命令的文件	PS1	命令行的一级提示符
HISTSIZE	历史命令列表的大小	PS2	命令行的二级提示符
HOME	当前用户的用户目录	PWD	当前工作目录
OLDPWD	前一个工作目录	SECONDS	当前 Shell 开始后所流逝的秒数

不同类型的 Shell 的环境变量有不同的设置方法。在 bash 中,设置环境变量用 set 命令,命令的格式是:

```
set 环境变量=变量的值
```

例如,设置用户的主目录为/home/john,可以用以下命令:

```
[root@Server01 ~]#set HOME=/home/john
```

不加任何参数地直接使用 set 命令可以显示用户当前所有环境变量的设置,如下所示:

```
[root@Server01 ~]#set
BASH=/bin/bash
BASH_ENV=/root/.bashrc
(略)
PATH=/usr/local/sbin:/usr/local/bin:/usr/sbin:/usr/bin:/sbin:/bin:/usr/bin/X11
PS1='[\u@\h \W]\$ '
PS2='>'
SHELL=/bin/bash
```

可以看到其中路径 PATH 的设置为:

```
PATH=/usr/local/bin:/usr/local/sbin:/usr/bin:/usr/sbin:/root/bin
```

总共有 5 个目录,bash 会在这些目录中依次搜索用户输入的命令的可执行文件。

在环境变量前面加上 $ 符号,表示引用环境变量的值,例如:

```
[root@Server01 ~]#cd $HOME
```

将把目录切换到用户的主目录。

当修改 PATH 变量时,如将一个路径/tmp 加到 PATH 变量前,应设置为:

```
[root@Server01 ~]#PATH=/tmp:$PATH
```

此时,在保存原有 PATH 路径的基础上进行了添加。Shell 在执行命令前,会先查找这个目录。

要将环境变量重新设置为系统默认值,可以使用 unset 命令。例如,下面的命令用于将当前的语言环境重新设置为默认的英文状态。

```
[root@Server01 ~]#unset LANG
```

4. 工作环境设置文件

Shell 环境依赖于多个文件的设置。用户并不需要每次登录后都对各种环境变量进行手工设置,通过环境设置文件,用户的工作环境的设置可以在登录的时候自动由系统来完成。环境设置文件有两种:一种是系统环境设置文件;另一种是个人环境设置文件。

1) 系统中的用户工作环境设置文件

(1) 登录环境设置文件:/etc/profile。

(2) 非登录环境设置文件:/etc/bashrc。

2) 用户设置的环境设置文件

(1) 登录环境设置文件:$HOME/.bash_profile。

(2) 非登录环境设置文件:$HOME/.bashrc。

只有在特定的情况下才读取 profile 文件,确切地说是在用户登录的时候。当运行 Shell 脚本以后,就无须再读取 profile。

系统中的用户环境文件设置对所有用户均生效,而用户设置的环境设置文件对用户自身生效。用户可以修改自己的用户环境设置文件来覆盖在系统环境设置文件中的全局设置。例如:

① 用户可以将自定义的环境变量存放在 $HOME/.bash_profile 中。

② 用户可以将自定义的别名存放在 $HOME/.bashrc 中,以便在每次登录和调用子 Shell 时生效。

3.1.3 正则表达式

1. grep 命令

2.2.5 小节已介绍过 grep 命令的用法。grep 命令用来在文本文件中查找内容,它的名字源于 global regular expression print。指定给 grep 的文本模式叫作"正则表达式"。它可以是普通的字母或者数字,也可以使用特殊字符来匹配不同的文本模式。稍后将更详细地讨论正则表达式。grep 命令打印出所有符合指定规则的文本行。例如:

```
grep 'match_string' file
```

即从指定文件中找到含有字符串的行。

2. 正则表达式字符

Linux 定义了一个使用正则表达式的模式识别机制。Linux 系统库包含了对正则表达式的支持,鼓励程序中使用这个机制。

遗憾的是 Shell 的特殊字符辨认系统没有利用正则表达式,因为它们比 Shell 自己的缩写更加难用。Shell 的特殊字符和正则表达式是很相似的,为了正确利用正则表达式,用户必须了解两者之间的区别。

　　由于正则表达式使用了一些特殊字符,所以所有的正则表达式都必须用单引号括起来。

　　正则表达式字符可以包含某些特殊的模式匹配字符。句点匹配任意一个字符,相当于 Shell 的问号。紧接句号之后的星号匹配零个或多个任意字符,相当于 Shell 的星号。方括号的用法跟 Shell 的一样,只是用"^"代替了"!"表示匹配不在指定列表内的字符。

表 3-4 列出了正则表达式的模式匹配字符。

表 3-4　模式匹配字符

模式匹配字符	说　　明
.	匹配单个任意字符
[list]	匹配字符串列表中的一个字符
[range]	匹配指定范围中的一个字符
[^　]	匹配指定字符串中或指定范围以外的一个字符

表 3-5 列出了与正则表达式模式匹配字符配合使用的量词。

表 3-6 列出了正则表达式中可用的控制字符。

表 3-5　量词

量　词	说　　明
*	匹配前一个字符零次或多次
\\{n\\}	匹配前一个字符 n 次
\\{n,\\}	匹配前一个字符至少 n 次
\\{n,m\\}	匹配前一个字符 n~m 次

表 3-6　控制字符

控制字符	说　　明
^	只在行头匹配正则表达式
$	只在行末匹配正则表达式
\\	引用特殊字符

控制字符是用来标记行头或者行尾的,支持统计字符串的出现次数。

非特殊字符代表它们自己,如果要表示特殊字符需要在前面加上反斜杠。

例如：

```
help                    匹配包含 help 的行
\..$                    匹配倒数第 2 个字符是句点的行
^...$                   匹配只有 3 个字符的行
^[0-9]\{3\}[^0-9]       匹配以 3 个数字开头跟着一个非数字字符的行
^\([A-Z][A-Z]\) * $     匹配只包含偶数个大写字母的行
```

3.1.4 输入/输出重定向与管道

1. 重定向

所谓重定向，就是不使用系统的标准输入端口、标准输出端口或标准错误端口，而进行重新指定，所以重定向分为输入重定向、输出重定向和错误重定向。通常情况下重定向到一个文件。在 Shell 中，要实现重定向主要依靠重定向符实现，即 Shell 通过检查命令行中有无重定向符来决定是否需要实施重定向。表 3-7 列出了常用的重定向符。

表 3-7 重定向符

重定向符	说明
<	实现输入重定向。输入重定向并不经常使用，因为大多数命令都以参数的形式在命令行上指定输入文件的文件名。尽管如此，当使用一个不接受文件名为输入多数的命令，而需要的输入又是在一个已存在的文件中时，就能用输入重定向解决问题
>或>>	实现输出重定向。输出重定向比输入重定向更常用。输出重定向使用户能把一个命令的输出重定向到一个文件中，而不是显示在屏幕上。很多情况下都可以使用这种功能。例如，如果某个命令输出很多内容时，在屏幕上不能完全显示，即可把它重定向到一个文件中，稍后再用文本编辑器来打开这个文件
2>或2>>	实现错误重定向
&>	同时实现输出重定向和错误重定向

要注意的是，在实际执行命令之前，命令解释程序会自动打开(如果文件不存在则自动创建)且清空该文件(文件中已存在的数据将被删除)。当命令完成时，命令解释程序会正确地关闭该文件，而命令在执行时并不知道它的输出流已被重定向。

下面举几个使用重定向的例子。

(1) 将 ls 命令生成的/tmp 目录的一个清单存到当前目录中的 dir 文件中。

```
[root@Server01 ~]#ls -l /tmp >dir
```

(2) 将 ls 命令生成的/etc 目录的一个清单以追加的方式存到当前目录中的 dir 文件中。

```
[root@Server01 ~]#ls -l /etc >>dir
```

(3) passwd 文件的内容作为 wc 命令的输入(wc 命令用来计算数字，可以计算文件的 Byte 数、字数或列数，若不指定文件名称，或所给予的文件名为"－"，则 wc 指令会从标准输入设备读取数据)。

```
[root@Server01 ~]#wc</etc/passwd
```

（4）将命令 myprogram 的错误信息保存在当前目录下的 err_file 文件中。

```
[root@Server01 ~]#myprogram 2>err_file
```

（5）将命令 myprogram 的输出信息和错误信息保存在当前目录下的 output_file 文件中。

```
[root@Server01 ~]#myprogram &>output_file
```

（6）将命令 ls 的错误信息保存在当前目录下的 err_file 文件中。

```
[root@Server01 ~]#ls -l 2>err_file
```

　　　　　该命令并没有产生错误信息，但 err_file 文件中的原文件内容会被清空。

当输入重定向符时，命令解释程序会检查目标文件是否存在。如果不存在，命令解释程序将会根据给定的文件名创建一个空文件；如果文件已经存在，命令解释程序则会清除其内容并准备写入命令的输出结果。这种操作方式表明：当重定向到一个已存在的文件时需要十分小心，数据很容易在用户还没有意识到之前就丢失了。

bash 输入/输出重定向可以通过使用下面的选项设置为不覆盖已存在的文件：

```
[root@Server01 ~]#set -o noclobber
```

这个选项仅用于对当前命令解释程序输入输出进行重定向，而其他程序仍可能覆盖已存在的文件。

（7）/dev/null。空设备的一个典型用法是丢弃从 find 或 grep 等命令送来的错误信息：

```
[root@Server01 ~]#su -yangyun
[yangyun@Server01 ~]$grep IPv6 /etc/* 2>/dev/null
[yangyun@Server01 ~]$grep IPv6 /etc/*    //会显示包含许多错误的所有信息
[yangyun@Server01 ~]$exit
注销
[root@Server01 ~]#
```

上面的 grep 命令的含义是从/etc 目录下的所有文件中搜索包含字符串 delegate 的所有行。由于是在普通用户的权限下执行该命令，grep 命令是无法打开某些文件的，系统会显示一大堆"未得到允许"的错误提示。通过将错误重定向到空设备，可以在屏幕上只得到有用的输出。

2. 管道

许多 Linux 命令具有过滤特性，即一条命令通过标准输入端口接收一个文件中的数据，命令执行后产生的结果数据又通过标准输出端口送给后一条命令，作为该命令的输入数据。后一条命令也是通过标准输入端口接收输入数据。

Shell 提供管道命令"|"将这些命令前后衔接在一起,形成一个管道线。格式为:

命令 1|命令 2|...|命令 n

管道线中的每一条命令都作为一个单独的进程运行,每一条命令的输出作为下一条命令的输入。由于管道线中的命令总是从左到右顺序执行的,因此管道线是单向的。

管道线的实现创建了 Linux 系统管道文件并进行重定向,但是管道不同于 I/O 重定向,输入重定向导致一个程序的标准输入来自某个文件,输出重定向是将一个程序的标准输出写到一个文件中,而管道是直接将一个程序的标准输出与另一个程序的标准输入相连接,不需要经过任何中间文件。

例如:

```
[root@Server01 ~]#who >tmpfile
```

运行命令 who 来找出谁已经登录进入系统。该命令的输出结果是每个用户对应一行数据,其中包含了一些有用的信息,将这些信息保存在临时文件中。

现在运行下面的命令:

```
[root@Server01 ~]#wc -l <tmpfile
```

该命令会统计临时文件的行数,最后的结果是登录进入系统中的用户的人数。

可以将以上两个命令组合起来。

```
[root@Server01 ~]#who|wc -l
```

管道符号告诉命令解释程序将左边的命令(在本例中为 who)的标准输出流连接到右边命令(在本例中为 wc -l)的标准输入流。现在命令 who 的输出不经过临时文件就可以直接送到命令 wc 中了。

下面再举几个使用管道的例子。

(1) 以长格式递归的方式分屏显示/etc 目录下的文件和目录列表。

```
[root@Server01 ~]#ls -Rl /etc | more
```

(2) 分屏显示文本文件/etc/passwd 的内容。

```
[root@Server01 ~]#cat /etc/passwd | more
```

(3) 统计文本文件/etc/passwd 的行数、字数和字符数。

```
[root@Server01 ~]#cat /etc/passwd | wc
```

(4) 查看是否存在 john 和 yangyun 用户账户。

```
[root@Server01 ~]#cat /etc/passwd | grep john
[root@Server01 ~]#cat /etc/passwd | grep yangyun
yangyun:x:1000:1000:yangyun:/home/yangyun:/bin/bash
```

（5）查看系统是否安装了 ssh 软件包。

```
[root@Server01 ~]#rpm -qa | grep ssh
```

（6）显示文本文件中的若干行。

```
[root@Server01 ~]#tail -15 /etc/passwd | head -3
```

管道仅能操纵命令的标准输出流。如果标准错误输出，未重定向，那么任何写入其中的信息都会在终端显示屏幕上显示。管道可用来连接两个以上的命令。由于使用了一种被称为过滤器的服务程序，所以多级管道在 Linux 中是很普遍的。过滤器只是一段程序，它从自己的标准输入流读入数据，然后写到自己的标准输出流中，这样就能沿着管道过滤数据。在下例中：

```
[root@Server01 ~]#who|grep root| wc -l
```

who 命令的输出结果由 grep 命令来处理，而 grep 命令则过滤掉（丢弃掉）所有不包含字符串"root"的行。这个输出结果经过管道送到命令 wc，而该命令的功能是统计剩余的行数，这些行数与网络用户的人数相对应。

Linux 系统的一个最大的优势就是按照这种方式将一些简单的命令连接起来，形成更复杂的、功能更强的命令。那些标准的服务程序仅仅是一些管道应用的单元模块，在管道中它们的作用更加明显。

3.1.5　Shell 脚本

Shell 最强大的功能在于它是一个功能强大的编程语言。用户可以在文件中存放一系列的命令，这被称为 Shell 脚本或 Shell 程序，将命令、变量和流程控制有机地结合起来将会得到一个功能强大的编程工具。Shell 脚本语言非常擅长处理文本类型的数据，由于 Linux 系统中的所有配置文件都是纯文本的，所以 Shell 脚本语言在管理 Linux 系统中发挥了巨大作用。

1. 脚本的内容

Shell 脚本是以行为单位的，在执行脚本的时候会分解成一行一行依次执行。脚本中所包含的成分主要有注释、命令、Shell 变量和流程控制语句。其中：

① 注释。用于对脚本进行解释和说明，在注释行的前面要加上符号"#"，这样在执行脚本的时候 Shell 就不会对该行进行解释。

② 命令。在 Shell 脚本中可以出现在交互方式下可以使用的任何命令。

③ Shell 变量。Shell 支持具有字符串值的变量。Shell 变量不需要专门的说明语句，通过赋值语句完成变量说明并予以赋值。在命令行或 Shell 脚本文件中使用 $name 的形式引用变量 name 的值。

④ 流程控制。主要为一些用于流程控制的内部命令。

表 3-8 列出了 Shell 中用于流程控制的内置命令。

表 3-8　Shell 中用于流程控制的内置命令

命　　令	说　　明
text expr 或［expr］	用于测试一个表达式 expr 值真假
if expr then command-table fi	用于实现单分支结构
if expr then command-table else command-talbe fi	用于实现双分支结构
case...case	用于实现多分支结构
for...do...done	用于实现 for 型循环
while...do...done	用于实现当型循环
until...do...done	用于实现直到型循环
break	用于跳出循环结构
continue	用于重新开始下一轮循环

2. 脚本的建立与执行

用户可以使用任何文本编辑器编辑 Shell 脚本文件，如 vim、gedit 等。

Shell 对 Shell 脚本文件的调用可以采用以下 3 种方式。

① 将文件名作为 Shell 命令的参数。其调用格式为：

```
bash script_file
```

当要被执行的脚本文件没有可执行权限时只能使用这种调用方式。

② 先将脚本文件的访问权限改为可执行，以便该文件可以作为执行文件调用。具体方法是：

```
chmod +x script_file
PATH=$PATH:$PWD
script_file
```

③ 当执行一个脚本文件时，Shell 就产生一个子 Shell（即一个子进程）去执行文件中的命令。因此，脚本文件中的变量值不能传递到当前 Shell（即父进程）。为了使脚本文件中的变量值传递到当前 Shell，必须在命令文件名前面加"."命令，即：

```
./script_file
```

"."命令的功能是在当前 Shell 中执行脚本文件中的命令，而不是产生一个子 Shell 执行命令文件中的命令。

3. 编写第一个 Shell script 程序

```
[root@server1 ~]#mkdir scripts; cd scripts
[root@server1 scripts]#vim sh01.sh
#!/bin/bash
#Program:
#This program shows "Hello World!" in your screen.
#History:
```

```
#2012/08/23 Bobby First release
PATH=/bin:/sbin:/usr/bin:/usr/sbin:/usr/local/bin:/usr/local/sbin:~/bin
export PATH
echo -e "Hello World! \a \n"
exit 0
```

在这个小题中，请将所有撰写的 script 放置到家目录的 ～/scripts 这个目录内，以利于管理。下面分析一下上面的程序。

1）第一行 ♯！/bin/bash 在宣告这个 Script 使用的 Shell 名称

因为使用的是 bash，所以，必须要以 ♯！/bin/bash 来宣告这个文件内的语法使用 bash 的语法。那么当这个程序被运行时，就能够加载 bash 的相关环境配置文件（一般来说就是 non-login shell 的 ～/.bashrc），并且运行 bash 来使下面的命令能够运行。这很重要。在很多情况，如果没有设置好这一行，那么该程序很可能会无法运行，因为系统可能无法判断该程序需要使用什么 Shell 来运行。

2）程序内容的说明

整个 script 当中，除了第一行的 ♯！是用来声明 Shell 的外，其他的 ♯ 都是"注释"用途。所以上面的程序当中，第二行以下就是用来说明整个程序的基本数据。

建议：一定要养成说明该 script 的内容与功能、版本信息、作者与联络方式、建立日期、历史记录等的习惯。这将有助于未来程序的改写与调试。

3）主要环境变量的声明

建议务必要将一些重要的环境变量设置好，PATH 与 LANG（如果使用与输出相关的信息时）是当中最重要的。如此一来，则可让这个程序在运行时可以直接执行一些外部命令，而不必写绝对路径。

4）主要程序部分

在这个例子当中，就是 echo 那一行。

5）运行成果告诉（定义回传值）

一个命令的运行成功与否，可以使用 $？这个变量来查看。也可以利用 exit 这个命令来让程序中断，并且回传一个数值给系统。在这个例子当中，使用 exit 0，这代表离开 script 并且回传一个 0 给系统，所以当运行完这个 script 后，若接着执行 echo $？则可得到 0 的值。聪明的读者应该也知道了，利用这个 exit n（n 是数字）的功能，还可以自定义错误信息，让这个程序变得更加智能。

该程序的运行结果如下：

```
[root@server1 scripts]#sh sh01.sh
Hello World！
```

应该还会听到"咚"的一声，为什么呢？这是 echo 加上 -e 选项的原因。

另外，你也可以利用 chmod a＋x sh01.sh；./sh01.sh 来运行这个 script。

3.2 vim 编辑器

vi 是 visual interface 的简称,vim 在 vi 的基础上改进和增加了很多特性,它是纯粹的自由软件。它可以执行输出、删除、查找、替换、块操作等众多文本操作,而且用户可以根据自己的需要对其进行定制,这是其他编辑程序所不具备的。vim 不是一个排版程序,它不像 Word 或 WPS 那样可以对字体、格式、段落等其他属性进行编排,它只是一个文本编辑程序。vim 是全屏幕文本编辑器,它没有菜单,只有命令。

1. 启动与退出 vim

在系统提示符后输入 vim 和想要编辑(或建立)的文件名,便可进入 vim,如:

```
[root@Server01 ~]#vim myfile
```

如果只输入 vim,而不带文件名,也可以进入 vim,如图 3-3 所示。

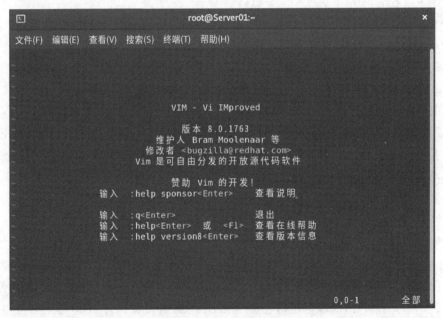

图 3-3　vim 编辑环境

在命令模式(初次进入 vim 不做任何操作就是命令模式)下输入:q、:q!、:wq 或:x(注意:),就会退出 vim。其中,:wq 和:x 是存盘退出,而:q 是直接退出。如果文件已有新的变化,vim 会提示你保存文件,而:q 命令也会失效。这时可以用:w 命令保存文件后再用:q 退出,或用:wq 或:x 命令退出。如果你不想保存改变后的文件,就应该用:q! 命令。这个命令不保存文件而直接退出 vim,例如:

```
:w                          保存
:w      filename            另存为 filename
```

:wq!	保存退出
:wq!　filename	注：以 filename 为文件名保存后退出
:q!	不保存退出
:x	应该是保存并退出,功能和 :wq! 相同

2. 熟练掌握 vim 的工作模式

vim 有 3 种基本工作模式：命令模式、输入模式和末行模式。用 vim 打开一个文件后，便处于命令模式。利用文本插入命令,如 i、a、o 等可以进入输入模式,按 Esc 键可以从输入模式退回命令模式。在命令模式中按 "：" 键可以进入末行模式,当执行完命令或按 Esc 键可以回到命令模式。vim 3 种基本工作模式的转换如图 3-4 所示。

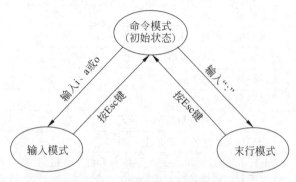

图 3-4　vim 3 种基本工作模式的转换

1) 命令模式

进入 vim 之后,首先进入的就是命令模式。进入命令模式后,vim 等待命令输入而不是文本输入。也就是说,这时输入的字母都将作为命令来解释。

进入命令模式后光标停在屏幕第一行首位,用 "_" 表示,其余各行的行首均有一个 "～" 符号,表示该行为空行。最后一行是状态行,显示出当前正在编辑的文件名及其状态。如果是 [New File],则表示该文件是一个新建的文件。

如果在终端输入 "vim [文件名]" 命令,且该文件已在系统中存在,则在屏幕上显示出该文件的内容,并且光标停在第一行的首位,在状态行显示出该文件的文件名、行数和字符数。

2) 输入模式

在命令模式下按下相应的键可以进入输入模式：输入插入命令 i、附加命令 a、打开命令 o、修改命令 c、取代命令 r 或替换命令 s 都可以进入输入模式。在输入模式下,用户输入的任何字符都被 vim 当作文件内容保存起来,并将其显示在屏幕上。在文本输入过程中(输入模式下),若想回到命令模式下,按 Esc 键即可。

3) 末行模式

在命令模式下,用户按 "：" 键即可进入末行模式。此时 vim 会在显示窗口的最后一行(通常也是屏幕的最后一行)显示一个 "：" 作为末行模式的提示符,等待用户输入命令。多数文件管理命令是在此模式下执行的。末行命令执行完后,vim 自动回到命令模式。

若在末行模式下输入命令的过程中改变了主意,可在用退格键将输入的命令全部删除之后,再按一下退格键,即可使 vim 回到命令模式。

3. 使用 vim

1) 在命令模式下的命令说明

在命令模式下,光标移动、查找与替换、复制粘贴等的说明分别如表 3-9～表 3-11 所示。

表 3-9　命令模式下的光标移动的说明

命 令 选 项	说　　明
h 或向左箭头键(←)	光标向左移动一个字符
j 或向下箭头键(↓)	光标向下移动一个字符
k 或向上箭头键(↑)	光标向上移动一个字符
l 或向右箭头键(→)	光标向右移动一个字符
Ctrl + f	屏幕向下移动一页,相当于 Page Down 键(常用)
Ctrl + b	屏幕向上移动一页,相当于 Page Up 键(常用)
Ctrl + d	屏幕向下移动半页
Ctrl + u	屏幕向上移动半页
+	光标移动到非空格符的下一列
−	光标移动到非空格符的上一列
n<space>	n 表示数字,例如 20。按下数字后再按空格键,光标会向右移动这一行的 n 个字符。例如,输入 20<space> 则光标会向后面移动 20 个字符距离
0 或功能键 Home	这是数字 0:移动到这一行的最前面字符处(常用)
\$ 或功能键 End	移动到这一行的最后面字符处(常用)
H	光标移动到这个屏幕的最上方那一行的第一个字符
M	光标移动到这个屏幕的中央那一行的第一个字符
L	光标移动到这个屏幕的最下方那一行的第一个字符
G	移动到这个文件的最后一行(常用)
nG	n 为数字。移动到这个文件的第 n 行。例如,输入 20G 则会移动到这个文件的第 20 行(可配合 :set nu)
gg	移动到这个文件的第一行,相当于 1GB(常用)
n<Enter>	n 为数字。光标向下移动 n 行(常用)

说明　如果将右手放在键盘上,则会发现 h、j、k、l 是排列在一起的,因此可以使用这 4 个按钮来移动光标。如果想要进行多次移动,例如向下移动 30 行,可以按 30+0+j 或 30+0+↓ 的组合键,其中的 30 表示移动的次数。

表 3-10　命令模式下的查找与替换的说明

命 令 选 项	说　　明
/word	向光标之下寻找一个名称为 word 的字符串。例如要在文件内查找 myweb 这个字符串,就输入/myweb 即可(常用)
? word	向光标之上寻找一个名称为 word 的字符串

命 令 选 项	说　　明
n	这个 n 是英文按键。代表重复前一个查找的动作。举例来说,如果刚刚执行/myweb 去向下查找 myweb 这个字符串,则按下 n 后,会向下继续查找下一个名称为 myweb 的字符串。如果是执行? myweb,那么按下 n 则会向上继续查找名称为 myweb 的字符串
N	这个 N 是英文按键。与 n 刚好相反,为反向进行前一个查找动作。例如执行/myweb 后,按下 N 则表示向上查找 myweb。提示:使用/word 配合 n 及 N 是非常有帮助的,可以重复地找到一些要查找的关键词
:n1,n2 s/word1/word2/g	n1 与 n2 是数字。在第 n1～n2 行寻找 word1 这个字符串,并将该字符串取代为 word2。举例来说,在 100～200 行查找 myweb 并取代为 MYWEB,则输入“:100,200 s/myweb/MYWEB/g”(常用)
:1,$ s/word1/word2/g	从第一行到最后一行寻找 word1 字符串,并将该字符串取代为 word2(常用)
:1,$ s/word1/word2/gc	从第一行到最后一行寻找 word1 字符串,并将该字符串取代为 word2!且在取代前显示提示字符给用户确认(confirm)是否需要取代(常用)

表 3-11　命令模式下删除、复制与粘贴的说明

命令选项	说　　明
x, X	在一行字当中,x 为向后删除一个字符(相当于“Del”键),X 为向前删除一个字符(相当于 Backspace,退格键)(常用)
nx	n 为数字,连续向后删除 n 个字符。举例来说,要连续删除 10 个字符,输入 10x
dd	删除光标所在的那一整列(常用)
ndd	n 为数字。删除光标所在的向下 n 行,例如,20dd 是删除 20 行(常用)
d1G	删除光标所在处到第一行的所有数据
dG	删除光标所在处到最后一行的所有数据
d$	删除光标所在处到该行的最后一个字符
d0	那个是数字 0,删除光标所在行的前一字符到该行的首个字符之间的所有字符
yy	复制光标所在的那一行(常用)
nyy	n 为数字。复制光标处向下 n 行,例如 20yy 是复制 20 行(常用)
y1G	复制光标所在行到第一行的所有数据
yG	复制光标所在行到最后一行的所有数据
y0	复制光标所在的前一个字符到该行行首的所有数据
y$	复制光标所在的那个字符到该行行尾的所有数据
p, P	p 为将已复制的数据在光标下一行粘贴上,P 则为粘贴在光标上一行!举例来说,目前光标在第 20 行,且已经复制了 10 行数据,则按下 p 后,那 10 行数据会粘贴在原来的 20 行之后,即由 21 行开始粘贴。但如果是按下 P 呢?将会在光标之前粘贴,即原本的第 20 行会变成第 30 行(常用)
J	将光标所在行与下一行的数据结合成同一行
c	重复删除多个数据,例如向下删除 10 行,输入 10cj
u	复原前一个动作(常用)

命令选项	说　　明
Ctrl+r	重做上一个动作(常用)
.	这是小数点,意思是重复前一个动作的意思。如果要进行重复删除、重复粘贴等动作,按下小数点就可以(常用)

说明　　u 与 Ctrl+r 是很常用的指令,这两个功能按键将会为编辑提供很多方便。

这些命令看似复杂,其实使用时非常简单。例如,在命令模式下使用 5yy 复制后,再使用以下命令进行粘贴。

```
p            在光标之后粘贴
Shift+p      在光标之前粘贴
```

当进行查找和替换时,若不在命令模式下,可按 Esc 键进入命令模式,输入/或?进行查找。例如,在一个文件中查找 swap 单词,首先按 Esc 键,进入命令模式,然后输入:

```
/swap
```

或:

```
?swap
```

若把光标所在行中的所有单词 the,替换成 THE,则需输入:

```
:s /the/THE/g
```

仅把第 1~10 行中的 the 替换成 THE:

```
:1,10 s /the/THE/g
```

这些编辑指令非常有弹性,基本上可以说是由指令与范围所构成的。需要注意的是,采用计算机的键盘来说明 vim 的操作,但在具体的环境中还要参考相应的资料。

2) 进入输入模式的命令说明

命令模式切换到输入模式的可用按键的相关说明如表 3-12 所示。

表 3-12　进入输入模式的说明

类　　型	命　　令	说　　明
进入输入模式	i	从光标所在位置前开始插入文本
	I	该命令是将光标移到当前行的行首,然后插入文本

类　型	命　令	说　　明
进入输入模式	a	用于在光标当前所在位置之后追加新文本
	A	将光标移到所在行的行尾,从那里开始插入新文本
	o	在光标所在行的下面新开一行,并将光标置于该行行首,等待输入
	O	在光标所在行的上面插入一行,并将光标置于该行行首,等待输入
	Esc	退出命令模式或回到命令模式中(常用)

说明

　　上面这些按键中,在 vim 画面的左下角处会出现 INSERT 或 REPLACE 的字样。由名称就知道动作了。需要注意的是,上面也提过了,想要在文件里面输入字符,一定要在左下角处看到 INSERT 或 REPLACE 后才能输入。

3) 末行模式的按键说明

如果是输入模式,先按 Esc 键进入末行模式。在命令模式下按":"进入末行模式。

保存文件、退出编辑等的命令如表 3-13 所示。

表 3-13　命令模式的按键说明

命　令	说　　明
:w	将编辑的数据写入硬盘文件中(常用)
:w!	若文件属性为只读,强制写入该档案。不过,到底能不能写入,还与你对该文件拥有的权限有关
:q	退出 vim(常用)
:q!	若曾修改过文件,又不想储存,则使用"!"强制退出而不储存文件。注意一下,惊叹号(!)在 vim 当中,常常具有强制的意思
:wq	储存后离开,若为":wq!",则为强制储存后离开(常用)
ZZ	若文件没有更改,则不储存并离开;若文件已经被更改过,则储存后再离开
:w [filename]	将编辑的数据储存成另一个文件(类似另存为新文件)
:r [filename]	在编辑的数据中,读入另一个文件的数据,即将 filename 这个文件内容加到光标所在行的后面
:n1,n2 w [filename]	将 n1～n2 的内容储存成 filename 这个文件
:! command	暂时退出 vim 到命令列模式下执行 command 的显示结果。例如,":! ls /home"即可在 vim 当中察看/home 底下以 ls 输出的文件信息
:set nu	显示行号,设定之后,会在每一行的前缀显示该行的行号
:set nonu	与":set nu"相反,为取消行号

4. 完成案例练习

1) 本次案例练习的要求(Server01 上实现)

(1) 在/tmp 目录下建立一个名为 mytest 的目录,进入 mytest 目录当中。

（2）将/etc/man_db.conf 复制到上述目录下面,使用 vim 打开目录下的 man_db.conf 文件。

（3）在 vim 中设定行号,移动到第 58 行,向右移动 15 个字符,请问你看到的该行前面 15 个字母组合是什么?

（4）移动到第一行,并且向下查找 gzip 字符串,请问它在第几行?

（5）将 50～100 行的 man 字符串改为大写 MAN 字符串,并且逐个询问是否需要修改,如何操作? 如果在筛选过程中一直按 y 键,结果会在最后一行出现改变了多少个 man 的说明,请回答一共替换了多少个 man。

（6）修改完之后,突然反悔了,要全部复原,有哪些方法?

（7）需要复制 65～73 这 9 行的内容,并且粘贴到最后一行之后。

（8）删除 23～28 行的开头为♯符号的批注数据,如何操作?

（9）将这个文件另存为一个 man.test.config 的文件。

（10）到第 27 行,并且删除 8 个字符,结果出现的第一个单词是什么? 在第一行新增一行,该行内容输入"I am a student...",然后存盘并离开。

2）参考步骤

（1）输入"mkdir　/tmp/mytest; cd　/tmp/mytest"。

（2）输入"cp　/etc/man_db.conf　.; vim man_db.conf"。

（3）输入":set nu",然后会在画面中看到左侧出现数字即行号。先按"5＋8＋G"组合键,再按"1＋5＋→"组合键,会看到"♯ on privileges."。

（4）先输入 1G 或 gg,然后直接输入/gzip,应该到第 93 行。

（5）直接用":50,100 s/man/MAN/gc"命令即可! 若一直按 y 键,最终会出现"在 15 行内置换 26 个字符串"的说明。

（6）简单的方法可以一直按 u 键回复到原始状态;使用":q!"命令强制不保存文件而直接退出编辑状态,再新载入该文件也可以。

（7）输入 65G,然后再输入 9yy 之后,最后一行会出现"复制 9 行"之类的说明字样。按 G 键到最后一行,再按 p 键,则会在最后一行之后粘贴 9 行内容。

（8）输入 23G→6dd,就能删除 6 行,此时会发现光标所在 23 行变成 MANPATH_MAP 开头了,批注的♯符号那几行都被删除了。

（9）执行":w man.test.config"命令,会发现最后一行出现"man.test.config"[New].."的字样。

（10）输入 27G 之后,再输入 8x,即可删除 8 个字符,出现 MAP 的字样;输入 1G,光标会移到第一行,然后按大写的 O 键,便新增一行且位于输入模式;开始输入"I am a student..."后,按 Esc 键,回到一般模式等待后续工作,最后输入":wq"。

如果你能顺利完成,那么 vim 的使用应该没有太大的问题了。请一定熟练应用,多练习几遍。

3.3　项目实录

项目实录一：Shell 编程

1. 观看视频

实训前请扫描二维码观看视频。

2. 项目实训目的

- 掌握 Shell 环境变量、管道、输入输出重定向的使用方法。
- 熟悉 Shell 程序设计。

3. 项目背景

（1）如果想要计算 $1＋2＋3＋\cdots＋100$ 的值。利用循环，该怎样编写程序？

如果想要让用户自行输入一个数字，让程序由 $1＋2＋\cdots$ 开始，直到你输入的数字为止，该如何撰写呢？

（2）创建一个脚本，名为/root/batchusers，此脚本能实现为系统创建本地用户，并且这些用户的用户名来自一个包含用户名列表的文件。同时满足下列要求：

① 此脚本要求提供一个参数，此参数就是包含用户名列表的文件。

② 如果没有提供参数，此脚本给出的提示信息为"Usage：/root/batchusers"，然后退出并返回相应的值。

③ 如果提供一个不存在的文件名，此脚本给出的提示信息为"input file not found"，然后退出并返回相应的值。

④ 创建的用户登录 Shell 为/bin/false。

⑤ 此脚本需要为用户设置默认密码 123456。

实训项目　实现 Shell 编程

4. 项目实训内容

练习 Shell 程序设计方法及 Shell 环境变量、管道、输入输出重定向的使用方法。

5. 做一做

根据项目实录视频进行项目的实训，检查学习效果。

项目实录二：vim 编辑器

1. 观看视频

实训前请扫描二维码观看视频。

2. 项目实训目的

- 掌握 vim 编辑器的启动与退出。
- 掌握 vim 编辑器的三种模式及使用方法。
- 熟悉 C/C++ 编译器 gcc 的使用。

实训项目　使用 vim 编辑器

3. 项目背景

在 Linux 操作系统中设计一个 C 语言程序，当程序运行时显示的运行结果如图 3-5 所示。

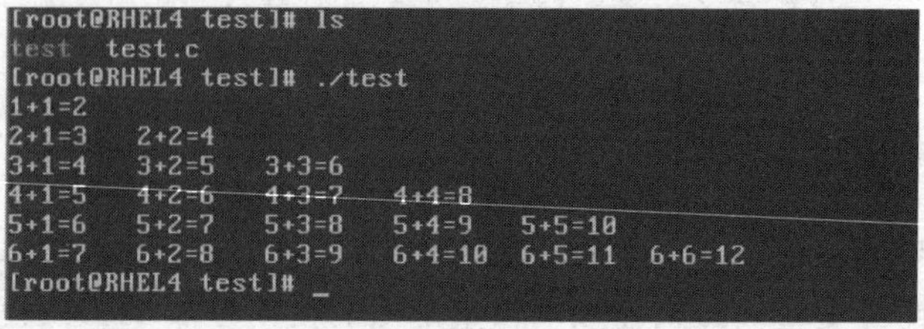

```
[root@RHEL4 test]# ls
test   test.c
[root@RHEL4 test]# ./test
1+1=2
2+1=3    2+2=4
3+1=4    3+2=5    3+3=6
4+1=5    4+2=6    4+3=7    4+4=8
5+1=6    5+2=7    5+3=8    5+4=9    5+5=10
6+1=7    6+2=8    6+3=9    6+4=10   6+5=11   6+6=12
[root@RHEL4 test]# _
```

图 3-5　程序运行结果

4. 项目实训内容

练习 vi 编辑器的启动与退出；练习 vi 编辑器的使用方法；练习 C/C++ 编译器 gcc 的使用。

5. 做一做

根据项目实录视频进行项目的实训，检查学习效果。

3.4　练习题

一、填空题

1. 由于核心在内存中是受保护的区块，因此必须通过_____将输入的命令与内核沟通，以便让内核可以控制硬件正确无误地工作。

2. 系统合法的 Shell 均写在_____文件中。

3. 用户默认登录取得的 Shell 记录于_____的最后一个字段。

4. bash 的功能主要有_____、_____、_____、_____、_____、_____等。

5. Shell 变量有其规定的作用范围，可以分为_____与_____。

6. _____可以观察目前 bash 环境下的所有变量。

7. 通配符主要有_____、_____、_____等。

8. 正则表示法就是处理字符串的方法，是以_____为单位来进行字符串的处理的。

9. 正则表示法通过一些特殊符号的辅助，可以让使用者轻易地_____、_____、_____某个或某些特定的字符串。

10. 正则表示法与通配符是完全不一样的。_____代表的是 bash 操作接口的一个功能，但_____则是一种字符串处理的表示方式。

二、简述题

1. vim 的 3 种运行模式是什么？如何切换？

2. 什么是重定向？什么是管道？什么是命令替换？

3. Shell 变量有哪两种？分别如何定义？

4. 如何设置用户自己的工作环境？

5. 关于正则表达式的练习,首先要设置好环境,输入以下命令:

```
cd
cd /etc
ls -a >~/data
cd
```

这样,/etc 目录下的所有文件的列表就会保存在你的主目录下的 data 文件中。

写出可以在 data 文件中查找满足条件的所有行的正则表达式。

(1) 以 P 开头。

(2) 以 y 结尾。

(3) 以 m 开头以 d 结尾。

(4) 以 e、g 或 l 开头。

(5) 包含 o,它后面跟着 u。

(6) 包含 o,隔一个字母之后是 u。

(7) 以小写字母开头。

(8) 包含一个数字。

(9) 以 s 开头,包含一个 n。

(10) 只含有 4 个字母。

(11) 只含有 4 个字母,但不包含 f。

第 4 章
用户和组管理

Linux 是多用户多任务的网络操作系统。作为网络管理员,掌握用户和组的创建与管理至关重要。本章将主要介绍利用命令行和图形工具对用户和组进行创建与管理等内容。

学习要点

- 了解用户和组配置文件。
- 熟练掌握 Linux 下用户的创建与维护管理。
- 熟练掌握 Linux 下组的创建与维护管理。
- 熟悉用户账户管理器的使用方法。

4.1　理解用户账户和组

Linux 操作系统是多用户、多任务的操作系统,它允许多个用户同时登录到系统,使用系统资源。用户账户是用户的身份标识,用户通过用户账户可以登录到系统,并且访问已经被授权的资源。系统依据账户来区分属于每个用户的文件、进程、任务,并给每个用户提供特定的工作环境(例如,用户的工作目录、Shell 版本,以及图形化的环境配置等),使每个用户都能各自独立、不受干扰地工作。

Linux 系统下的用户账户分为两种:普通用户账户和超级用户账户 root。普通用户在系统中只能进行普通工作,只能访问他们拥有的或者有权限执行的文件。超级用户账户也叫管理员账户,它的任务是对普通用户和整个系统进行管理。超级用户账户对系统具有绝对的控制权,能够对系统进行一切操作,如操作不当很容易对系统造成损坏。

因此即使系统只有一个用户使用,也应该在超级用户账户之外再建立一个普通用户账户,在用户进行普通工作时以普通用户账户登录系统。

在 Linux 系统中为了方便管理员的管理和用户工作的方便,产生了组的概念。组是具有相同特性的用户的逻辑集合,使用组有利于系统管理员按照用户的特性组织和管理用户,提高工作效率。有了组,在做资源授权时可以把权限赋予某个组,组中的成员即可自动获得这种权限。一个用户账户可以同时是多个组的成员,其中某个组是该用户的主组(私有组),其他组为该用户的附属组(标准组)。表 4-1 列出了与用户和组相关的一些基本概念。

管理 Linux 服务器的
用户和组

表 4-1　用户和组的基本概念

概　　念	描　　述
用户名	用来标识用户的名称,可以是字母、数字组成的字符串,区分大小写
密码	用于验证用户身份的特殊验证码
用户标识(UID)	用来表示用户的数字标识符
用户主目录	用户的私人目录,也是用户登录系统后默认所在的目录
登录 Shell	用户登录后默认使用的 Shell 程序,默认为/bin/bash
组	具有相同属性的用户属于同一个组
组标识(GID)	用来表示组的数字标识符

root 用户的 UID 为 0;系统用户的 UID 为 1～999;普通用户的 UID 可以在创建时由管理员指定,如果不指定,用户的 UID 默认从 1000 开始顺序编号。在 Linux 系统中,创建用户账户的同时也会创建一个与用户同名的组,该组是用户的主组。普通组的 GID 默认也是从 1000 开始编号。

4.2　理解用户账户文件和组文件

用户账户信息和组信息分别存储在用户账户文件和组文件中。

4.2.1　理解用户账户文件

1. /etc/passwd 文件

准备工作:新建用户 bobby、user1、user2,将 user1 和 user2 加入 bobby 群组。(后面章节有详解)

```
[root@Server01 ~]#useradd bobby
[root@Server01 ~]#useradd user1
[root@Server01 ~]#useradd user2
[root@Server01 ~]#usermod -G bobby user1
[root@Server01 ~]#usermod -G bobby user2
```

在 Linux 系统中,所创建的用户账户及其相关信息(密码除外)均放在/etc/passwd 配置文件中。用 vim 编辑器(或者使用 **cat　/etc/passwd**)打开 passwd 文件,内容格式如下:

```
root:x:0:0:root:/root:/bin/bash
bin:x:1:1:bin:/bin:/sbin/nologin
daemon:x:2:2:daemon:/sbin:/sbin/nologin
user1:x:1002:1002::/home/user1:/bin/bash
```

文件中的每一行代表一个用户账户的资料,可以看到第一个用户是 root。然后是一些标准账户,此类账户的 Shell 为/sbin/nologin,代表无本地登录权限。最后一行是由系统管理员创建的普通账户:user1。

passwd 文件的每一行用":"分隔为 7 个域,每一行各域的内容如下:

用户名:加密口令:UID:GID:用户的描述信息:主目录:命令解释器(登录 Shell)

passwd 文件中各字段的含义如表 4-2 所示,其中少数字段的内容是可以为空的,但仍需使用":"进行占位来表示该字段。

表 4-2 passwd 文件字段说明

字　　段	说　　明
用户名	用户账户名称,用户登录时所使用的用户名
加密口令	用户口令,出于安全性考虑,现在已经不使用该字段保存口令,而用字母"x"来填充该字段,真正的密码保存在 shadow 文件中
UID	用户号,唯一表示某用户的数字标识
GID	用户所属的私有组号,该数字对应 group 文件中的 GID
用户描述信息	可选的关于用户全名、用户电话等描述性信息
主目录	用户的宿主目录,用户成功登录后的默认目录
命令解释器	用户所使用的 Shell,默认为"/bin/bash"

2. /etc/shadow 文件

由于所有用户对/etc/passwd 文件均有读取权限,为了增强系统的安全性,用户经过加密之后的口令都存放在/etc/shadow 文件中。/etc/shadow 文件只对 root 用户可读,因而大幅提高了系统的安全性。shadow 文件的内容形式如下(**cat　/etc/shadow**):

```
root: $6$PQxz7W3s$Ra7Akw53/n7rntDgjPNWdCG66/5RZgjhoe1zT2F00ouf2iDM.AVvRIYoez10hGG7-
    kBHEaah.oH5U1t6OQj2Rf.:17654:0:99999:7:::
bin: * :16925:0:99999:7:::
daemon: * :16925:0:99999:7:::
bobby:!!:17656:0:99999:7:::
user1:!!:17656:0:99999:7:::
```

shadow 文件保存投影加密之后的口令以及与口令相关的一系列信息,每个用户的信息在 shadow 文件中占用一行,并且用":"分隔为 9 个域,各域的含义如表 4-3 所示。

表 4-3 shadow 文件字段说明

字　段	说　　明
1	用户登录名
2	加密后的用户口令,＊表示非登录用户,!! 表示没设置密码
3	从 1970 年 1 月 1 日起,到用户最近一次口令被修改的天数
4	从 1970 年 1 月 1 日起,到用户可以更改密码的天数,即最短口令存活期
5	从 1970 年 1 月 1 日起,到用户必须更改密码的天数,即最长口令存活期
6	口令过期前几天提醒用户更改口令
7	口令过期后几天账户被禁用
8	口令被禁用的具体日期(相对日期,从 1970 年 1 月 1 日至禁用时的天数)
9	保留域,用于功能扩展

3. /etc/login.defs 文件

建立用户账户时会根据/etc/login.defs 文件的配置设置用户账户的某些选项。该配置文件的有效设置内容及中文注释如下所示(cat /etc/login.defs)。

```
MAIL_DIR            /var/spool/mail   //用户邮箱目录

MAIL_FILE           .mail
PASS_MAX_DAYS       99999             //账户密码最长有效天数
PASS_MIN_DAYS       0                 //账户密码最短有效天数
PASS_MIN_LEN        5                 //账户密码的最小长度
PASS_WARN_AGE       7                 //账户密码过期前提前警告的天数
UID_MIN                1000           //用 useradd 命令创建账户时自动产生的最小 UID 值
UID_MAX                60000          //用 useradd 命令创建账户时自动产生的最大 UID 值
GID_MIN                1000           //用 groupadd 命令创建组时自动产生的最小 GID 值
GID_MAX                60000          //用 groupadd 命令创建组时自动产生的最大 GID 值
USERDEL_CMD         /usr/sbin/userdel_local   //如果定义,将在删除用户时执行,以删除相
                                              应用户的计划作业和打印作业等
CREATE_HOME         yes               //创建用户账户时是否为用户创建主目录
```

4.2.2　理解组文件

组账户的信息存放在/etc/group 文件中,而关于组管理的信息(组口令、组管理员等)则存放在/etc/gshadow 文件中。

1. /etc/group 文件

group 文件位于"/etc"目录,用于存放用户的组账户信息,对于该文件的内容,任何用户都可以读取。每个组账户在 group 文件中占用一行,并且用":"分隔为 4 个域。每一行各域的内容如下(使用 cat /etc/group):

```
组名称:组口令(一般为空,用 x 占位):GID:组成员列表
```

group 文件的内容形式如下:

```
root:x:0:
bin:x:1:
daemon:x:2:
bobby:x:1001:user1,user2
user1:x:1002:
```

可以看出,root 的 GID 为 0,没有其他组成员。group 文件的组成员列表中如果有多个用户账户属于同一个组,则各成员之间以","分隔。在/etc/group 文件中,用户的主组并不把该用户作为成员列出,只有用户的附属组才会把该用户作为成员列出。例如,用户 bobby 的主组是 bobby,但/etc/group 文件中组 bobby 的成员列表中并没有用户 bobby,只有用户 user1 和 user2。

2. /etc/gshadow 文件

/etc/gshadow 文件用于存放组的加密口令、组管理员等信息,该文件只有 root 用户可

以读取。每个组账户在 gshadow 文件中占用一行,并以":"分隔为 4 个域。每一行中各域的内容如下:

组名称:加密后的组口令(没有就!):组的管理员:组成员列表

gshadow 文件的内容形式如下(使用 **cat   /etc/gshadow**):

```
root:::
bin:::
daemon:::
bobby:!::user1,user2
user1:!::
```

4.3 管理用户账户

用户账户管理包括新建用户、设置用户账户口令和用户账户维护等内容。

4.3.1 新建用户

在系统中,新建用户可以使用 useradd 或者 adduser 命令。useradd 命令的格式是:

useradd [选项] <username>

useradd 命令有很多选项,如表 4-4 所示。

表 4-4 useradd 命令选项

选 项	说 明
-c comment	用户的注释性信息
-d home_dir	指定用户的主目录
-e expire_date	禁用账户的日期,格式为 YYYY-MM-DD
-f inactive_days	设置账户过期多少天后用户账户被禁用。如果为 0,账户过期后将立即被禁用;如果为-1,账户过期后,将不被禁用
-g initial_group	用户所属主组的组名称或者 GID
-G group-list	用户所属的附属组列表,多个组之间用逗号分隔
-m	若用户主目录不存在,则创建它
-M	不要创建用户主目录
-n	不要为用户创建用户私人组
-p passwd	加密的口令
-r	创建 UID 小于 500 的不带主目录的系统账户
-s shell	指定用户的登录 Shell,默认为/bin/bash
-u UID	指定用户的 UID,它必须是唯一的,且大于 499

【例 4-1】 新建用户 user3,UID 为 1010,指定其所属的私有组为 group1(group1 组的标识符为 1010),用户的主目录为/home/user3,用户的 Shell 为/bin/bash,用户的密码为

12345678,账户永不过期。

```
[root@Server01 ~]#groupadd -g 1010 group1   //新建组 group1,其 GID 为 1010
[root@Server01 ~]#useradd -u 1010 -g 1010 -d /home/user3 -s /bin/bash -p 12345678
-f -1 user3
[root@Server01 ~]#tail -1 /etc/passwd
user3:x:1010:1010::/home/user3:/bin/bash
[root@Server01 ~]#grep user3 /etc/shadow   //grep 用于查找符合条件的字符串
user3:12345678:18495:0:99999:7:::          //这种方式下生成的密码是明文,即 12345678
```

如果新建用户已经存在,那么在执行 useradd 命令时,系统会提示该用户已经存在:

```
[root@Server01 ~]#useradd user3
useradd: 用户"user3"已存在
```

4.3.2　设置用户账户口令

1. passwd 命令

指定和修改用户账户口令的命令是 passwd。超级用户可以为自己和其他用户设置口令,而普通用户只能为自己设置口令。passwd 命令的格式为:

```
passwd [选项] [username]
```

passwd 命令的常用选项如表 4-5 所示。

表 4-5　passwd 命令的常用选项

选　项	说　　明
-l	锁定(停用)用户账户
-u	口令解锁
-d	将用户口令设置为空,这与未设置口令的账户不同。未设置口令的账户无法登录系统,而口令为空的账户可以
-f	强迫用户下次登录时必须修改口令
-n	指定口令的最短存活期
-x	指定口令的最长存活期
-w	口令要到期前提前警告的天数
-i	口令过期后多少天停用账户
-s	显示账户口令的简短状态信息

【例 4-2】　假设当前用户为 root,则下面的两个命令分别为 root 用户修改自己的口令和 root 用户修改 user1 用户的口令。

```
[root@Server01 ~]#passwd          //root 用户修改自己的口令,直接输入 passwd 命令
[root@Server01 ~]#passwd user1    //root 用户修改 user1 用户的口令
```

需要注意的是,普通用户修改口令时,passwd 命令会首先询问原来的口令,只有通过验

证才可以修改;而 root 用户为用户指定口令时,不需要知道原来的口令。为了系统安全,用户应选择包含字母、数字和特殊符号组合的复杂口令,且口令长度应至少为 8 个字符。

如果密码复杂度不够,系统会提示"无效的密码:密码未通过字典检查 ― 它基于字典单词"。这时有两种处理方法:一种方法是再次输入刚才输入的简单密码,系统也会接受;另一种方法是更改为符合要求的密码,应包含大小写字母、数字、特殊符号等,且为 8 位或以上的字符组合,比如,P@ssw02d。

2. chage 命令

要修改账户和密码的有效期,可以用 chage 命令实现。chage 命令的常用选项如表 4-6 所示。

表 4-6　chage 命令选项

选　项	说　　　明	选　项	说　　　明
-l	列出账户口令属性的各个数值	-I	口令过期后多少天停用账户
-m	指定口令最短存活期	-E	用户账户到期作废的日期
-M	指定口令最长存活期	-d	设置口令上一次修改的日期
-W	口令要到期前提前警告的天数		

【例 4-3】　设置 user1 用户的最短口令存活期为 6 天,最长口令存活期为 60 天,口令到期前 5 天提醒用户修改口令。设置完成后查看各属性值。

```
[root@Server01 ~]#chage -m 6 -M 60 -W 5 user1
[root@Server01 ~]#chage -l user1
最近一次密码修改时间                              :5 月 04, 2018
密码过期时间                                      :7 月 03, 2018
密码失效时间                                      :从不
账户过期时间                                      :从不
两次改变密码之间相距的最小天数                    :6
两次改变密码之间相距的最大天数                    :60
在密码过期之前警告的天数                          :5
```

4.3.3　维护用户账户

1. 修改用户账户

usermod 命令用于修改用户的属性,格式为"usermod [选项] 用户名"。

前文曾反复强调,Linux 系统中的一切都是文件,因此在系统中创建用户也就是修改配置文件的过程。用户的信息保存在/etc/passwd 文件中,可以直接用文本编辑器来修改其中的用户参数项目,也可以用 usermod 命令修改已经创建的用户信息,诸如用户的 UID、基本/扩展用户组、默认终端等。usermod 命令的参数以及作用如表 4-7 所示。

表 4-7　usermod 命令中的参数及作用

参　　数	作　　　用
-c	填写用户账户的备注信息
-d -m	参数-m 与参数-d 连用,可重新指定用户的家目录并自动把旧的数据转移过去

续表

参　数	作　　用
-e	账户的到期时间,格式为 YYYY-MM-DD
-g	变更所属用户组
-G	变更扩展用户组
-L	锁定用户,禁止其登录系统
-U	解锁用户,允许其登录系统
-s	变更默认终端
-u	修改用户的 UID

大家不要被这么多参数难倒。先来看一下账户用户 user1 的默认信息:

```
[root@Server01 ~]#id user1
uid=1002(user1) gid=1002(user1) 组=1002(user1),1001(bobby)
```

将用户 user1 加入 root 用户组中,这样扩展组列表中会出现 root 用户组的字样,而基本组不会受到影响:

```
[root@Server01 ~]#usermod -G root user1
[root@Server01 ~]#id user1
uid=1002(user1) gid=1002(user1) 组=1002(user1),0(root)
```

再来试试用-u 参数修改 user1 用户的 UID 值。除此之外,还可以用-g 参数修改用户的基本组 ID,用-G 参数修改用户的扩展组 ID。

```
[root@Server01 ~]#usermod -u 8888 user1
[root@Server01 ~]#id user1
uid=8888(user1) gid=1002(user1) 组=1002(user1),0(root)
```

修改用户 user1 的主目录为/var/user1,把启动 Shell 修改为/bin/tcsh,完成后恢复到初始状态。可以用如下操作:

```
[root@Server01 ~]#usermod -d /var/user1 -s /bin/tcsh user1
[root@Server01 ~]#tail -3 /etc/passwd
user1:x:8888:1002::/var/user1:/bin/tcsh
user2:x:1003:1003::/home/user2:/bin/bash
user3:x:1010:1010::/home/user3:/bin/bash
[root@Server01 ~]#usermod -d /var/user1 -s /bin/bash user1
```

2. 禁用和恢复用户账户

有时需要临时禁用一个账户而不删除它。禁用用户账户可以用 passwd 或 usermod 命令实现,也可以直接修改/etc/passwd 或/etc/shadow 文件。

例如,暂时禁用和恢复 user3 账户,可以使用以下 3 种方法实现。

1）使用 passwd 命令(被锁定用户的密码必须是使用 passwd 命令生成的)

使用 passwd 命令禁用 user1 账户,利用 grep 命令查看,可以看到被锁定的账户密码栏前面会加上"!!"。

```
[root@Server01 ~]#passwd user1              //修改 user1 密码
更改用户 user1 的密码。
新的密码:
重新输入新的密码:
passwd: 所有的身份验证令牌已经成功更新。
[root@Server01 ~]#grep user1 /etc/shadow    //查看用户 user1 的口令文件
user1: $6 $OgsexIrQ01J5Gjkh $MIIyxgtA1nutGfbwXid6tVD8HlDBkjagaOqu7bEjQee/
QAhpLPKq5v8OMTI0xRkY3KMhzDJvvndOkaj2R3nn//:18495:6:60:5:::
[root@Server01 ~]#passwd -l user1           //锁定用户 user1
锁定用户 user1 的密码。
passwd: 操作成功
[root@Server01 ~]#grep user1 /etc/shadow    //查看锁定用户的口令文件,注意下行的"!!"
user1:!! $6 $OgsexIrQ01J5Gjkh $MIIyxgtA1nutGfbwXid6tVD8HlDBkjagaOqu7bEjQee/
QAhpLPKq5v8OMTI0xRkY3KMhzDJvvndOkaj2R3nn//:18495:6:60:5:::
[root@Server01 ~]#passwd -u user1           //解除 user1 账户锁定,重新启用 user1 账户
```

2）使用 usermod 命令

使用 usermod 命令禁用 user1 账户,利用 grep 命令查看,可以看到被锁定的账户密码栏前面会加上"!"。

```
[root@Server01 ~]#grep user1 /etc/shadow    //user1 账户锁定前的口令显示
user1: $6 $OgsexIrQ01J5Gjkh $MIIyxgtA1nutGfbwXid6tVD8HlDBkjagaOqu7bEjQee/
QAhpLPKq5v8OMTI0xRkY3KMhzDJvvndOkaj2R3nn//:18495:6:60:5:::
[root@Server01 ~]#usermod -L user1          //禁用 user1 账户
[root@Server01 ~]#grep user1 /etc/shadow    //user1 账户锁定后的口令显示
user1:! $6 $OgsexIrQ01J5Gjkh $MIIyxgtA1nutGfbwXid6tVD8HlDBkjagaOqu7bEjQee/
QAhpLPKq5v8OMTI0xRkY3KMhzDJvvndOkaj2R3nn//:18495:6:60:5:::
[root@Server01 ~]#usermod -U user1          //解除 user1 账户的锁定
```

3）直接修改用户账户配置文件

可将/etc/passwd 文件或/etc/shadow 文件中关于 user1 账户的 passwd 域的第一个字符前面加上一个"*",达到禁用账户的目的,在需要恢复的时候只要删除字符"*"即可。

如果只是禁止用户账户登录系统,可以将其启动 Shell 设置为/bin/false 或者/dev/null。

3. 删除用户账户

要删除一个账户,可以直接删除/etc/passwd 和/etc/shadow 文件中要删除的用户所对应的行,或者用 userdel 命令删除。userdel 命令的格式为:

```
userdel [-r] 用户名
```

如果不加-r 选项,userdel 命令会在系统中所有与账户有关的文件(如/etc/passwd,/etc/shadow,/etc/group)中将用户的信息全部删除。

如果加 -r 选项，则在删除用户账户的同时，还将用户主目录以及其下的所有文件和目录全部删除掉。另外，如果用户使用 E-mail，同时也将 /var/spool/mail 目录下的用户文件删掉。

4.4 管理组

组管理包括新建组、维护组账户和为组添加用户等内容。

4.4.1 维护组账户

创建组和删除组的命令与创建、维护账户的命令相似。创建组可以使用命令 groupadd 或者 addgroup。

例如，创建一个新的组，组的名称为 testgroup，可用如下命令：

```
[root@Server01 ~]#groupadd testgroup
```

要删除一个组可以用 groupdel 命令，例如，删除刚创建的 testgroup 组，可用如下命令：

```
[root@Server01 ~]#groupdel testgroup
```

需要注意的是，如果要删除的组是某个用户的主组，则该组不能被删除。

修改组的命令是 groupmod，其命令格式为：

```
groupmod ［选项］ 组名
```

常见的命令选项如表 4-8 所示。

表 4-8　groupmod 命令选项

选　　项	说　　明
-g gid	把组的 GID 改成 gid
-n group-name	把组的名称改为 group-name
-o	强制接受更改的组的 GID 为重复的号码

4.4.2 为组添加用户

在 Red Hat Linux 中使用不带任何参数的 useradd 命令创建用户时，会同时创建一个和用户账户同名的组，称为主组。当一个组中必须包含多个用户时则需要使用附属组。在附属组中增加、删除用户都用 gpasswd 命令。gpasswd 命令的格式为：

```
gpasswd［选项］［用户］［组］
```

只有 root 用户和组管理员才能够使用这个命令，命令选项如表 4-9 所示。

表 4-9   gpasswd 命令选项

选　　项	说　　明
-a	把用户加入组
-d	把用户从组中删除
-r	取消组的密码
-A	给组指派管理员

例如，要把 user1 用户加入 testgroup 组，并指派 user1 为管理员，可以执行下列命令：

```
[root@Server01 ~]#groupadd testgroup
[root@Server01 ~]#gpasswd -a user1 testgroup
[root@Server01 ~]#gpasswd -A user1 testgroup
```

4.5   使用 su 命令

各位读者在实验环境中很少遇到安全问题，并且为了避免权限因素导致配置服务失败，从而建议使用 root 管理员身份来学习本书，但是在生产环境中还是要对安全多一份敬畏之心，不要用 root 管理员身份去做所有事情。因为一旦执行了错误的命令，可能会直接导致系统崩溃。尽管 Linux 系统为了安全性考虑，使得许多系统命令和服务只能被 root 管理员使用，但是这也让普通用户受到了更多的权限束缚，从而导致无法顺利完成特定的工作任务。

su 命令可以解决切换用户身份的需求，使得当前用户在不退出登录的情况下，顺畅地切换到其他用户，比如从 root 管理员切换至普通用户：

```
[root@Server01 ~]#id
uid=0(root) gid=0(root) 组=0(root) 环境=unconfined_u:unconfined_r:
unconfined_t:s0-s0:c0.c1023
[root@Server01 ~]#useradd -G testgroup test
[root@Server01 ~]#su -test
[test@Server01 ~]$id
uid=8889(test) gid=8889(test) 组=8889(test),1011(testgroup) 环境=unconfined_u:
unconfined_r:unconfined_t:s0-s0:c0.c1023
```

细心的读者一定会发现，上面的 su 命令与用户名之间有一个减号（－），这意味着完全切换到新的用户，即把环境变量信息也变更为新用户的相应信息，而不是保留原始的信息。强烈建议在切换用户身份时添加这个减号（－）。

另外，当从 root 管理员切换到普通用户时是不需要密码验证的，而从普通用户切换成 root 管理员就需要进行密码验证了，这也是一个必要的安全检查：

```
[test@Server01?~]$su -root
密码：
[root@Server01 ~]#su -test
[test@Server01 ~]$pwd              //test 用户的家目录是/home/test
/home/test
```

```
[test@Server01 ～]$exit
注销
[root@Server01 ～]#pwd            //root 用户的家目录是/root
/root
```

4.6　使用常用的账户管理命令

账户管理命令可以在非图形化操作中对账户进行有效管理。

1. vipw

vipw 命令用于直接对用户账户文件/etc/passwd 进行编辑,使用的默认编辑器是 vi。在对/etc/passwd 文件进行编辑时将自动锁定该文件,编辑结束后对该文件进行解锁,保证了文件的一致性。vipw 命令在功能上等同于"vi /etc/passwd"命令,但是比直接使用 vi 命令更安全。命令格式如下:

```
[root@Server01 ～]#vipw
```

2. vigr

vigr 命令用于直接对组文件/etc/group 进行编辑。在用 vigr 命令对/etc/group 文件进行编辑时将自动锁定该文件,编辑结束后对该文件进行解锁,保证了文件的一致性。vigr 命令在功能上等同于"vi /etc/group"命令,但是比直接使用 vi 命令更安全。命令格式如下:

```
[root@Server01 ～]#vigr
```

3. pwck

pwck 命令用于验证用户账户文件认证信息的完整性。该命令检测/etc/passwd 文件和/etc/shadow 文件每行中字段的格式和值是否正确。命令格式如下:

```
[root@Server01 ～]#pwck
```

4. grpck

grpck 命令用于验证组文件认证信息的完整性。该命令检测/etc/group 文件和/etc/gshadow 文件每行中字段的格式和值是否正确。命令格式如下:

```
[root@Server01 ～]#grpck
```

5. id

id 命令用于显示一个用户的 UID 和 GID 以及用户所属的组列表。在命令行输入 id 后,直接按 Enter 键将显示当前用户的 ID 信息。命令格式如下:

```
id［选项］用户名
```

例如,显示 user1 用户的 UID、GID 信息的实例如下所示:

```
[root@Server01 ~]#id user1
uid=8888(user1) gid=1002(user1) 组=1002(user1),0(root),1011(testgroup)
```

6. whoami

whoami 命令用于显示当前用户的名称。whoami 与"id -un"作用相同。

```
[user1@Server ~]$whoami
User1
[user1@Server01 ~]$exit
logout
```

7. newgrp

newgrp 命令用于转换用户的当前组到指定的主组，对于没有设置组口令的组账户，只有组的成员才可以使用 newgrp 命令改变主组身份到该组。如果组设置了口令，其他组的用户只要拥有组口令也可以将主组身份改变到该组。应用实例如下：

```
[root@Server01 ~]#id                         //显示当前用户的 gid
uid=0(root) gid=0(root) groups=0(root),1(bin),2(daemon),3(sys),4(adm),6(disk),
10(wheel)
[root@Server01 ~]#newgrp group1              //改变用户的主组
[root@Server01 ~]#id
uid=0(root) gid=500(group1) groups=0(root),1(bin),2(daemon),3(sys),4(adm),6
(disk),10(wheel)
[root@Server01 ~]#newgrp                      //newgrp 命令不指定组时转换为用户的私有组
[root@Server01 ~]#id
uid=0(root) gid=0(root) groups=0(root),1(bin),2(daemon),3(sys),4(adm),6(disk),
10(wheel)
```

使用 groups 命令可以列出指定用户的组。例如：

```
[root@Server01 ~]#whoami
root
[root@Server01 ~]#groups
root group1
```

4.7　企业实战与应用——账户管理实例

1. 情境

假设需要的账户数据如表 4-10 所示，你该如何操作？

表 4-10　账户数据

账户名称	账户全名	支持次要群组	是否可登录主机	口　令
myuser1	1st user	mygroup1	可以	password
myuser2	2nd user	mygroup1	可以	password
myuser3	3rd user	无额外支持	不可以	password

2. 解决方案

```
#先处理账户相关属性的数据:
[root@Server01 ~]#groupadd mygroup1
[root@Server01 ~]#useradd -G mygroup1 -c "1st user" myuser1
[root@Server01 ~]#useradd -G mygroup1 -c "2nd user" myuser2
[root@Server01 ~]#useradd -c "3rd user" -s /sbin/nologin myuser3

#再处理账户的口令相关属性的数据:
[root@Server01 ~]#echo "password" | passwd --stdin myuser1
[root@Server01 ~]#echo "password" | passwd --stdin myuser2
[root@Server01 ~]#echo "password" | passwd --stdin myuser3
```

 注 意　　myuser1 与 myuser2 都支持次要群组,但该群组不见得存在,因此需要先手动创建。再者,myuser3 是"不可登录系统"的账户,因此需要使用 /sbin/nologin 来设置,这样该账户就成为非登录账户了。

4.8　项目实录：管理用户和组

1. 观看视频

实训前请扫描二维码观看视频。

2. 项目实训目的

* 熟悉 Linux 用户的访问权限。
* 掌握在 Linux 系统中增加、修改、删除用户或用户组的方法。
* 掌握用户账户管理及安全管理。

实训项目　管理用户和组

3. 项目背景

某公司有 60 个员工,分别在 5 个部门工作,每个人的工作内容不同。需要在服务器上为每个人创建不同的账户,把相同部门的用户放在一个组中,每个用户都有自己的工作目录。并且需要根据工作性质对每个部门和每个用户在服务器上的可用空间进行限制。

4. 项目实训内容

练习设置用户的访问权限,练习账户的创建、修改、删除。

5. 做一做

根据项目实录视频进行项目的实训,检查学习效果。

4.9　练习题

一、填空题

1. Linux 操作系统是_____的操作系统,它允许多个用户同时登录到系统,使用系统资源。

2. Linux 系统下的用户账户分为两种:_____和_____。

3. root 用户的 UID 为_____,普通用户的 UID 可以在创建时由管理员指定,如果不指定,用户的 UID 默认从_____开始顺序编号。

4. 在 Linux 系统中,创建用户账户的同时也会创建一个与用户同名的组,该组是用户的_____。普通组的 GID 默认也从_____开始编号。

5. 一个用户账户可以同时是多个组的成员,其中某个组是该用户的_____(私有组),其他组为该用户的_____(标准组)。

6. 在 Linux 系统中,所创建的用户账户及其相关信息(密码除外)均放在_____配置文件中。

7. 由于所有用户对/etc/passwd 文件均有_____权限,为了增强系统的安全性,用户经过加密之后的口令都存放在_____文件中。

8. 组账户的信息存放在_____文件中,而关于组管理的信息(组口令、组管理员等)则存放在_____文件中。

二、选择题

1. 存放用户密码信息的目录是(   )。

    A. /etc   B. /var   C. /dev   D. /boot

2. 创建用户 ID 是 200、组 ID 是 1000、用户主目录为/home/user01 的正确命令为(   )。

    A. useradd -u:200 -g:1000 -h:/home/user01 user01

    B. useradd -u=200 -g=1000 -d=/home/user01 user01

    C. useradd -u 200 -g 1000 -d /home/user01 user01

    D. useradd -u 200 -g 1000 -h /home/user01 user01

3. 用户登录系统后,首先进入的目录是(   )。

    A. /home   B. /root 的主目录

    C. /usr   D. 用户自己的家目录

4. 在使用了 shadow 口令的系统中,/etc/passwd 和/etc/shadow 两个文件的正确权限是(   )。

    A. -rw-r----- , -r--------   B. -rw-r--r-- , -r--r--r—

    C. -rw-r--r-- , -r--------   D. -rw-r--rw- , -r-----r—

5. 可以删除一个用户并同时删除用户的主目录的参数为(   )。

    A. rmuser － r   B. deluser － r   C. userdel － r   D. usermgr -r

6. 系统管理员应该采用的安全措施是(   )。

    A. 把 root 密码告诉每一位用户

    B. 设置 Telnet 服务来提供远程系统维护

    C. 经常检测账户数量、内存信息和磁盘信息

    D. 当员工辞职后,立即删除该用户账户

7. 在/etc/group 中有一行为 students::600:z3,14,w5,表示在 student 组里的用户数量

是（　　）。

  A. 3   B. 4   C. 5   D. 不知道

8. 下列用来检测用户 lisa 信息的命令是（　　）。

  A. finger lisa   B. grep lisa /etc/passwd

  C. find lisa /etc/passwd   D. who lisa

第 5 章
文件系统和磁盘管理

作为 Linux 系统的网络管理员,学习 Linux 文件系统和磁盘管理是至关重要的。本章主要介绍 Linux 文件系统和磁盘管理的相关内容。

5.1 了解文件系统

文件系统(File System)是磁盘上有特定格式的一片区域,操作系统利用文件系统保存和管理文件。

5.1.1 认识文件系统

用户在硬件存储设备中执行的文件建立、写入、读取、修改、转存与控制等操作都是依靠文件系统来完成的。文件系统的作用是合理规划硬盘,以保证用户正常的使用需求。Linux 系统支持数十种文件系统,而最常见的文件系统如下所示。

Linux 的文件系统

① Ext4:Ext3 的改进版本,作为 RHEL 6 系统中的默认文件管理系统,它支持的存储容量高达 1EB(1EB=1073741824GB),且能够有无限多的子目录。另外,Ext4 文件系统能够批量分配块(block),从而极大地提高了读写效率。

② XFS:是一种高性能的日志文件系统,而且是 RHEL 8 中默认的文件管理系统,它的优势在发生意外宕机后尤其明显,即可以快速地恢复可能被破坏的文件,而且强大的日志功能只用花费极低的计算和存储性能。并且它可支持的最大存储容量为 18EB,这几乎满足了所有需求。

RHEL 8 系统中一个比较大的变化就是使用了 XFS 作为文件系统,XFS 文件系统可支持高达 18EB 的存储容量。

日常在硬盘需要保存的数据实在太多了,因此 Linux 系统中有一个名为超级块(super block)的"硬盘地图"。Linux 并不是把文件内容直接写入这个超级块里面,而是在里面记录着整个文件系统的信息。因为如果把所有的文件内容都写入这里面,它的体积将变得非常大,而且文件内容的查询与写入速度也会变得很慢。Linux 只是把每个文件的权限与属性记录在索引节点(inode)中,而且每个文件占用一个独立的索引节点表格,该表格的大小默认为 128 字节,里面记录着如下信息。

① 该文件的访问权限(read、write、execute)。

② 该文件的所有者与所属组(owner、group)。

③ 该文件的大小(size)。

④ 该文件的创建或内容修改时间(ctime)。

⑤ 该文件的最后一次访问时间(atime)。

⑥ 该文件的修改时间(mtime)。

⑦ 文件的特殊权限(SUID、SGID、SBIT)。

⑧ 该文件的真实数据地址(point)。

而文件的实际内容则保存在块中(大小可以是 1KB、2KB 或 4KB),一个索引节点的默认大小仅为 128B(Ext3),记录一个块则消耗 4B。当文件的索引节点被写满后,Linux 系统会自动分配出一个块,专门用于像索引节点那样记录其他块的信息,这样把各个块的内容串到一起,就能够让用户读到完整的文件内容了。对于存储文件内容的块,有下面两种常见情况(以 4KB 的块大小为例进行说明)。

① 情况 1:文件很小(1KB),但依然会占用一个块,因此会浪费 3KB。

② 情况 2:文件很大(5KB),那么会占用两个块(5KB 减法 4KB 后剩下的 1KB 也要占用一个块)。

计算机系统在发展过程中产生了众多的文件系统,为了使用户在读取或写入文件时不用关心底层的硬盘结构,Linux 内核中的软件层为用户程序提供了一个 VFS(Virtual File System,虚拟文件系统)接口,这样用户实际上在操作文件时就是对这个虚拟文件系统进行统一操作了。图 5-1 所示为虚拟文件系统的架构示意图。从中可见,实际文件系统在虚拟文件系统下隐藏了自己的特性和细节,这样用户在日常使用时会觉得"文件系统都是一样的",也就可以随意使用各种命令在任何文件系统中进行各种操作了(如使用 cp 命令来复制文件)。

5.1.2 理解 Linux 文件系统目录结构

在 Linux 系统中,目录、字符设备、块设备、套接字、打印机等都被抽象成了文件;Linux 系统中一切都是文件。既然平时打交道的都是文件,那么又应该如何找到它们呢?在 Windows 操作系统中,想要找到一个文件,要依次进入该文件所在的磁盘分区(假设这里是 D 盘),然后在进入该分区下的具体目录,最终找到这个文件。但是在 Linux 系统中并不存在 C/D/E/F 等盘符,Linux 系统中的一切文件都是从"根(/)"目录开始的,并按照文件系统层次化标准(FHS)采用树形结构来存放文件,以及定义了常见目录的用途。另外,Linux 系统中的文件和目录名称是严格区分大小写的。例如,root、rOOt、Root、rooT 均代表不同的目录,并且文件名称中不得包含斜杠(/)。Linux 系统中的文件存储结构如图 5-2 所示。

在 Linux 系统中,最常见的目录以及所对应的存放内容如表 5-1 所示。

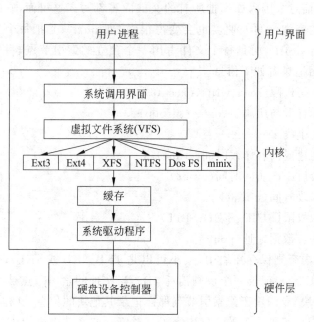

图 5-1　虚拟文件系统的架构示意图

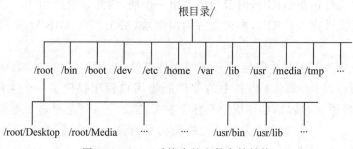

图 5-2　Linux 系统中的文件存储结构

表 5-1　Linux 系统中常见的目录名称以及相应内容

目录名称	应放置文件的内容
/	Linux 文件的最上层根目录
/boot	开机所需文件——内核、开机菜单以及所需配置文件等
/dev	以文件形式存放任何设备与接口
/etc	配置文件
/home	用户家目录
/bin	binary 的缩写，存放用户的可运行程序，如 ls、cp 等，也包含其他 Shell，如 bash 和 cs 等
/lib	开机时用到的函数库，以及/bin 与/sbin 下面的命令要调用的函数
/sbin	开机过程中需要的命令
/media	用于挂载设备文件的目录
/opt	放置第三方的软件

目录名称	应放置文件的内容
/root	系统管理员的家目录
/srv	一些网络服务的数据文件目录
/tmp	任何人均可使用的"共享"临时目录
/proc	虚拟文件系统,例如系统内核、进程、外部设备及网络状态等
/usr/local	用户自行安装的软件
/usr/sbin	Linux 系统开机时不会使用到的软件/命令/脚本
/usr/share	帮助与说明文件,也可放置共享文件
/var	主要存放经常变化的文件,如日志
/lost+found	当文件系统发生错误时,将一些丢失的文件片段存放在这里

5.1.3　理解绝对路径与相对路径

了解绝对路径与相对路径的概念。

- 绝对路径:由根目录(/)开始写起的文件名或目录名称,如/home/dmtsai/basher。
- 相对路径:相对于目前路径的文件名写法,如./home/dmtsai 或../../home/dmtsai/等。

开头不是"/"的就属于相对路径的写法。

相对路径是以你当前所在路径的相对位置来表示的。举例来说,你目前在/home 这个目录下,如果想要进入/var/log 这个目录时,可以怎么写呢?有两种方法。

- cd /var/log:绝对路径。
- cd ../var/log:相对路径。

因为目前在/home 下,所以要回到上一层(../)之后,才能进入/var/log 目录。要特别注意两个特殊的目录。

- . :代表当前的目录,也可以使用./来表示。
- .. :代表上一层目录,也可以用../来代表。

这个.和..目录的概念是很重要的,你常常看到的 cd ..或./command 之类的指令表达方式,就是代表上一层与目前所在目录的工作状态。

5.1.4　Linux 文件权限管理

1. 文件和文件权限概述

文件是操作系统用来存储信息的基本结构,是一组信息的集合。文件通过文件名来唯一标识。Linux 中的文件名称最长允许 255 个字符,这些字符可用 A~Z、0~9、.、_、-等符号表示。与其他操作系统相比,Linux 最大的不同点是没有"扩展名"的概念,也就是说文件的名称和该文件的种类并没有直接的关联,例如,sample.txt 可能是一个运行文件,而 sample.

exe 也有可能是文本文件,甚至可以不使用扩展名。另一个特性是 Linux 文件名区分大小写。例如,sample.txt、Sample.txt、SAMPLE.txt、samplE.txt 在 Linux 系统中代表不同的文件,但在 DOS 和 Windows 平台却是指同一个文件。在 Linux 系统中,如果文件名以"."开始,表示该文件为隐藏文件,需要使用 ls -a 命令才能显示。

在 Linux 中的每一个文件或目录都包含有访问权限,这些访问权限决定了谁能访问和如何访问这些文件和目录。

通过设定权限可以用以下 3 种访问方式限制访问权限:只允许用户自己访问;允许一个预先指定的用户组中的用户访问;允许系统中的任何用户访问。同时,用户能够控制一个给定的文件或目录的访问程度。一个文件或目录可能有读、写及执行权限。当创建一个文件时,系统会自动赋予文件所有者读和写的权限,这样可以允许文件所有者查看文件内容和修改文件。文件所有者可以将这些权限改变为任何他想指定的权限。一个文件也许只有读权限,禁止任何修改。文件也可能只有执行权限,允许它像一个程序一样执行。

3 种不同的用户类型能够访问一个目录或者文件:所有者、用户组或其他用户。所有者是创建文件的用户,文件的所有者能够授予所在用户组的其他成员及系统中除所属组之外的其他用户的文件访问权限。

每一个用户针对系统中的所有文件都有它自身的读、写和执行权限。第一套权限控制访问自己的文件权限,即所有者权限。第二套权限控制用户组访问其中一个用户的文件的权限。第三套权限控制其他所有用户访问一个用户的文件的权限。这 3 套权限赋予用户不同类型(即所有者、用户组和其他用户)的读、写及执行权限,就构成了一个有 9 种类型的权限组。

可以用 ls -l 或者 ll 命令显示文件的详细信息,其中包括权限,如下所示:

```
[root@Server01 ~]#ll
total 84
drwxr-xr-x  2  root  root  4096   Aug  9  15:03  Desktop
-rw-r--r--  1  root  root  1421   Aug  9  14:15  anaconda-ks.cfg
-rw-r--r--  1  root  root  830    Aug  9  14:09  firstboot.1186639760.25
-rw-r--r--  1  root  root  45592  Aug  9  14:15  install.log
-rw-r--r--  1  root  root  6107   Aug  9  14:15  install.log.syslog
drwxr-xr-x  2  root  root  4096   Sep  1  13:54  webmin
```

在上面的显示结果中从第二行开始,每一行的第一个字符一般用来区分文件的类型,一般取值为 d、-、l、b、c、s、p。具体含义如下。

• d:表示是一个目录,在 ext 文件系统中目录也是一种特殊的文件。
• -:表示该文件是一个普通的文件。
• l:表示该文件是一个符号链接文件,实际上它指向另一个文件。
• b、c:分别表示该文件为区块设备或其他的外围设备,是特殊类型的文件。
• s、p:分别表示这些文件关系到系统的数据结构和管道,通常很少见到。

下面详细介绍权限的种类和设置权限的方法。

2. 一般权限

在上面的显示结果中,每一行的第 2~10 个字符表示文件的访问权限。这 9 个字符每

3 个为一组,左边 3 个字符表示所有者权限,中间 3 个字符表示与所有者同一组的用户的权限,右边 3 个字符是其他用户的权限。代表的意义如下:

① 字符 2、3、4 表示该文件所有者的权限,有时也简称为 u(user)的权限。

② 字符 5、6、7 表示该文件所有者所属组的组成员的权限。例如,此文件拥有者属于 user 组群,该组群中有 6 个成员,表示这 6 个成员都有此处指定的权限,简称为 g(group)的权限。

③ 字符 8、9、10 表示该文件所有者所属组群以外的权限,简称为 o(other)的权限。

这 9 个字符根据权限种类的不同,也分为 3 种类型。

① r(read,读取):对文件而言,具有读取文件内容的权限;对目录来说,具有浏览目录的权限。

② w(write,写入):对文件而言,具有新增、修改文件内容的权限;对目录来说,具有删除、移动目录内文件的权限。

③ x(execute,执行):对文件而言,具有执行文件的权限;对目录来说,具有进入目录的权限。

-表示不具有该项权限。

下面举例说明。

- brwxr--r--:该文件是块设备文件,文件所有者具有读、写与执行的权限,其他用户则具有读取的权限。
- -rw-rw-r-x:该文件是普通文件,文件所有者与同组用户对文件具有读写的权限,而其他用户仅具有读取和执行的权限。
- drwx--x--x:该文件是目录文件,目录所有者具有读写与进入目录的权限,其他用户能进入该目录,却无法读取任何数据。
- lrwxrwxrwx:该文件是符号链接文件,文件所有者、同组用户和其他用户对该文件都具有读、写和执行权限。

每个用户都拥有自己的主目录,通常在/home 目录下,这些主目录的默认权限为 rwx------。执行 mkdir 命令所创建的目录,其默认权限为 rwxr-xr-x,用户可以根据需要修改目录的权限。

此外,默认的权限可用 umask 命令修改,用法非常简单,只需执行 umask 777 命令,便代表屏蔽所有的权限,因而之后建立的文件或目录,其权限都变成 000,以此类推。通常 root 账户搭配 umask 命令的数值为 022、027 和 077,普通用户则是采用 002,这样所产生的默认权限依次为 755、750、700、775。有关权限的数字表示法,后面将会详细说明。

用户登录系统时,用户环境就会自动执行 rmask 命令来决定文件、目录的默认权限。

3. 特殊权限

文件与目录设置还有特殊权限。由于特殊权限会拥有一些"特权",因而用户若无特殊需求,不应该启用这些权限,避免安全方面出现严重漏洞,造成黑客入侵,甚至摧毁系统。

1) s 或 S(SUID,Set UID)

可执行的文件搭配这个权限,便能得到特权,任意存取该文件的所有者能使用的全部系统资源。请注意具备 SUID 权限的文件,黑客经常利用这种权限,以 SUID 配上 root 账户拥有者,无声无息地在系统中开扇后门,供日后进出使用。

2) s 或 S(SGID,Set GID)

设置在文件上面,其效果与 SUID 相同,只不过将文件所有者换成用户组,该文件就可以任意存取整个用户组所能使用的系统资源。

3) T 或 T(Sticky)

/tmp 和 /var/tmp 目录供所有用户暂时存取文件,亦即每位用户皆拥有完整的权限进入该目录,去浏览、删除和移动文件。

因为 SUID、SGID、Sticky 占用 x 的位置来表示,所以在表示上会有大小写之分。假如同时开启执行权限和 SUID、SGID、Sticky,则权限表示字符是小写的:

```
-rwsr-sr-t 1 root root 4096 6月 23 08:17 conf
```

如果关闭执行权限,则权限表示字符是大写的:

```
-rwSr-Sr-T 1 root root 4096 6月 23 08:17 conf
```

4. 文件权限修改

在文件建立时系统会自动设置权限,如果这些默认权限无法满足需要,可以使用 chmod 命令来修改权限。通常在权限修改时可以用两种方式来表示权限类型:数字表示法和文字表示法。

chmod 命令的格式是:

```
chmod  选项    文件
```

1) 以数字表示法修改权限

数字表示法是指将读取(r)、写入(w)和执行(x)分别以 4、2、1 来表示,没有授予的部分就表示为 0,然后再把所授予的权限相加而成。表 5-2 是几个示范的例子。

表 5-2 以数字表示法修改权限的例子

原始权限	转换为数字	数字表示法
rwxrwxr-x	(421)(421)(401)	775
rwxr-xr-x	(421)(401)(401)	755
rw-rw-r--	(420)(420)(400)	664
rw-r--r--	(420)(400)(400)	644

例如,为文件/yy/file 设置权限:赋予拥有者和组群成员读取和写入的权限,而其他人只有读取权限。则应该将权限设为 rw-rw-r--,而该权限的数字表示法为 664,因此可以输入下面的命令来设置权限:

```
[root@Server01 ~]#mkdir /yy
[root@Server01 ~]#cd /yy
[root@Server01 yy]#touch file
[root@Server01 yy]#ll
总用量 0
-rw-r--r--. 1 root root 0 10月  3 21:43 file
```

2) 以文字表示法修改访问权限

使用权限的文字表示法时,系统用 4 种字母来表示不同的用户。

- u：user,表示所有者。
- g：group,表示属组。
- o：others,表示其他用户。
- a：all,表示以上 3 种用户。

操作权限使用下面 3 种字符的组合表示法。

- r：read,读取。
- w：write,写入。
- x：execute,执行。

操作符号包括以下 3 种。

- +：添加某种权限。
- −：减去某种权限。
- =：赋予给定权限并取消原来的权限。

以文字表示法修改文件权限时,上例中的权限设置命令应该为：

```
[root@Server01 yy]#chmod u=rw,g=rw,o=r /yy/file
```

修改目录权限和修改文件权限相同,都是使用 chmod 命令,但不同的是,要使用通配符"＊"来表示目录中的所有文件。

例如,要同时将/yy 目录中的所有文件权限设置为所有人都可读取及写入,应该使用下面的命令：

```
[root@Server01 yy]#chmod a=rw /yy/＊
//或者
[root@Server01 yy]#chmod 666 /yy/＊
```

如果目录中包含其他子目录,则必须使用-R(Recursive)参数来同时设置所有文件及子目录的权限。

利用 chmod 命令也可以修改文件的特殊权限。

例如,要设置/yy/file 文件的 SUID 权限的方法为：

```
[root@Server01 yy]#chmod u+s /yy/file
[root@Server01 yy]#ll
总用量 0
-rwSrw-rw-.1 root root 0 10月 3 21:43 file
```

特殊权限也可以采用数字表示法。SUID、SGID 和 Sticky 权限分别为 4、2 和 1。使用 chmod 命令设置文件权限时,可以在普通权限的数字前面加上一位数字来表示特殊权限。例如：

```
[root@Server01 yy]#chmod 6664 /yy/file
[root@Server01 yy]#ll /yy
总用量 0
-rwSrwSr--.1 root root 0 10月 3 21:43 file
```

5. 文件所有者与属组修改

要修改文件的所有者,可以使用 chown 命令。chown 命令格式如下所示:

```
chown  选项  用户和属组  文件列表
```

用户和属组可以是名称也可以是 UID 或 GID。多个文件之间用空格分隔。

例如,要把/yy/file 文件的所有者修改为 test 用户,命令如下:

```
[root@Server01 yy]# chown test /yy/file
[root@Server01 yy]# ll
总计 22
-rw-rwSr--  1 test root 22 11-27 11:42 file
```

chown 命令可以同时修改文件的所有者和属组,用":"分隔。

例如,将/yy/file 文件的所有者和属组都改为 test 的命令如下所示:

```
[root@Server01 yy]# chown test:test /yy/file
```

如果只修改文件的属组可以使用下列命令:

```
[root@Server01  yy]# chown :test /yy/file
```

修改文件的属组也可以使用 chgrp 命令。命令范例如下所示:

```
[root@Server01 yy]# chgrp test /yy/file
```

5.2 管理磁盘

掌握硬盘和分区的基础知识是完成本次学习任务的基础。

5.2.1 MBR 硬盘与 GPT 硬盘

硬盘按分区表的格式可以分为 MBR 硬盘与 GPT 硬盘两种硬盘格式。

- MBR 硬盘:使用的是旧的传统硬盘分区表格式,其硬盘分区表存储在 MBR(Master Boot Record,主引导区记录,见图 5-3 左半部)内。MBR 位于硬盘最前端,计算机启动时,使用传统 BIOS(基本输入输出系统,是固化在计算机主板上一个 ROM 芯片上的程序)的计算机,其 BIOS 会先读取 MBR,并将控制权交给 MBR 内的程序代码,然后由此程序代码来继续后续的启动工作。MBR 硬盘所支持的硬盘最大容量为 2.2TB(1TB=1024GB)。
- GPT 硬盘:一种新的硬盘分区表格式,其硬盘分区表存储在 GPT(GUID Partition Table,见图 5-3 右半部)内,位于硬盘的前端,而且它有主分区表与备份分区表,可提供容错功能。使用新式 UEFI BIOS 的计算机,其 BIOS 会先读取 GPT,并将控制权交给 GPT 内的程序代码,然后由此程序代码来继续后续的启动工作。GPT 硬盘所支持的硬盘最大容量可以超过 2.2TB。

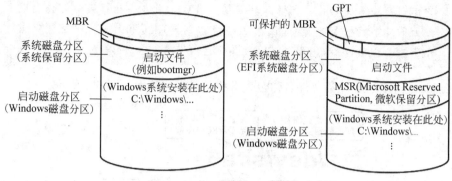

图 5-3　MBR 硬盘与 GPT 硬盘

5.2.2　物理设备的命名规则

Linux 系统中的一切都是文件,硬件设备也不例外。既然是文件,就必须有文件名称。系统内核中的 udev 设备管理器会自动把硬件名称规范起来,目的是让用户通过设备文件的名字可以猜出设备大致的属性以及分区信息等。这对于陌生的设备来说特别方便。另外,udev 设备管理器的服务会一直以守护进程的形式运行并侦听内核发出的信号来管理/dev 目录下的设备文件。Linux 系统中常见的硬件设备的文件名称如表 5-3 所示。

表 5-3　常见的硬件设备及其文件名称

硬 件 设 备	文 件 名 称
IDE 设备	/dev/hd[a-d]
SCSI/SATA/U 盘	/dev/sd[a-p]
非易失性存储器标准（Non-Volatile Memory Express,NVMe)硬盘	/dev/nvme0n[1-m],比如/dev/nvme0n1 就是第一个 NVMe 硬盘
软驱	/dev/fd[0-1]
打印机	/dev/lp[0-15]
光驱	/dev/cdrom
鼠标	/dev/mouse
磁带机	/dev/st0 或/dev/ht0

由于现在的 IDE(Integrated Drive Electronics,电子集成驱动器)设备已经很少见了,所以一般的硬盘设备都会是以"/dev/sd"开头的。而一台主机上可以有多块硬盘,因此系统采用 a～p 来代表 16 块不同的硬盘(默认从 a 开始分配),而且硬盘的分区编号也有如下规定。

- 主分区或扩展分区的编号从 1 开始,到 4 结束。
- 逻辑分区从编号 5 开始。

/dev 目录中的 sda 设备之所以是 a,并不是由插槽决定的,而是由系统内核的识别顺序来决定的。读者以后在使用 iSCSI 网络存储设备时就会发现,本来主板上第二个插槽是空着的,但系统却能识别到/dev/sdb 这个设备。sda3 表示编号为 3 的分区,而不能判断 sda 设备上已经存在了 3 个分区。

那么/dev/sda5 这个设备文件名称包含哪些信息呢?答案如图 5-4 所示。

图 5-4　设备文件名称

首先,/dev/目录中保存的应当是硬件设备文件;其次,sd 表示是存储设备,a 表示系统中同类接口中第一个被识别到的设备;最后,5 表示这个设备是一个逻辑分区。一言以蔽之,"/dev/sda5"表示的就是"这是系统中第一块被识别到的硬件设备中分区编号为 5 的逻辑分区的设备文件"。

对于非易失性存储器标准(Non-Volatile Memory Express,NVMe)硬盘,这是一种固态硬盘。在虚拟机中,/dev/nvme0n1 就是第一个 NVMe 硬盘,而/dev/nvme0n1p1 表示第一个 NVMe 硬盘的第 1 个主分区,/dev/nvme0n1p5 表示第一个 NVMe 硬盘的第 1 个逻辑分区,以此类推。

5.2.3　硬盘分区

在数据能够被存储到硬盘之前,该硬盘必须被分割成一个或数个硬盘分区。在硬盘内有一个被称为硬盘分区表(Partition Table)的区域,用来存储硬盘分区的相关数据,例如每一个硬盘分区的起始地址、结束地址、是否为活动的硬盘分区等信息。

硬盘设备是由大量的扇区组成的,每个扇区的容量为 512 字节,其中第一个扇区最重要。第一个扇区里面保存着主引导记录与分区表信息。就第一个扇区来讲,主引导记录需要占用 446 个字节,分区表为 64 个字节,结束符占用 2 个字节;其中分区表中每记录一个分区信息就需要 16 个字节,这样一来最多只有 4 个分区信息可以写到第一个扇区中,这 4 个分区就是 4 个主分区。第一个扇区中的数据信息如图 5-5 所示。

第一个扇区最多只能创建出 4 个分区,于是为了解决分区个数不够的问题,可以将第一个扇区的分区表中的 16 个字节(原本要写入主分区信息)的空间(称为扩展分区)拿出来指向另外一个分区。也就是说,扩展分区其实并不是一个真正的分区,而更像是一个占用 16 个字节分区表空间的指针——一个指向另外一个分区的指针。这样用户一般会选择使用 3 个主分区加 1 个扩展分区的方法,然后在扩展分区中创建出数个逻辑分区,从而来满足多分区(大于 4 个)的需求。主分区、扩展分区、逻辑分区可以像图 5-6 那样来规划。

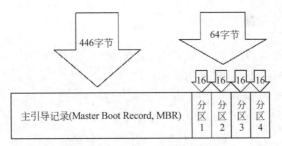

图 5-5 第一个扇区中的数据信息

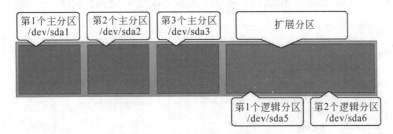

图 5-6 硬盘分区的规划

注意　所谓扩展分区,严格地讲它不是一个实际意义的分区,它仅仅是一个指向下一个分区的指针,这种指针结构将形成一个单向链表。

　　思考:/dev/sdb4 和/dev/sdb8 是什么意思?/dev/nvme0n1p7 是什么意思?

　　参考答案:/dev/sdb4 是第 2 个 SCSI 硬盘的扩展分区,/dev/sdb8 是第 2 个 SCSI 硬盘的扩展分区的第 4 个逻辑分区。/dev/nvme0n1p7 是第 1 个 NVMe 硬盘的扩展分区的第 3 个逻辑分区。

5.2.4　为虚拟机添加需要的硬盘

　　一般情况下,虚拟机默认安装在小型计算机系统接口(Small Computer System Interface,SCSI)硬盘上。但是如果宿主机将固态硬盘作为系统引导盘,则在安装 RHEL 8 时默认会将系统安装在非易失性存储器标准硬盘上,而不是 SCSI 硬盘上。所以,在使用硬盘工具进行硬盘管理时要特别注意。

小知识　硬盘和磁盘是一样的吗?当然不是。硬盘是计算机最主要的存储设备。硬盘(Hard Disk Drive,HDD)由一个或者多个铝制或者玻璃制的碟片组成。这些碟片外覆盖有铁磁性材料。

　　磁盘是计算机的外部存储器中类似磁带的装置。为了防止磁盘表面划伤导致数据丢失,磁盘的圆形的磁性盘片通常会封装在一个方形的密封盒子里。磁盘分为软磁盘和硬磁盘,一般情况下,硬磁盘就是指硬盘。

　　Server01 初始系统默认被安装到了 NVMe 硬盘上。为了完成后续的实训任务,需要再额外添加 4 块 SCSI 硬盘和 2 块 NVMe 硬盘(注意,NVM 硬盘只有在关闭计算机的情况下才能添加），每块硬盘容量都为 20GB。

提 示

① 如果启动硬盘是 NVMe 硬盘，而后添加了 SCSI 硬盘，则一定要调整 BIOS 的启动顺序，否则系统将无法正常启动。

② 添加硬盘的步骤是：在虚拟机主界面中选中 Server01，单击"编辑虚拟机设置"命令，再单击"添加"→"下一步"按钮，选择磁盘类型后按向导完成硬盘的添加。

添加硬盘的过程如图 5-7 和图 5-8 所示，添加完成后的虚拟机如图 5-9 所示。

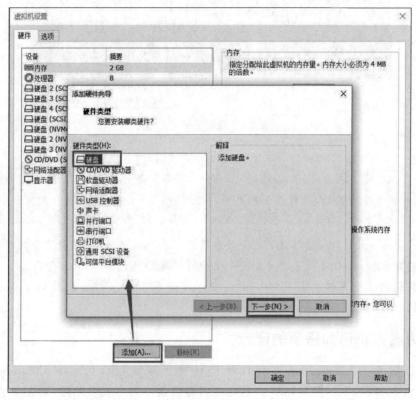

图 5-7　添加硬盘

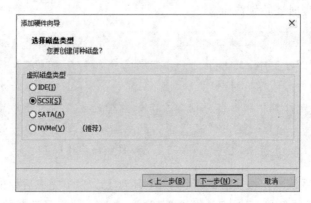

图 5-8　选择磁盘类型

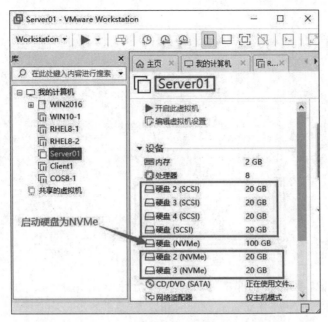

图 5-9　在 Server01 上添加硬盘的情况

5.2.5　硬盘的使用规划

　　本项目的所有实例都在 Server01 上实现,所添加的所有硬盘也是为后续的实例服务。

　　本章用到的硬盘和分区特别多。为了便于学习,对硬盘的使用进行规划设计,如表 5-4 所示。

表 5-4　硬盘的使用规划

任务(或命令)	使用硬盘	分区类型、分区、容量
fdisk、mkfs、mount	/dev/nvme0n1 /dev/sdb	主分区:/dev/sdb[1～3],3 个分区各为 500MB 扩展分区:/dev/sdb4,18.5GB 逻辑分区:/dev/sdb5,500MB
软 RAID(分别使用硬盘和硬盘分区)	/dev/sd[c～d] /dev/nvme0n[2～3]	主分区:/dev/sdc1、/dev/sdd1、/dev/nvme0n2p1、/dev/nvme0n3p1,各 500MB
软 RAID 企业案例	/dev/sda	扩展分区:/dev/sda1,10240MB 逻辑分区:/dev/sda[5～9],5 个分区各为 1024MB
lvm	/dev/sdc	主分区:/dev/sdc[1～4]

5.2.6　使用硬盘管理工具 fdisk

　　fdisk 硬盘分区工具在 DOS、Windows 和 Linux 中都有相应的应用程序。在 Linux 系统中,fdisk 是基于菜单的命令。对硬盘进行分区时,可以在 fdisk 命令后面直接加上要分区的硬盘作为参数。例如,查看 RHEL8-1 计算机上的硬盘及分区情况的操作如下所示(省略了部分内容）：

```
[root@Server01 ~]#fdisk -l

设备                启动       起点         末尾         扇区      大小   ID   类型
/dev/nvme0n1p1      *         2048        587775      585728    286M  83   Linux
...
/dev/nvme0n1p4                31836160    83886079    52049920  24.8G  5   扩展
...
Disk  /dev/nvme0n2: 20 GiB,21474836480 字节,41943040 个扇区
Disk  /dev/nvme0n3: 20 GiB,21474836480 字节,41943040 个扇区

Disk  /dev/sda: 20 GiB,21474836480 字节,41943040 个扇区
Disk  /dev/sdb: 20 GiB,21474836480 字节,41943040 个扇区
Disk  /dev/sdc: 20 GiB,21474836480 字节,41943040 个扇区
Disk  /dev/sdd: 20 GiB,21474836480 字节,41943040 个扇区
```

从上面的输出结果可以看出，3 块 NVMe 硬盘为/dev/nvme0n1、/dev/nvme0n2、/dev/nvme0n3，4 块 SCSI 硬盘为/dev/sda、/dev/sdb、/dev/sdc、/dev/sdd。

再如，对新增加的第 2 块 SCSI 硬盘进行分区的操作如下所示：

```
[root@Server01 ~]#fdisk /dev/sdb
命令(输入 m 获取帮助):
```

在命令提示后面输入相应的命令来选择需要的操作，例如输入 m 命令是列出所有可用命令。表 5-5 所示是 fdisk 命令选项。

表 5-5   fdisk 命令选项

命　　令	功　　能	命　　令	功　　能
a	调整硬盘启动分区	q	不保存更改，退出 fdisk 命令
d	删除硬盘分区	t	更改分区类型
l	列出所有支持的分区类型	u	切换所显示的分区大小的单位
m	列出所有命令	w	把修改写入硬盘分区表，然后退出
n	创建新分区	x	列出高级选项
p	列出硬盘分区表		

下面以在/dev/sdb 硬盘上创建大小为 500MB、分区类型为"Linux"的/dev/sdb[1～3]主分区及逻辑分区为例，讲解 fdisk 命令的用法。

1. 创建主分区

（1）利用如下所示命令，打开 fdisk 操作菜单。

```
[root@Server01 ~]#fdisk /dev/sdb
```

（2）输入 p，查看当前分区表。从命令执行结果可以看到，/dev/sdb 硬盘并无任何分区。

```
命令(输入 m 获取帮助):p
isk /dev/sdb: 20 GiB,21474836480 字节,41943040 个扇区
单元:扇区 / 1 * 512 =512 字节
扇区大小(逻辑/物理):512 字节 / 512 字节
I/O 大小(最小/最佳):512 字节 / 512 字节
硬盘标签类型:dos
硬盘标识符:0x9449709f
```

（3）输入 n,创建一个新分区。输入 p,选择创建主分区(创建扩展分区输入 e,创建逻辑分区输入 l)。输入数字 1,创建第一个主分区(主分区和扩展分区可选数字为 1～4,逻辑分区的数字标识从 5 开始);输入此分区的起始、结束扇区,以确定当前分区的大小。也可以使用＋sizeM 或者＋sizeK 的方式指定分区大小。操作如下。

```
命令(输入 m 获取帮助):n                          //利用 n 命令创建新分区
分区类型
  p  主分区 (0个主分区,0个扩展分区,4空闲)
  e  扩展分区 (逻辑分区容器)
选择 (默认 p):p                                 //输入字符 p,以创建主硬盘分区
分区号 (1-4,默认 1):1
第一个扇区 (2048-41943039, 默认 2048):
上个扇区,+sectors 或 +size{K,M,G,T,P} (2048-41943039, 默认 41943039):+500M
创建了一个新分区 1,类型为"Linux",大小为 500 MiB。
```

（4）输入 l 可以查看已知的分区类型及其 ID,其中列出 Linux 的 ID 为 83。输入 t,指定/dev/sdb1 的分区类型为 Linux。操作如下。

```
命令(输入 m 获取帮助):t
已选择分区 1
Hex 代码(输入 L 列出所有代码):83
已将分区"Linux"的类型更改为"Linux"。
```

　　　　如果不知道分区类型的 ID 是多少,可以在"命令"提示符后面输入 L 查找。建立分区的默认类型就是"Linux",可以不用修改。

（5）分区结束后,输入 w,把分区信息写入硬盘分区表并退出。

（6）用同样的方法建立硬盘主分区/dev/sdb2、/dev/sdb3。

2. 创建逻辑分区

扩展分区是一个概念,实际在硬盘中是看不到的,也无法直接使用扩展分区。除了主分区外,剩余的硬盘空间就是扩展分区了。下面创建 1 个 500MB 的逻辑分区。

```
命令(输入 m 获取帮助):n
分区类型
  p  主分区 (3个主分区,0个扩展分区,1空闲)
  e  扩展分区 (逻辑分区容器)
选择 (默认 e):e               //创建扩展分区,连续按两次 Enter 键,余下空间全部为扩展分区
```

```
已选择分区 4

第一个扇区 (3074048-41943039, 默认 3074048):
上个扇区, +sectors 或 +size{K,M,G,T,P} (3074048-41943039, 默认 41943039):

创建了一个新分区 4, 类型为"Extended", 大小为 18.5 GiB。

命令(输入 m 获取帮助): n
所有主分区都在使用中。
添加逻辑分区 5
第一个扇区 (3076096-41943039, 默认 3076096):
上个扇区, +sectors 或 +size{K,M,G,T,P} (3076096-41943039, 默认 41943039): +500M

创建了一个新分区 5, 类型为"Linux", 大小为 500 MiB。

命令(输入 m 获取帮助): p
     设备       启动      起点      末尾      扇区      大小   ID   类型
/dev/sdb1                2048    1026047   1024000   500M   83   Linux
/dev/sdb2             1026048   2050047   1024000   500M   83   Linux
/dev/sdb3             2050048   3074047   1024000   500M   83   Linux
/dev/sdb4             3074048  41943039  38868992  18.5G    5   扩展
/dev/sdb5             3076096   4100095   1024000   500M   83   Linux
命令(输入 m 获取帮助): w
```

3. 使用 mkfs 命令建立文件系统

硬盘分区后,下一步的工作就是建立文件系统。类似于 Windows 下的格式化硬盘。在硬盘分区上建立文件系统会冲掉分区上的数据,而且不可恢复,因此在建立文件系统之前要确认分区上的数据不再使用。建立文件系统的命令是 mkfs,格式如下:

```
mkfs  [参数]  文件系统
```

mkfs 命令常用的参数选项如下。

- -t: 指定要创建的文件系统类型。
- -c: 建立文件系统前首先检查坏块。
- -l file: 从文件 file 中读硬盘坏块列表, file 文件一般是由硬盘坏块检查程序产生的。
- -V: 输出建立文件系统详细信息。

例如,在/dev/sdb1 上建立 xfs 类型的文件系统,建立时检查硬盘坏块并显示详细信息。如下所示:

```
[root@Server01 ~]#mkfs.xfs /dev/sdb1
```

完成了存储设备的分区和格式化操作,接下来就要挂载并使用存储设备了。与之相关的步骤也非常简单:首先创建一个用于挂载设备的挂载点目录;然后使用 mount 命令将存储设备与挂载点进行关联;最后使用 df -h 命令来查看挂载状态和硬盘使用量信息。

```
[root@Server01  ~]#mkdir  /newFS
[root@Server01  ~]#mount  /dev/sdb1  /newFS/
[root@Server01  ~]#df  -h
```

```
文件系统        容量    已用    可用    已用%    挂载点
...
/dev/nvme0n1p3  7.5G    4.0G    3.6G    53%      /usr
...
/dev/sdb1       495M    29M     466M    6%       /newFS
```

4. 使用 fsck 命令检查文件系统

fsck 命令主要用于检查文件系统的正确性,并对 Linux 硬盘进行修复。fsck 命令的格式如下:

```
fsck  [参数选项]  文件系统
```

fsck 命令常用的参数选项如下。
- -t:给定文件系统类型,若在/etc/fstab 中已有定义或内核本身已支持,不需添加此项。
- -s:一个一个地执行 fsck 命令进行检查。
- -A:对/etc/fstab 中所有列出来的分区进行检查。
- -C:显示完整的检查进度。
- -d:列出 fsck 的 debug 结果。
- -P:在同时有-A 选项时,多个 fsck 的检查一起执行。
- -a:如果检查中发现错误,则自动修复。
- -r:如果检查有错误,询问是否修复。

例如,检查分区/dev/sdb1 上是否有错误,如果有错误则自动修复(必须先把硬盘卸载才能检查分区)。

```
[root@Server01 ~]#umount /dev/sdb1
[root@Server01 ~]#fsck -a /dev/sdb1
fsck,来自 util-linux 2.32.1
/usr/sbin/fsck.xfs: XFS file system.
```

5. 删除分区

如果要删除硬盘分区,在 fdisk 菜单下输入 d,并选择相应的硬盘分区即可。删除后输入 w,保存退出。以/删除/dev/sdb3 分区为例,操作如下。

```
命令(输入 m 获取帮助):           d
分区号 (1-5, 默认 5):            3
分区 3 已删除。
命令(输入 m 获取帮助):           w
```

5.2.7　使用其他硬盘管理工具

1. dd 命令

【例 5-1】　使用 dd 命令建立和使用交换文件。

当系统的交换分区不能满足系统的要求而硬盘上又没有可用空间时,可以使用交换文件提供虚拟内存。

(1) 下述命令的结果是在硬盘的根目录下建立了一个块大小为 1024 字节,块数为 10240 的名为 swap 的交换文件。该文件的大小为 $1024 \times 10240 = 10$MB。

```
[root@Server01 ~]#dd if=/dev/zero of=/swap bs=1024 count=10240
```

(2) 建立/swap 交换文件后,使用 mkswap 命令说明该文件用于交换空间。

```
[root@Server01 ~]#mkswap /swap
```

(3) 利用 swapon 命令可以激活交换空间,也可利用 swapoff 命令卸载被激活的交换空间。

```
[root@Server01 ~]#swapon  /swap
[root@Server01 ~]#swapoff  /swap
```

2. df 命令

df 命令用来查看文件系统的硬盘空间占用情况。可以利用该命令来获取硬盘被占用了多少空间,以及目前还有多少空间等信息,还可以利用该命令获得文件系统的挂载位置。

df 命令的语法如下:

```
df  [参数选项]
```

df 命令的常见参数选项如下。

- -a:显示所有文件系统硬盘使用情况,包括 0 块的文件系统,如/proc 文件系统。
- -k:以 k 字节为单位显示。
- -i:显示 i 节点信息。
- -t:显示各指定类型的文件系统的硬盘空间使用情况。
- -x:列出不是某一指定类型文件系统的硬盘空间使用情况(与 t 选项相反)。
- -T:显示文件系统类型。

例如,列出各文件系统的占用情况:

```
[root@Server01 ~]#df
文件系统         1K-块        已用   可用     已用%   挂载点
...
tmpfs          921916      18036  903880   2%     /run
/dev/nvme0n1p8 9754624  1299860  8454764  14%    /
```

列出各文件系统的 i 节点的使用情况:

```
[root@Server01 ~]#df -ia
文件系统    i节点  已用   可用   已用%  挂载点
rootfs      -      -      -      -     /
sysfs       0      0      0      -     /sys
proc        0      0      0      -     /proc
devtmpfs   229616  411   229205  1%    /dev
...
```

列出文件系统类型：

```
[root@Server01 ~]#df -T
文件系统      类型           1K-块      已用      可用      已用%   挂载点
/dev/sda2    ext4          10190100   98264    9551164   2%      /
devtmpfs     devtmpfs      918464     0        918464    0%      /dev
…
```

3. du 命令

du 命令用于显示硬盘空间的使用情况。该命令逐级显示指定目录的每一级子目录占用文件系统数据块的情况。du 命令的语法如下：

```
du ［参数选项］［文件或目录名称］
```

du 命令的参数选项如下。

- -s：对每个 name 参数只给出占用的数据块总数。
- -a：递归显示指定目录中各文件及子目录中各文件占用的数据块数。
- -b：以字节为单位列出硬盘空间使用情况（AS 4.0 中默认以 KB 为单位）。
- -k：以 1024 字节为单位列出硬盘空间使用情况。
- -c：在统计后加上一个总计（系统默认设置）。
- -l：计算所有文件大小，对硬链接文件重复计算。
- -x：跳过在不同文件系统上的目录，不予统计。

例如，以字节为单位列出所有文件和目录的硬盘空间占用情况的命令如下所示：

```
[root@Server01 ~]#du -ab
```

4. mount 与 umount 命令

1）mount 命令

在硬盘上建立好文件系统之后，还需要把新建立的文件系统挂载到系统上才能使用。这个过程称为挂载。文件系统所挂载到的目录被称为挂载点（mount point）。Linux 系统中提供了/mnt 和/media 两个专门的挂载点。一般而言，挂载点应该是一个空目录，否则目录中原来的文件将被系统隐藏。通常将光盘和软盘挂载到/media/cdrom（或者/mnt/cdrom）和/media/floppy（或者/mnt/ floppy）中，其对应的设备文件名分别为/dev/cdrom 和/dev/fd0。

文件系统可以在系统引导过程中自动挂载，也可以手动挂载，手动挂载文件系统的挂载命令是 mount。该命令的语法格式如下：

```
mount 选项 设备 挂载点
```

mount 命令的主要选项如下。

- -t：指定要挂载的文件系统的类型。
- -r：如果不想修改要挂载的文件系统，可以使用该选项以只读方式挂载。

- -w：以可写的方式挂载文件系统。
- -a：挂载/etc/fstab 文件中记录的设备。

挂载光盘可以使用下列命令(/media 目录必须存在)：

```
[root@Server01 ~]#mount -t iso9660 /dev/cdrom /media
```

2）umount 命令

文件系统可以被挂载也可以被卸载。卸载文件系统的命令是 umount。umount 命令的格式为：

```
umount 设备|挂载点
```

例如,卸载光盘的命令为：

```
[root@Server01 ~]#umount /media
[root@Server01 ~]#umount /dev/cdrom
```

光盘在没有卸载之前,无法从驱动器中弹出。正在使用的文件系统不能卸载。

5. 文件系统的自动挂载

如果要实现每次开机自动挂载文件系统,可以通过编辑/etc/fstab 文件来实现。在/etc/fstab 中列出了引导系统时需要挂载的文件系统以及文件系统的类型和挂载参数。系统在引导过程中会读取/etc/fstab 文件,并根据该文件的配置参数挂载相应的文件系统。以下是一个 fstab 文件的内容：

```
[root@Server01 ~]#cat /etc/fstab
UUID=c7f78d0f-6446-4d1a-97a7-30c1342f30c9 /      xfs defaults 0 0
UUID=59c49c45-ba4d-43c7-a2c0-0f6fad081771 /boot xfs defaults 0 0
UUID=0a759e3a-bb79-4b28-9db3-7c413e64ad6c /home xfs defaults 0 0
...
```

可以看到系统默认分区是使用 UUID 挂载的。那么什么是 UUID? 为什么使用 UUID 挂载呢?

UUID 是通用唯一识别码(Universally Unique Identifier)的缩写。它为系统中的存储设备提供唯一的标识字符串,不管这个设备是什么类型的。如果你在系统启动时使用盘符挂载,可能因找不到设备而加载失败,而使用 UUID 挂载时,则不会有这样的问题。

自动分配的设备名称并非总是一致的,它们依赖于启动时内核加载模块的顺序。如果你在插入了 USB 盘时启动了系统,而下次启动时又把它拔掉了,就有可能导致设备名分配不一致。所以,使用 UUID 对于挂载各种设备非常有好处,它支持各种各样的卡,使用 UUID 总可以使同一块卡挂载在同一个目录下。

使用 blkid 命令可以在 Linux 中查看设备的 UUID。

/etc/fstab 文件的每一行代表一个文件系统，每一行又包含 6 列，这 6 列的内容如下所示：

```
fs_spec  fs_file  fs_vfstype  fs_mntops  fs_freq  fs_passno
```

具体含义如下。

- fs_spec：将要挂载的设备文件。
- fs_file：文件系统的挂载点。
- fs_vfstype：文件系统类型。
- fs_mntops：挂载选项，传递给 mount 命令时决定如何挂载，各选项之间用逗号隔开。
- fs_freq：由 dump 程序决定文件系统是否需要备份，0 表示不备份，1 表示备份。
- fs_passno：由 fsck 程序决定引导时是否检查硬盘及检查次序，取值可以为 0、1、2。

例如，如果要实现每次开机自动将文件系统类型为 xfs 的分区/dev/sdb1 挂载到/sdb1 目录下，需要在/etc/fstab 文件中添加下面一行。重新启动计算机后，/dev/sdb1 就能自动挂载了（提前创建/sdb1 目录）。

```
/dev/sdb1   /sdb1   xfs   defaults   0 0
```

思考：如何使用 UUID 挂载/dev/sdb1？

```
[root@Server01 ~]#blkid /dev/sdb1
/dev/sdb1: UUID="541a3c6c-e870-4641-ac76-a6725d874deb" TYPE="xfs" PARTUUID="9449709f-01"
```

 　　为了不影响后续的实训，测试完文件系统自动挂载后，请将/etc/fstab 文件恢复到初始状态。另外谨记，在操作 fstab 文件之前，请一定做好该文件的备份工作。

5.3　在 Linux 中配置软 RAID

RAID(Redundant Array of Inexpensive Disks，独立硬盘冗余阵列)用于将多个廉价的小型硬盘驱动器合并成一个硬盘阵列，以提高存储性能和容错功能。RAID 可分为软 RAID 和硬 RAID，其中，软 RAID 是通过软件实现多块硬盘冗余的，而硬 RAID 一般通过 RAID 卡来实现 RAID。前者配置简单，管理也比较灵活，对于中小企业来说不失为一种最佳的选择。硬 RAID 在性能方面具有一定优势，但往往花费比较多。

5.3.1　常用的 RAID

RAID 作为高性能的存储系统，已经得到了越来越广泛的应用。RAID 的级别从 RAID 概念的提出到现在，已经发展了 6 个级别，其级别分别是 0、1、2、3、4、5。但是最常用的是 0、1、3、5 这 4 个级别。

RAID0：将多个硬盘合并成一个大的硬盘，不具有冗余，并行 I/O，速度最快。RAID0 也称为带区集。它是将多个硬盘并列起来，成为一个大硬盘。在存放数据时，RAID0 将数据按硬盘的个数来进行分段，然后同时将这些数据写进这些盘中，如图 5-10 所示。

在所有的级别中，RAID0 的速度是最快的。但是 RAID0 没有冗余功能，如果一个硬盘(物理)损坏，则所有的数据都无法使用。

RAID1：把硬盘阵列中的硬盘分成相同的两组，互为映像，当任一硬盘介质出现故障时，可以利用其映像上的数据恢复，从而提高系统的容错能力。对数据的操作仍采用分块后并行传输方式。所以 RAID1 不仅提高了读写速度，也加强了系统的可靠性，其缺点是硬盘的利用率低，只有 50%，如图 5-11 所示。

图 5-10　RAID0 技术示意图

图 5-11　RAID1 技术示意图

RAID3：RAID3 存放数据的原理和 RAID0、RAID1 不同。RAID3 是以一个硬盘来存放数据的奇偶校验位，数据则分段存储于其余硬盘中。它像 RAID0 一样以并行的方式来存放数据，但速度没有 RAID0 快。如果数据盘(物理)损坏，只要将坏的硬盘换掉，RAID 控制系统会根据校验盘的数据校验位在新盘中重建坏盘上的数据。不过，如果校验盘(物理)损坏，则全部数据都无法使用。利用单独的校验盘来保护数据虽然没有映像的安全性高，但是硬盘利用率得到了很大的提高，为 $n-1$。其中 n 为使用 RAID3 的硬盘总数量。

RAID5：向阵列中的硬盘写数据，奇偶校验数据存放在阵列中的各个盘上，允许单个硬盘出错。RAID5 也是以数据的校验位来保证数据的安全，但它不是以单独硬盘来存放数据的校验位，而是将数据段的校验位交互存放于各个硬盘上。这样任何一个硬盘损坏，都可以根据其他硬盘上的校验位来重建损坏的数据。硬盘的利用率为 $n-1$，如图 5-12 所示。

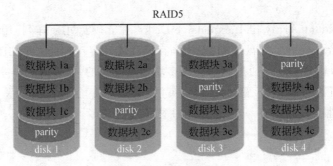

图 5-12　RAID5 技术示意图

5.3.2　实现 RAID 的典型案例

Red Hat Enterprise Linux 提供了对软 RAID 技术的支持。在 Linux 系统中建立软 RAID 可以使用 mdadm 工具建立和管理 RAID 设备。

1. 实现软 RAID 的环境

下面以 4 块硬盘/dev/sdc、/dev/sdd、/dev/nvme0n2、/dev/nvme0n3 为例来讲解 RAID5 的创建方法。此处利用 VMware 虚拟机,事先安装 4 块硬盘。

2. 创建 4 个硬盘分区

使用 fdisk 命令重新创建 4 个硬盘分区/dev/sdc1、/dev/sdd1、/dev/nvme0n2p1、/dev/nvme0n3p1,容量大小一致,都为 500MB,并设置分区类型 id 为 fd(Linux Raid Autodetect)。

(1) 以创建/dev/nvme0n2p1 硬盘分区为例(先删除原来的分区,若是新硬盘则直接分区)。

```
[root@Server01 ~]# fdisk /dev/nvme0n2
更改将停留在内存中,直到你决定将更改写入硬盘。
使用写入命令前请三思。

设备不包含可识别的分区表。
创建了一个硬盘标识符为 0x6440bb1c 的新 DOS 硬盘标签。

命令(输入 m 获取帮助): n                              //创建分区
分区类型
  p  主分区 (0 个主分区,0 个扩展分区,4 空闲)
  e  扩展分区 (逻辑分区容器)
选择 (默认 p): p                                      //创建主分区 1
分区号 (1-4, 默认 1): 1                               //创建主分区 1
第一个扇区 (2048-41943039, 默认 2048):
上个扇区,+sectors 或 +size{K,M,G,T,P} (2048-41943039, 默认 41943039): +500M
                                                     //分区容量为 500MB

创建了一个新分区 1,类型为"Linux",大小为 500 MiB。

命令(输入 m 获取帮助): t                              //设置文件系统
已选择分区 1
Hex 代码(输入 L 列出所有代码): fd                      //设置文件系统为 fd
已将分区"Linux"的类型更改为"Linux raid autodetect"。

命令(输入 m 获取帮助): w                              //存盘退出
```

(2) 用同样方法创建其他 3 个硬盘分区,最后的分区结果如下所示(已去掉无用信息)。

```
[root@Server01 ~]# fdisk -l
设备              起点      末尾      扇区      大小   ID      类型
/dev/nvme0n2p1   2048    1026047   1024000   500M   fd   Linux raid 自动检测
/dev/nvme0n3p1   2048    1026047   1024000   500M   fd   Linux raid 自动检测
/dev/sdc1        2048    1026047   1024000   500M   fd   Linux raid 自动检测
/dev/sdd1        2048    1026047   1024000   500M   fd   Linux raid 自动检测
```

3. 使用 mdadm 命令创建 RAID5

RAID 设备名称为 $/dev/mdX$，其中 X 为设备编号，该编号从 0 开始。

```
[root@Server01~]#mdadm --create /dev/md0 --level=5 --raid-devices=3 --spare-
devices=1 /dev/sd[c-d]1 /dev/nvme0n2p1 /dev/nvme0n3p1
mdadm: Defaulting to version 1.2 metadata
mdadm: array /dev/md0 started.
```

上述命令中指定 RAID 设备名为 $/dev/md0$，级别为 5，使用 3 个设备建立 RAID，空余一个留作备用。上面的语法中，最后面是装置文件名，这些装置文件名可以是整个硬盘，如 $/dev/sdc$，也可以是硬盘上的分区，如 $/dev/sdc1$ 之类。不过，这些装置文件名的总数必须要等于--raid-devices 与--spare-devices 的个数总和。此例中，$/dev/sd[c-d]1$ 是一种简写，表示 $/dev/sdc1$、$/dev/sdd1$(不使用简写时，各硬盘或分区间用空格隔开)，其中 $/dev/nvme0n3p1$ 为备用。

4. 为新建立的 /dev/md0 建立类型为 xfs 的文件系统

```
[root@Server01 ~]mkfs.xfs /dev/md0
```

5. 查看建立的 RAID5 的具体情况(应注意哪个是备用)

```
[root@Server01 ~]mdadm --detail /dev/md0
/dev/md0:
             Version : 1.2
       Creation Time : Mon May 28 05:45:21 2018
          Raid Level : raid5
...
      Active Devices : 3
     Working Devices : 4
      Failed Devices : 0
       Spare Devices : 1

...

Number   Major   Minor   RaidDevice   State
   0        8      33          0       active sync   /dev/sdc1
   1        8      49          1       active sync   /dev/sdd1
   4       259     12          2       active sync   /dev/nvme0n2p1

   3       259     13          -       spare         /dev/nvme0n3p1
```

6. 将 RAID 设备挂载

(1) 将 RAID 设备 $/dev/md0$ 挂载到指定的目录 $/media/md0$ 中，并显示该设备中的内容。

```
[root@Server01 ~]#umount /media
[root@Server01 ~]#mkdir /media/md0
[root@Server01 ~]#mount /dev/md0 /media/md0 ; ls /media/md0
[root@Server01 ~]#cd /media/md0
```

（2）写入一个 50MB 的文件 50_file 供数据恢复时测试用。

```
[root@Server01 md0]#dd if=/dev/zero of=50_file count=1 bs=50M; ll
记录了 1+0 的读入
记录了 1+0 的写出
52428800 bytes (52 MB, 50 MiB) copied, 0.356753 s, 147 MB/s
总用量 51200
-rw-r--r--. 1 root root 52428800 8 月 30 09:33 50_file
[root@Server01 ~]#cd
```

7. RAID 设备的数据恢复

如果 RAID 设备中的某个硬盘损坏，系统会自动停止这块硬盘的工作，让后备的那块硬盘代替损坏的硬盘继续工作。例如，假设/dev/sdc1 损坏，更换损坏的 RAID 设备中成员的方法如下。

（1）将损坏的 RAID 成员标记为失效。

```
[root@Server01 ~]#mdadm /dev/md0 --fail /dev/sdc1
mdadm: set /dev/sdc1 faulty in /dev/md0
```

（2）移除失效的 RAID 成员。

```
[root@Server01 ~]#mdadm /dev/md0 --remove /dev/sdc1
mdadm: hot removed /dev/sdc1 from /dev/md0
```

（3）更换硬盘设备，添加一个新的 RAID 成员（注意上面查看 RAID5 的情况）。备份硬盘一般会自动替换，如果没自动替换，则进行手动设置。

```
[root@Server01 ~]#mdadm /dev/md0 --add /dev/nvme0n3p1
mdadm: Cannot open /dev/nvme0n3p1: Device or resource busy        //说明已自动替换
```

（4）查看 RAID5 下的文件是否损坏，同时再次查看 RAID5 的情况。命令如下。

```
[root@Server01 ~]#ll  /media/md0
总用量 51200
-rw-r--r--. 1 root root 52428800 8 月 30 09:33 50_file        //文件未受损失
[root@Server01 ~]#mdadm --detail /dev/md0
/dev/md0:
   ...
Number   Major   Minor   Raid   Device      State
    3       259     13     0     active sync  /dev/nvme0n3p1
    1       8       49     1     active sync  /dev/sdd1
    4       259     12     2     active sync  /dev/nvme0n2p1
```

RAID5 中的失效硬盘已被成功替换。

说明   mdadm 命令参数中凡是以"--"引出的参数选项,与"-"加单词首字母的方式等价。例如,"--remove"等价于"-r","--add"等价于"-a"。

8. 停止 RAID

当不再使用 RAID 设备时,可以使用命令"mdadm -S /dev/mdX"停止 RAID 设备。需要注意的是,应先卸载再停止。

```
[root@Server01 ~]#umount /dev/md0
[root@Server01 ~]#mdadm -S /dev/md0          //停止 RAID
mdadm: stopped /dev/md0
[root@Server01 ~]#mdadm --misc --zero-superblock /dev/sd[c-d]1 /dev/nvme0n[2
-3]p1                                         //删除 RAID 信息
```

5.4 LVM 逻辑卷管理器

前面学习的硬盘设备管理技术虽然能够有效地提高硬盘设备的读写速度以及数据的安全性,但是在硬盘分好区或者部署为 RAID 硬盘阵列之后,再想修改硬盘分区大小就不太容易了。换句话说,当用户想要随着实际需求的变化调整硬盘分区的大小时,会受到硬盘"灵活性"的限制。这时就需要用到另外一项非常普及的硬盘设备资源管理技术——LVM(Logical Volume Manager,逻辑卷管理器)了。LVM 允许用户对硬盘资源进行动态调整。

5.4.1 LVM 概述

LVM 是 Linux 系统对硬盘分区进行管理的一种机制,理论性较强,其创建初衷是解决硬盘设备在创建分区后不易修改分区大小的缺陷。尽管对传统的硬盘分区进行强制扩容或缩容从理论上来讲是可行的,但是却可能造成数据的丢失。LVM 技术是在硬盘分区和文件系统之间添加了一个逻辑层,它提供了一个抽象的卷组,可以把多块硬盘进行卷组合并。这样一来,用户无须关心物理硬盘设备的底层架构和布局,就可以实现对硬盘分区的动态调整。LVM 的技术架构如图 5-13 所示。

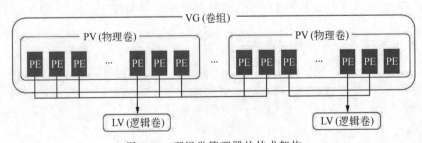

图 5-13   逻辑卷管理器的技术架构

物理卷处于 LVM 中的最底层,可以将其理解为物理硬盘、硬盘分区或者 RAID 硬盘阵列。卷组建立在物理卷之上，一个卷组可以包含多个物理卷，而且在卷组创建之后也可以继续向其中添加新的物理卷。逻辑卷是用卷组中空闲的资源建立的，并且逻辑卷在建立后可以动态地扩展或缩小空间。这就是 LVM 的核心理念。

一般而言，在生产环境中无法精确地预估每个硬盘分区在日后的使用情况，因此会导致原先分配的硬盘分区不够用。比如，伴随着业务量的增加，用于存放交易记录的数据库目录的体积也随之增加；分析并记录用户的行为导致日志目录的体积不断变大，这些都会导致原有的硬盘分区在使用上捉襟见肘。另外，还存在对较大的硬盘分区进行精简缩容的情况。

可以通过部署 LVM 来解决上述问题。部署 LVM 时，需要逐个配置物理卷、卷组和逻辑卷。常用的部署命令如表 5-6 所示。

表 5-6　常用的 LVM 部署命令

功　能	物理卷管理命令	卷组管理命令	逻辑卷管理命令
扫描	pvscan	vgscan	lvscan
建立	pvcreate	vgcreate	lvcreate
显示	pvdisplay	vgdisplay	lvdisplay
删除	pvremove	vgremove	lvremove
扩展	—	vgextend	lvextend
缩小	—	vgreduce	lvreduce

5.4.2　实现 LVM 的典型案例

本节使用前面新增加的 SCSI 硬盘/dev/sdc。/dev/sdc1 已经建立。

1. 物理卷、卷组和逻辑卷的建立

物理卷可以建立在整个物理硬盘上，也可以建立在硬盘分区中。如在整个硬盘上建立物理卷，则不要在该硬盘上建立任何分区；如使用硬盘分区建立物理卷，则需事先对硬盘进行分区并设置该分区为 LVM 类型，其类型 ID 为 0x8e。

1）建立 LVM 类型的分区

利用 fdisk 命令在/dev/sdc 上建立 LVM 类型的分区。

```
[root@Server01 ~]#fdisk /dev/sdc
```

（1）/dev/sdc1 已经建立，使用 n 子命令创建另外 3 个主分区，大小各为 500MB，具体过程不再赘述，结果如下。

```
命令(输入 m 获取帮助)：n
分区类型
   p  主分区 (0个主分区,0个扩展分区,4空闲)
   e  扩展分区 (逻辑分区容器)
选择 (默认 p)：p
分区号 (1-4, 默认 2)：2
第一个扇区 (2048-41943039, 默认 2048)：
上个扇区,+sectors 或 +size{K,M,G,T,P} (2048-41943039, 默认 41943039)：+500M
```

创建了一个新分区 1,类型为"Linux",大小为 100 MiB。

…   //省略其他 **2** 个分区的创建过程,最终结果如下

命令(输入 m 获取帮助): **p**

设备	启动	起点	末尾	扇区	大小	ID	类型
/dev/sdc1		2048	1026047	1024000	500M	fd	Linux raid 自动检测
/dev/sdc2		1026048	2050047	1024000	500M	83	Linux
/dev/sdc3		2050048	3074047	1024000	500M	83	Linux
/dev/sdc4		3074048	4098047	1024000	500M	83	Linux

（2）使用 t 子命令将第 1 个分区的类型修改为 LVM 类型。

命令(输入 m 获取帮助): t

分区号 (1-4, 默认 4): 1

Hex 代码(输入 L 列出所有代码): **8e**   //设置分区类型为 LVM 类型

已将分区"Linux"的类型更改为"Linux LVM"。

（3）使用同样的方法将/dev/sdc2、/dev/sdc3 和/dev/sdc4 的分区类型修改为 LVM 类型,最后使用 w 命令保存对分区的修改,并退出 fdisk 命令。

命令(输入 m 获取帮助): **p**

设备	启动	起点	末尾	扇区	大小	ID	类型
/dev/sdc1		2048	1026047	1024000	500M	8e	Linux LVM
/dev/sdc2		1026048	2050047	1024000	500M	8e	Linux LVM
/dev/sdc3		2050048	3074047	1024000	500M	8e	Linux LVM
/dev/sdc4		3074048	4098047	1024000	500M	8e	Linux LVM

命令(输入 m 获取帮助): **w**

2）建立物理卷

利用 pvcreate 命令可以在已经创建好的分区上建立物理卷。物理卷直接建立在物理硬盘或者硬盘分区上,所以物理卷的设备文件使用系统中现有的硬盘分区设备文件的名称。

```
//使用 pvcreate 命令创建物理卷
[root@Server01 ~]#pvcreate /dev/sdc1
Physical volume "/dev/sdc1" successfully created
//使用 pvdisplay 命令显示指定物理卷的属性
[root@Server01 ~]#pvdisplay /dev/sdc1
```

使用同样的方法建立/dev/sdc2、/dev/sdc3 和/dev/sdc4 的物理卷。

也可以使用 pvs 和 pvscan 命令显示当前系统中的物理卷,请读者尝试。

3）建立卷组

在创建好物理卷后,使用 vgcreate 命令建立卷组。卷组设备文件使用/dev 目录下与卷组同名的目录表示,该卷组中的所有逻辑设备文件都将建立在该目录下,卷组目录是在使用

vgcreate 命令建立卷组时创建的。卷组中可以包含多个物理卷,也可以只有一个物理卷。

```
//使用 vgcreate 命令创建卷组 vg0
[root@Server01 ~]#vgcreate vg0 /dev/sdc1 /dev/sdc2
Volume group "vg0" successfully created
//使用 vgs、vgscan 和 vgdisplay 命令查看 vg0 信息
[root@Server01 ~]#vgs vg0
VG   #PV  #LV  #SN  Attr     VSize     VFree
vg0  2    0    0    wz--n-   192.00m   192.00m
[root@Server01 ~]#vgscan
Found volume group "vg0" using metadata type lvm2
[root@Server01 ~]#vgdisplay vg0
```

其中,vg0 为要建立的卷组名称。这里的 PE 值使用默认的 4MB,如果需要增大可以使用-L 选项,但是一旦设定以后不可更改 PE 的值。使用同样的方法创建 vg1。

```
[root@Server01 ~]#vgcreate vg1 /dev/sdc3
```

4) 建立逻辑卷

建立好卷组后,可以使用命令 lvcreate 在已有卷组上建立逻辑卷。逻辑卷设备文件位于其所在的卷组目录中,该文件是在使用 lvcreate 命令建立逻辑卷时创建的。

```
//使用 lvcreate 命令在 vg0 卷组上创建逻辑卷
[root@Server01 ~]#lvcreate -L 20M -n lv0 vg0
Logical volume "lv0" created
//使用 lvdisplay 命令显示创建的 lv0 的信息
[root@Server01 ~]#lvdisplay /dev/vg0/lv0
```

其中,-L 选项用于设置逻辑卷大小,-n 参数用于指定逻辑卷的名称和卷组的名称。逻辑卷的查看命令还有 lvs 和 lvscan。

2. LVM 逻辑卷的管理

1) 增加新的物理卷到卷组

当卷组中没有足够的空间分配给逻辑卷时,可以用给卷组增加物理卷的方法来增加卷组的空间。需要注意的是,下述命令中的/dev/sdc4 必须为 LVM 类型,而且必须为 PV。

```
[root@Server01 ~]#vgextend vg0 /dev/sdc4
Volume group "vg0" successfully extended
```

2) 逻辑卷容量的动态调整

当逻辑卷的空间不能满足要求时,可以利用 lvextend 命令把卷组中的空闲空间分配到该逻辑卷以扩展逻辑卷的容量。当逻辑卷的空闲空间太大时,可以使用 lvreduce 命令减少逻辑卷的容量。

```
//使用 lvextend 命令增加逻辑卷容量
[root@Server01 ~]#lvextend -L +10M /dev/vg0/lv0
Rounding size to boundary between physical extents: 12.00 MiB.
```

```
    Size of logical volume vg0/lv0 changed from 20.00 MiB (5 extents) to 32.00 MiB (8
extents).
    Logical volume vg0/lv0 successfully resized.
//使用 lvreduce 命令减少逻辑卷容量,但轻易不要使用此操作
[root@Server01 ~]#lvreduce -L -10M /dev/vg0/lv0
    Rounding size to boundary between physical extents: 8.00 MiB.
    WARNING: Reducing active logical volume to 24.00 MiB.
    THIS MAY DESTROY YOUR DATA (filesystem etc.)
Do you really want to reduce vg0/lv0? [y/n]: y
    Size of logical volume vg0/lv0 changed from 32.00 MiB (8 extents) to 24.00 MiB (6
extents).
    Logical volume vg0/lv0 successfully resized.
```

3. 物理卷、卷组和逻辑卷的检查

1）物理卷的检查

```
[root@Server01 ~]#pvscan
    PV /dev/sdc3      VG vg1     lvm2 [496.00 MiB / 496.00 MiB free]
    PV /dev/sdc1      VG vg0     lvm2 [496.00 MiB / 472.00 MiB free]
    PV /dev/sdc2      VG vg0     lvm2 [496.00 MiB / 496.00 MiB free]
    PV /dev/sdc4      VG vg0     lvm2 [496.00 MiB / 496.00 MiB free]
    PV /dev/nvme0n1p6 VG rhel    lvm2 [3.73 GiB / 4.00 MiB free]
    Total: 5 [<5.67 GiB] / in use: 5 [<5.67 GiB] / in no VG: 0 [0]
```

2）卷组的检查

```
[root@Server01 ~]#vgscan
Found volume group "vg1" using metadata type lvm2
Found volume group "vg0" using metadata type lvm2
```

3）逻辑卷的检查

```
[root@Server01 ~]#lvscan
ACTIVE            '/dev/vg0/lv0' [24.00 MiB] inheritt
```

4. 为逻辑卷创建文件系统并加载使用

（1）使用 XFS 文件系统格式化逻辑卷。

```
[root@Server01 ~]#mkfs.xfs /dev/vg0/lv0
meta-data=/dev/vg0/lv0            isize=512     agcount=1, agsize=6144 blks
    ...
```

（2）创建了文件系统以后,就能加载并使用它。

```
[root@Server01 ~]#  mkdir /mnt/test
[root@Server01 ~]#mount  /dev/vg0/lv0 /mnt/test
[root@Server01 ~]#cd  /mnt/test
```

```
[root@Server01 test]#cp  /etc/h * .conf /mnt/test
[root@Server01 test]#ls
host.conf
```

5. 删除逻辑卷、卷组、物理卷（必须按照逻辑卷→卷组→物理卷的顺序删除）

```
[root@Server01 test]#cd
[root@Server01 ~]#umount /dev/vg0/lv0            //卸载逻辑卷
//使用 lvremove 命令删除逻辑卷
[root@Server01 ~]#lvremove /dev/vg0/lv0
Do you really want to remove active logical volume "lv0"? [y/n]: y
  Logical volume "lv0" successfully removed
//使用 vgremove 命令删除卷组
[root@Server01 ~]#vgremove vg0 vg1
  Volume group "vg0" successfully removed
Volume group "vg1" successfully removed
//使用 pvremove 命令删除物理卷
[root@Server01 ~]#pvremove /dev/sdc1 /dev/sdc2 /dev/sdc4
Labels on physical volume "/dev/sdc1" successfully wiped
Labels on physical volume "/dev/sdc2" successfully wiped
Labels on physical volume "/dev/sdc3" successfully wiped.
Labels on physical volume "/dev/sdc4" successfully wiped.
```

5.5　硬盘配额配置企业案例（XFS 文件系统）

Linux 是一个多用户的操作系统，为了防止某个用户或组群占用过多的硬盘空间，可以通过硬盘配额（Disk Quota）功能限制用户和组群对硬盘空间的使用。在 Linux 系统中可以通过索引结点数和硬盘块区数来限制用户和组群对硬盘空间的使用。

① 限制用户和组的索引节点（inode）数是指限制用户和组可以创建的文件数量。

② 限制用户和组的硬盘块（block）数是指限制用户和组可以使用的硬盘容量。

5.5.1　环境需求

（1）目的账户：5 个员工的账户分别是 myquotal、myquota2、myquota3、myquota4 和 myquota5，5 个用户的密码都是 password，且这 5 个用户所属的初始组都是 myquotagrp。其他的账户属性则使用默认值。

（2）账户的硬盘容量限制值：5 个用户都能够取得 300MB 的硬盘使用量，文件数量则不予限制。此外，只要容量使用超过 250MB，就予以警告。

（3）组的配额：由于系统里面还有其他用户存在，因此限制 myquotagrp 这个组最多仅能使用 1GB 的容量。也就是说，如果 myquotal、myquota2 和 myquota3 都用了 280MB 的容量了，那么其他两人最多只能使用（1000MB−280MB×3＝160MB）的硬盘容量。这就是使用者与组同时设定时会产生的效果。

（4）宽限时间的限制：最后，希望每个使用者在超过 soft 限制值之后，都还能够有 14 天的宽限时间。

注意　　本例中的/home 必须是独立分区,文件系统是 xfs。在项目 1 中的配置分区时已有详细介绍。使用命令"df -T /home"可以查看/home 的独立分区的名称。

5.5.2　解决方案

1. 使用脚本建立配额(quota)实训所需的环境

建立账户环境时,由于有 5 个账户,因此使用脚本创建环境。（详细内容查看后面的编程内容）

```
[root@Server01 ~]#vim addaccount.sh
#!/bin/bash
#使用脚本来建立配额实验所需的环境
groupadd myquotagrp
for username in myquota1 myquota2 myquota3 myquota4 myquota5
do
        useradd  -g  myquotagrp $username
        echo  "password"|passwd  --stdin $username
done

[root@Server01 ~]#sh addaccount.sh
```

2. 查看文件系统支持

要使用配额则必须要有文件系统的支持。假设你已经使用了预设支持配额的核心,那么接下来就是要启动文件系统的支持。不过,由于配额仅针对整个文件系统进行规划,所以得先检查一下/home 是否是个独立的文件系统呢? 这需要使用 df 命令。

```
[root@Server01 ~]#df -h  /home
文件系统              容量  已用  可用  已用%    挂载点
/dev/nvme0n1p2  7.5G  86M  7.4G  2%/home  <==/home 是独立分区/dev/nvme0n1p2
[root@Server01 ~]#mount |grep home
/dev/nvme0n1p2 on /home type xfs
(rw,relatime,seclabel,attr2,inode64,noquota)        //noquota 表示未启用配额
```

从上面的数据来看,这部主机的/home 确实是独立的文件系统,因此可以直接限制/dev/nvme0n1p2。如果你的系统的/home 并非独立的文件系统,那么可能就要针对根目录(/)来规范。不过,不建议在根目录设定配额。此外,由于 VFAT 文件系统并不支持 Linux 配额功能,所以要使用 mount 查询一下/home 的文件系统是什么。如果是 ext3/ext4/xfs,则支持配额。

注意　　① /home 的独立分区号可能有所不同,这与项目 1 中分区规划和分区划分的顺序有关,可通过命令 df -h /home 查看。本例中,/home/的独立分区是/dev/nvme0n1p2。② xfs 文件系统的配额设置不同于 ext4 文件系统的配额设置。若希望了解 ext4 的配额设置方法,请向作者索要有关资料。

3. 编辑配置文件 fstab，启用硬盘配额

（1）编辑配置文件 fstab，在/home 目录项下加"uquota,grpquota"参数，存盘退出后重启系统。

```
[root@Server01 ~]#vim /etc/fstab
    …<此处省略若干行>
UUID=0a759e3a-bb79-4b28-9db3-7c413e64ad6c /home          xfs
defaults,uquota,grpquota    0 0
[root@Server01 ~]#reboot
```

（2）在重启系统后使用 mount 命令查看，即可发现/home 目录已经支持硬盘配额技术了。

```
[root@Server01 ~]#  mount | grep home
/dev/nvme0n1p2 on /home type xfs
(rw,relatime,seclabel,attr2,inode64,usrquota,grpquota)
//usrquota 表示对/home 启用了用户硬盘配额,grpquota 表示对/home 启用了组硬盘配额
```

（3）针对/home 目录增加其他人的写入权限，保证用户能够正常写入数据。

```
[root@Server01 ~]#chmod -Rf o+w /home
```

4. 使用 xfs_quota 命令设置硬盘配额

接下来使用 xfs_quota 命令来设置用户 myquota1 对/home 目录的硬盘容量配额。

具体的配额控制包括：硬盘使用量的软限制和硬限制分别为 250MB 和 300MB，文件数量的软限制和硬限制不做要求。

（1）下面配置硬限制和软限制，并打印/home 的配额报告。

```
[root@Server01 ~]#xfs_quota -x -c 'limit bsoft=250m bhard=300m isoft=0 ihard=0
                 myquota1' /home
[root@Server01 ~]#xfs_quota -x -c report /home
User quota on /home (/dev/nvme0n1p2)
                                    Blocks
User ID          Used      Soft      Hard              Warn/Grace
----------       ----      ----      ----              ----------
root               0         0         0               00 [--------]
yangyun         3904         0         0               00 [--------]
myquota1          12    256000    307200               00 [--------]
...
                                    Blocks
Group ID         Used      Soft      Hard              Warn/Grace
----------       ----      ----      ----              ----------
root               0         0         0               00 [--------]
...
```

（2）其他 4 个用户的设定可以使用 xfs_quota 命令复制。

```
#将 myquota1 的限制值复制给其他 4 个账户
[root@Server01 ~]#edquota -p myquota1 -u myquota2
[root@Server01 ~]#edquota -p myquota1 -u myquota3
[root@Server01 ~]#edquota -p myquota1 -u myquota4
[root@Server01 ~]#edquota -p myquota1 -u myquota5
[root@Server01 ~]#xfs_quota -x -c report /home
User quota on /home (/dev/nvme0n1p2)
                                    Blocks
User ID       Used      Soft        Hard        Warn/Grace
----------    --------------------------------------------
root          0         0           0           00 [--------]
yangyun       3904      0           0           00 [--------]
user1         20        0           0           00 [--------]
myquota1      12        256000      307200      00 [--------]
myquota2      12        256000      307200      00 [--------]
myquota3      12        256000      307200      00 [--------]
myquota4      12        256000      307200      00 [--------]
myquota5      12        256000      307200      00 [--------]
...
```

(3) 更改组的配额

配额的单位是 B(Byte,字节),1GB = 1048576B,这就是硬限制数,软件限制设为 900000B。如下所示。配置完成后存盘退出。

```
[root@Server01 ~]#edquota -g myquotagrp
Disk quotas for group myquotagrp(gid 1007)
Filesystem        Blocks     Soft      Hard     inodes   Soft   Hard
/dev/nvme0n1p2        0     900000   1048576      35       0      0
```

这样配置表示 myquota1、myquota2、myquota3、myquota4、myquota5 用户最多使用 300MB 的硬盘空间,超过 250MB 就发出警告并进入倒计时,而 myquota 组最多使用 1GB 的硬盘空间。也就是说,虽然 myquota1 等用户都有 300MB 的最大硬盘空间使用权限,但他们都属于 myquota 组,他们的总量不得超过 1000MB。

(4) 最后,将宽限时间改成 14 天。配置完成后存盘退出。

```
[root@Server01 ~]#edquota -t
Grace period before enforcing soft limits for users:
Time units may be:days,hours,minutes,or seconds
  Filesystem        Block grace period.  Inode grace period
/dev/nvme0n1p2          14days                7days
#原本是 7days,将它改为 14days
```

5. 使用 repquota 命令查看文件系统的配额报表

```
[root@Server01 ~]#repquota /dev/nvme0n1p2
** Report for user quotas on device /dev/nvme0n1p2
Block grace time: 14days; Inode grace time: 7days
```

		Block limits			File limits			
User	used	soft	hard	grace	used	soft	hard	grace
root	-- 0	0	0		3	0	0	
yangyun	-- 48	0	0		16	0	0	
myquota1	**-- 12**	**256000**	**307200**		**7**	**0**	**0**	
myquota2	**-- 12**	**256000**	**307200**		**7**	**0**	**0**	
myquota3	**-- 12**	**256000**	**307200**		**7**	**0**	**0**	
myquota4	**-- 12**	**256000**	**307200**		**7**	**0**	**0**	
myquota5	**-- 12**	**256000**	**307200**		**7**	**0**	**0**	

6. 测试与管理

硬盘配额的测试过程如下（以 myquota1 用户为例）：

```
[root@Server01 ~]# su -myquota1
Last login: Mon May 28 04:41:39 CST 2018 on pts/0
//写入一个 200MB 的文件 file1
[myquota1@Server01 ~]$ dd if=/dev/zero of=file1 count=1 bs=200M
1+0 records in
1+0 records out
209715200 bytes (210 MB) copied, 0.276878 s, 757 MB/s
//再写入一个 200MB 的文件 file2
[myquota1@Server01 ~]$ dd if=/dev/zero of=file2 count=1 bs=200M
dd: 写入'file2' 出错: 超出硬盘限额          //警告
记录了 1+0 的读入
记录了 0+0 的写出
104792064 bytes (105 MB, 100 MiB) copied, 0.177332 s, 591 MB/s
                                          //超过 300MB 部分无法写入
```

 本次实训结束后，请将自动挂载文件**/etc /fstab** 恢复到最初状态，以免后续实训中对**/dev /nvme0n1p2** 等设备的操作影响到挂载，而使系统无法启动。

5.6　项目实录

项目实录一：文件权限管理

1. 观看视频

实训前请扫描二维码观看视频。

2. 项目实训目的

- 掌握利用 chmod 及 chgrp 等命令实现 Linux 文件权限管理。
- 掌握磁盘限额的实现方法。

实训项目　管理文件权限

3. 项目背景

某公司有 60 个员工，分别在 5 个部门工作，每个人的工作内容不同。需要在服务器上为每个人创建不同的账户，把相同部门的用户放在一个组中，每个用户都有自己的工作目录。并且需要根据工作性质对每个部门和每个用户在服务器上的可用空间进行限制。

假设有用户 user1，请设置 user1 对/dev/sdb1 分区的磁盘限额，将 user1 对 blocks 的 soft 设置为 5000，hard 设置为 10000；inodes 的 soft 设置为 5000，hard 设置为 10000。

4. 项目实训内容

练习 chmod、chgrp 等命令的使用，练习在 Linux 下实现磁盘限额的方法。

5. 做一做

根据项目实录视频进行项目的实训，检查学习效果。

项目实录二：文件系统管理

1. 观看视频

实训前请扫描二维码观看视频。

实训项目　管理文件系统

2. 项目实训目的

- 掌握 Linux 下文件系统的创建、挂载与卸载。
- 掌握文件系统的自动挂载。

3. 项目背景

某企业的 Linux 服务器中新增了一块硬盘/dev/sdb，请使用 fdisk 命令新建/dev/sdb1 主分区和/dev/sdb2 扩展分区，在扩展分区中新建逻辑分区/dev/sdb5，并使用 mkfs 命令分别创建 vfat 和 ext3 文件系统。然后用 fsck 命令检查这两个文件系统。最后，把这两个文件系统挂载到系统上。

4. 项目实训内容

练习 Linux 系统下文件系统的创建、挂载与卸载及自动挂载的实现。

5. 做一做

根据项目实录视频进行项目的实训，检查学习效果。

项目实录三：LVM 逻辑卷管理器

1. 观看视频

实训前请扫描二维码观看视频。

实训项目　管理 LVM 逻辑卷

2. 项目实训目的

- 掌握创建 LVM 分区类型的方法。
- 掌握 LVM 逻辑卷管理的基本方法。

3. 项目背景

某企业在 Linux 服务器中新增了一块硬盘/dev/sdb，要求 Linux 系统的分区能自动调整磁盘容量。请使用 fdisk 命令新建/dev/sdb1、/dev/sdb2、/dev/sdb3 和/dev/sdb4 分区，都为 LVM 类型,并在这四个分区上创建物理卷、卷组和逻辑卷。最后将逻辑卷挂载。

4. 项目实训内容

物理卷、卷组、逻辑卷的创建;卷组、逻辑卷的管理。

5. 做一做

根据项目实录视频进行项目的实训,检查学习效果。

项目实录四:动态磁盘管理

1. 观看视频

实训前请扫描二维码观看视频。

2. 项目实训目的

掌握 Linux 系统中利用 RAID 技术实现磁盘阵列的管
理方法。

实训项目　管理动态磁盘

3. 项目背景

某企业为了保护重要数据,购买了四块同一厂家的 SCSI 硬盘。要求在这四块硬盘上创
建 RAID5 卷,以实现磁盘容错。

4. 项目实训内容

利用 mdadm 命令创建并管理 RAID 卷。

5. 做一做

根据项目实录视频进行项目的实训,检查学习效果。

5.7　练习题

一、选择题

1. 假定 Kernel 支持 vfat 分区,(　　)操作是将/dev/hda1(一个 Windows 分区)加载
到/win 目录。

　　A. mount -t windows /win /dev/hda1

　　B. mount -fs＝msdos　/dev/hda1　/win

　　C. mount -s　win　/dev/hda1 /win

　　D. mount -t vfat /dev/hda1 /win

2. 关于/etc/fstab 的正确描述是(　　)。

　　A. 启动系统后,由系统自动产生

　　B. 用于管理文件系统信息

　　C. 用于设置命名规则,设置是否可以使用 TAB 来命名一个文件

　　D. 保存硬件信息

3. 存放 Linux 基本命令的目录是(　　)。

　　A. /bin　　　　　　　B. /tmp　　　　　　　C. /lib　　　　　　　D. /root

4. 对于普通用户创建的新目录,(　　)是默认的访问权限。

A. rwxr-xr-x   B. rw-rwxrw-   C. rwxrw-rw-   D. rwxrwxrw-

5. 如果当前目录是/home/sea/china，那么 china 的父目录是（   ）目录。

     A. /home/sea   B. /home/   C. /   D. /sea

6. 系统中有用户 user1 和 user2，同属于 users 组。在 user1 用户目录下有一文件 file1，它拥有 644 的权限，如果 user2 想修改 user1 用户目录下的 file1 文件，应拥有（   ）权限。

     A. 744   B. 664   C. 646   D. 746

7. 在一个新分区上建立文件系统应该使用（   ）命令。

     A. fdisk   B. makefs   C. mkfs   D. format

8. 用 ls -al 命令列出下面的文件列表，其中（   ）文件是符号链接文件。

     A. -rw-------   2 hel-s   users   56   Sep 09 11:05   hello

     B. -rw-------   2 hel-s   users   56   Sep 09 11:05   goodbey

     C. drwx-----   1 hel   users   1024   Sep 10 08:10   zhang

     D. lrwx-----   1 hel   users   2024   Sep 12 08:12   cheng

9. Linux 文件系统的目录结构是一棵倒挂的树，文件都按其作用分门别类地放在相关的目录中。现有一个外围设备文件，应该将其放在（   ）目录中。

     A. /bin   B. /etc   C. /dev   D. lib

10. 如果 umask 设置为 022，创建的文件权限默认为（   ）。

     A. ----w--w-   B. -rwxr-xr-x   C. -r-xr-x---   D. rw-r--r--

二、填空题

1. 文件系统是磁盘上有特定格式的一片区域，操作系统利用文件系统和_____文件。

2. ext 文件系统在 1992 年 4 月完成，称为_____，是第一个专门针对 Linux 操作系统的文件系统。Linux 系统使用_____文件系统。

3. _____是光盘所使用的标准文件系统。

4. Linux 的文件系统是采用阶层式的_____结构，在该结构中的最上层是_____。

5. 默认的权限可用_____命令修改，用法非常简单，只需执行_____命令，便代表屏蔽所有的权限，因而之后建立的文件或目录，其权限都变成_____。

6. 在 Linux 系统安装时，可以采用_____、_____和_____等方式进行分区。除此之外，在 Linux 系统中还有_____、_____、_____等分区工具。

7. RAID 的中文全称是_____，用于将多个小型磁盘驱动器合并成一个_____，以提高存储性能和_____功能。RAID 可分为_____和_____，软 RAID 通过软件实现多块硬盘_____。

8. LVM 的中文全称是_____，最早应用在 IBM AIX 系统上。它的主要作用是_____及调整磁盘分区大小，并且可以让多个分区或者物理硬盘作为_____来使用。

9. 可以通过_____和_____来限制用户和组群对磁盘空间的使用。

三、简答题

1. RAID 技术主要是为了解决什么问题呢？

2. RAID0 和 RAID5 哪个更安全？

3. 位于 LVM 最底层的是物理卷还是卷组？

4. LVM 对逻辑卷的扩容和缩容操作有何异同点呢？

5. LVM 的快照卷能使用几次？

6. LVM 的删除顺序是怎么样的？

第 6 章
配置防火墙和 SELinux

防火墙是一种非常重要的网络安全工具,利用防火墙可以保护企业内部网络免受外网的威胁,作为网络管理员,掌握防火墙的安装与配置非常重要。本章重点介绍 iptables 和 squid 两类防火墙的配置。

学习要点

- 防火墙的分类及工作原理。
- firewall 防火墙的配置。
- NAT。

6.1 防火墙概述

防火墙的本义是指一种防护建筑物。古代建造木质结构房屋的时候,为了防止火灾的发生和蔓延,人们在房屋周围将石块堆砌成石墙,这种防护构筑物就称为"防火墙"。

6.1.1 防火墙的特点

通常所说的网络防火墙是套用了古代的防火墙的喻义,它指的是隔离在本地网络与外界网络之间的一道防御系统。防火墙可以使企业内部局域网与 Internet 之间或者与其他外部网络间互相隔离、限制网络互访,以此来保护内部网络。

防火墙通常具备以下几个特点。

(1) 位置权威性。网络规划中,防火墙必须位于网络的主干线路。只有当防火墙是内、外部网络之间通信的唯一通道时,才可以全面、有效地保护企业内部的网络安全。

(2) 检测合法性。防火墙最基本的功能是确保网络流量的合法性,只有满足防火墙策略的数据包才能够进行相应转发。

(3) 性能稳定性。防火墙处于网络边缘,它是连接网络的唯一通道,时刻都会经受网络入侵的考验,所以其稳定性对于网络安全而言,至关重要。

防火墙的分类方法多种多样,不过从传统意义上讲,防火墙大致可以分为三大类,分别是"包过滤""应用代理"和"状态检测"。无论防火墙的功能多么强大,性能多么完善,归根结底都是在这三种技术的基础之上进行功能扩展的。

6.1.2　iptables 与 firewall

对于 Linux 服务器而言,采用 netfilter/iptables 数据包过滤系统,能够节约软件成本,并可以提供强大的数据包过滤控制功能,iptables 是理想的防火墙解决方案。

在 RHEL 8 系统中,firewalld 防火墙取代了 iptables 防火墙。就现实而言,iptables 与 firewalld 都不是真正的防火墙,它们都只是用来定义防火墙策略的防火墙管理工具而已,或者说,它们只是一种服务。iptables 服务会把配置好的防火墙策略交由内核层面的 netfilter 网络过滤器来处理,而 firewalld 服务则是把配置好的防火墙策略交由内核层面的 nftables 包过滤框架来处理。换句话来说,当前在 Linux 系统中其实存在多个防火墙管理工具,旨在方便运维人员管理 Linux 系统中的防火墙策略,只需要配置妥当其中的一个就足够了。虽然这些工具各有优劣,但它们在防火墙策略的配置思路上是保持一致的。

6.1.3　NAT 基础知识

NAT(Network Address Translator,网络地址转换器)位于使用专用地址的 Intranet 和使用公用地址的 Internet 之间,主要具有以下几种功能。

(1) 从 Intranet 传出的数据包由 NAT 将它们的专用地址转换为公用地址。

(2) 从 Internet 传入的数据包由 NAT 将它们的公用地址转换为专用地址。

(3) 支持多重服务器和负载均衡。

(4) 实现透明代理。

这样在内网中计算机使用未注册的专用 IP 地址,而在与外部网络通信时,使用注册的公用 IP 地址,大幅降低了连接成本。同时 NAT 也起到将内部网络隐藏起来,保护内部网络的作用,因为对外部用户来说,只有使用公用 IP 地址的 NAT 是可见的,类似于防火墙的安全措施。

1. NAT 的工作过程

(1) 客户机将数据包发给运行 NAT 的计算机。

(2) NAT 将数据包中的端口号和专用的 IP 地址换成它自己的端口号和公用的 IP 地址,然后将数据包发给外部网络的目的主机,同时在映像表中记录一个跟踪信息,以便向客户机发送回答信息。

(3) 外部网络发送回答信息给 NAT。

(4) NAT 将收到的数据包的端口号和公用 IP 地址转换为客户机的端口号和内部网络使用的专用 IP 地址并转发给客户机。

以上步骤对于网络内部的主机和网络外部的主机都是透明的,对它们来讲就如同直接通信一样。

NAT 的工作过程(见图 6-1)如下。

(1) 192.168.0.2 用户使用 Web 浏览器连接到位于 202.202.163.1 的 Web 服务器,用户计算机将创建带有下列信息的 IP 数据包。

- 目标 IP 地址:202.202.163.1
- 源 IP 地址:192.168.0.2
- 目标端口:TCP 端口 80

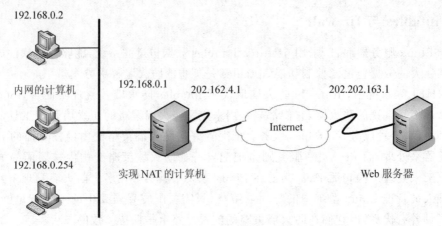

图 6-1　NAT 的工作过程

• 源端口：TCP 端口 1350

（2）IP 数据包转发到运行 NAT 的计算机上，它将传出的数据包地址转换成下面的形式。

• 目标 IP 地址：202.202.163.1
• 源 IP 地址：202.162.4.1
• 目标端口：TCP 端口 80
• 源端口：TCP 端口 2 500

（3）NAT 协议在表中保留了{192.168.0.2，TCP 1350}到{202.162.4.1，TCP 2500}的映射，以便回传。

（4）转发的 IP 数据包是通过 Internet 发送的。Web 服务器响应通过 NAT 协议发回和接收。当接收时，数据包包含下面的公用地址信息。

• 目标 IP 地址：202.162.4.1
• 源 IP 地址：202.202.163.1
• 目标端口：TCP 端口 2 500
• 源端口：TCP 端口 80

（5）NAT 协议检查转换表，将公用地址映射到专用地址，并将数据包转发给位于 192.168.0.2 的计算机。转发的数据包包含以下地址信息。

• 目标 IP 地址：192.168.0.2
• 源 IP 地址：202.202.163.1
• 目标端口：TCP 端口 1 350
• 源端口：TCP 端口 80

对于来自 NAT 协议的传出数据包，源 IP 地址（专用地址）被映射到 ISP 分配的地址（公用地址），并且 TCP/UDP 端口号也会被映射到不同的 TCP/UDP 端口号。

对于到 NAT 协议的传入数据包，目标 IP 地址（公用地址）被映射到源 Internet 地址（专用地址），并且 TCP/UDP 端口号被重新映射回源 TCP/UDP 端口号。

2. NAT 的分类

（1）SNAT（Source NAT，源 NAT）：指修改第一个包的源 IP 地址。SNAT 会在包送出

之前的最后一刻做好 Post-Routing 的动作。Linux 中的 IP 伪装（MASQUERADE）就是 SNAT 的一种特殊形式。

（2）DNAT（Destination NAT，目的 NAT）：指修改第一个包的目的 IP 地址。DNAT 总是在包进入后立刻进行 Pre-Routing 动作。端口转发、负载均衡和透明代理均属于 DNAT。

6.1.4　SELinux

SELinux（Security-Enhanced Linux，安全增强型 Linux）是美国国家安全局（National Security Agency，NSA）对于强制访问控制的实现，是 Linux 历史上最杰出的新安全子系统。NSA 是在 Linux 社区的帮助下开发了一种访问控制体系，在这种访问控制体系的限制下，进程只能访问那些在它的任务中所需要的文件。2.6 及以上版本的 Linux 内核都已经集成了 SELinux 模块。学好 SELinux 是每个 Linux 系统管理员的必修课。

1. DAC

Linux 上传统的访问控制标准是 DAC（Discretionary Access Control，自主访问控制）。在这种形式下，一个软件或守护进程以 UID（User ID）或 SUID（Set owner User ID）的身份运行，并且拥有该用户的目标（文件、套接字以及其他进程）权限。这使恶意代码很容易运行在特定权限之下，从而取得访问关键的子系统的权限。而最致命问题是，root 用户不受任何管制，系统上任何资源都可以无限制地被访问。

2. MAC

在使用了 SELinux 的操作系统中，决定一个资源是否能被访问的因素除了上述因素之外，还需要判断每一类进程是否拥有对某一类资源的访问权限。

这样即使进程是以 root 身份运行的，也需要判断这个进程的类型以及允许访问的资源类型才能决定是否允许访问某个资源。进程的活动空间也可以被压缩到最小。即使是以 root 身份运行的服务进程，一般也只能访问到它所需要的资源。即使程序出了漏洞，影响范围也只在其允许访问的资源范围内，安全性大幅增加。这种权限管理机制的主体是进程，也称为 MAC（Mandatory Access Control，强制访问控制）。

SELinux 实际上就是 MAC 理论最重要的实现之一，并且 SELinux 从架构上允许 DAC 和 MAC 两种机制都可以起作用，所以，在 RHEL 8 系统中，实际上 DAC 和 MAC 机制是共同使用的，两种机制共同过滤作用能达到更好的安全效果。

3. SELinux 工作机制

与 SELinux 相关的概念如下所示。

- 主体：Subject
- 目标：Object
- 策略：Policy
- 模式：Mode

当一个主体 Subject（如一个程序）尝试访问一个目标 Object（如一个文件）时，在内核中的 SELinux 安全服务器（SELinux Security Server）将在策略数据库（Policy Database）中运行检查。该检查基于当前的模式，如果 SELinux 安全服务器授予权限，该主体就能够访问该目标。如果 SELinux 安全服务器拒绝了权限,就会在/var/log/messages 中记录一条拒绝信息。

6.2 案例设计及准备

在网络建立初期,人们只考虑如何实现通信而忽略了网络的安全。

大量拥有内部地址的机器组成了企业内部网,那么如何连接内部网与 Internet? iptables、firewall、NAT 服务器将是很好的选择,它们能够解决内部网访问 Internet 的问题并提供访问的优化和控制功能。

本项目在安装有企业版 Linux 网络操作系统的服务器 Server01 和 Server02 上配置 firewall 和 NAT,项目配置拓扑图会在 6.6 节中详细说明。

部署 firewall 和 NAT 应满足下列需求。

(1)安装好企业版 Linux 网络操作系统,并且必须保证常用服务正常工作。客户端使用 Linux 或 Windows 网络操作系统。服务器和客户端能够通过网络进行通信。

(2)或者利用虚拟机设置网络环境。

(3)3 台安装好 RHEL 8 的计算机。

(4)本项目要完成的任务如下。

① 安装与配置 firewall。

② 配置 SNAT 和 DNAT。

Linux 服务器和客户端的地址信息如表 6-1 所示(可以使用 VM 的克隆技术快速安装需要的 Linux 客户端)。

表 6-1　Linux 服务器和客户端的地址信息

主 机 名 称	操作系统	IP 地址	角　　色
内网 NAT 客户端:Server01	RHEL 8	IP:192.168.10.1(VMnet1) 默认网关:192.168.10.20	Web 服务器、firewall 防火墙
防火墙:Server02	RHEL 8	IP1:192.168.10.20(VMnet1) IP2:202.112.113.112(VMnet8)	firewall SNAT、DNAT
外网 NAT 客户端:Client1	RHEL 8	202.112.113.113(VMnet8)	Web、firewalld 防火墙

6.3 使用 firewalld 服务

RHEL 8 系统集成了多款防火墙管理工具,其中 firewalld 提供了支持网络/防火墙区域定义网络链接以及接口安全等级的动态防火墙管理工具——Linux 系统的动态防火墙管理器(Dynamic Firewall Manager of Linux Systems)。Linux 系统的动态防火墙管理器拥有基于 CLI(命令行界面)和基于 GUI(图形用户界面)的两种管理方式。

相较于传统的防火墙管理配置工具,firewalld 支持动态更新技术并加入了区域的概念。简单来说,区域就是 firewalld 预先准备了几套防火墙策略集合(策略模板),用户可以根据生产场景的不同选择合适的策略集合,从而实现防火墙策略之间的快速切换。例如,有一台笔记本电脑,每天都要在办公室、咖啡厅和家里使用。按常理来讲,这三者的安全性按照由高到低的顺序排列,应该是家庭、公司办公室、咖啡厅。当前,希望为这台笔记本电脑指定如下防火墙策略规则:在家中允许访问所有服务;在办公室内仅允许访问文件共享服务;在咖啡厅仅允许上网浏览。在以往,需要频繁地手动设置防火墙策略规则,而现在只需要预设好区域集合,然后轻点鼠标就可以自动切换了,从而极大地提升了防火墙策略的应用效率。firewalld 中常见的区域名称(默认为 public)以及相应的策略规则如表 6-2 所示。

表 6-2　firewalld 中常用的区域名称以及相应的策略规则

区　　域	默认策略规则
trusted	允许所有的数据包
home	拒绝流入的流量,除非与流出的流量相关;而如果流量与 SSH、mdns、ipp-client、amba-client 与 dhcpv6-client 服务相关,则允许流量
internal	等同于 home 区域
work	拒绝流入的流量,除非与流出的流量数相关;而如果流量与 SSH、ipp-client 与 dhcpv6-client 服务相关,则允许流量
public	拒绝流入的流量,除非与流出的流量相关;而如果流量与 SSH、dhcpv6-client 服务相关,则允许流量
external	拒绝流入的流量,除非与流出的流量相关;而如果流量与 SSH 服务相关,则允许流量
dmz	拒绝流入的流量,除非与流出的流量相关;而如果流量与 SSH 服务相关,则允许流量
block	拒绝流入的流量,除非与流出的流量相关
drop	拒绝流入的流量,除非与流出的流量相关

6.3.1　使用终端管理工具

命令行终端是一种极富效率的工作方式,firewall-cmd 是 firewalld 防火墙配置管理工具的 CLI(命令行界面)版本。它的参数一般都是以“长格式”来提供的,但幸运的是,RHEL 8 系统支持部分命令的参数补齐。现在除了能用 Tab 键自动补齐命令或文件名等内容之外,还可以用 Tab 键来补齐表 6-3 中的长格式参数。

表 6-3　firewall-cmd 命令中使用的参数以及作用

参　　　数	作　　　用
--get-default-zone	查询默认的区域名称
--set-default-zone=＜区域名称＞	设置默认的区域,使其永久生效
--get-zones	显示可用的区域
--get-services	显示预先定义的服务
--get-active-zones	显示当前正在使用的区域与网卡名称
--add-source=	将源自此 IP 或子网的流量导向指定的区域
--remove-source=	不再将源自此 IP 或子网的流量导向某个指定区域
--add-interface=＜网卡名称＞	将源自该网卡的所有流量都导向某个指定区域
--change-interface=＜网卡名称＞	将某个网卡与区域关联
--list-all	显示当前区域的网卡配置参数、资源、端口以及服务等信息

参　数	作　用
--list-all-zones	显示所有区域的网卡配置参数、资源、端口以及服务等信息
--add-service=＜服务名＞	设置默认区域允许该服务的流量
--add-port=＜端口号/协议＞	设置默认区域允许该端口的流量
--remove-service=＜服务名＞	设置默认区域不再允许该服务的流量
--remove-port=＜端口号/协议＞	设置默认区域不再允许该端口的流量
--reload	让"永久生效"的配置规则立即生效,并覆盖当前的配置规则
--panic-on	开启应急状况模式
--panic-off	关闭应急状况模式

　　与 Linux 系统中其他的防火墙策略配置工具一样,使用 firewalld 配置的防火墙策略默认为运行时模式,又称为当前生效模式,而且系统重启后会失效。如果想让配置策略一直存在,就需要使用永久模式,方法就是在用 firewall-cmd 命令正常设置防火墙策略时添加--permanent 参数,这样配置的防火墙策略就可以永久生效了。但是,永久生效模式有一个"不近人情"的特点,就是使用它设置的策略只有在系统重启之后才能自动生效。如果想让配置的策略立即生效,需要手动执行 firewall-cmd --reload 命令。

　　接下来的实验都很简单,但是提醒大家一定要仔细查看这里使用的是运行时模式还是永久模式。如果不关注这个细节,即使正确配置了防火墙策略,也可能无法达到预期的效果。

　　1) systemctl 命令速查

```
systemctl unmask firewalld              #执行命令,即可实现取消服务的锁定
systemctl mask firewalld                #下次需要锁定该服务时执行
systemctl start firewalld.service       #启动防火墙
systemctl stop firewalld.service        #停止防火墙
systemctl reloadt firewalld.service     #重载配置
systemctl restart firewalld.service     #重启服务
systemctl status firewalld.service      #显示服务的状态
systemctl enable firewalld.service      #在开机时启用服务
systemctl disable firewalld.service     #在开机时禁用服务
systemctl is-enabled firewalld.service  #查看服务是否开机启动
systemctl list-unit-files|grep enabled  #查看已启动的服务列表
systemctl --failed                      #查看启动失败的服务列表
```

　　2) firewall-cmd 命令速查

```
firewall-cmd --state                    #查看防火墙状态
firewall-cmd --reload                   #更新防火墙规则
firewall-cmd --state                    #查看防火墙状态
firewall-cmd --reload                   #重载防火墙规则
firewall-cmd --list-ports               #查看所有打开的端口
firewall-cmd --list-services            #查看所有允许的服务
firewall-cmd --get-services             #获取所有支持的服务
```

3）区域相关命令速查

```
firewall-cmd --list-all-zones              #查看所有区域信息
firewall-cmd --get-active-zones            #查看活动区域信息
firewall-cmd --set-default-zone=public     #设置 public 为默认区域
firewall-cmd --get-default-zone            #查看默认区域信息
firewall-cmd --zone=public --add-interface=eth0   #将接口 eth0 加入区域 public
```

4）接口相关命令速查

```
firewall-cmd --zone=public --remove-interface=ens160
                                     #从区域 public 中删除接口 ens160
firewall-cmd --zone=default --change-interface=ens160
                                     #修改接口 ens160 所属区域为 default
firewall-cmd --get-zone-of-interface=ens160  #查看接口 ens160 所属区域
```

5）端口控制命令速查

```
firewall-cmd --add-port=80/tcp --permanent       #永久添加 80 端口例外(全局)
firewall-cmd --remove-port=80/tcp --permanent    #永久删除 80 端口例外(全局)
firewall-cmd --add-port=65001-65010/tcp --permanent
                                     #永久增加 65001-65010 例外(全局)
firewall-cmd --zone=public --add-port=80/tcp --permanent
#永久添加 80 端口例外(区域 public)
firewall-cmd --zone=public --remove-port=80/tcp --permanent
#永久删除 80 端口例外(区域 public)
firewall-cmd --zone=public --add-port=65001-65010/tcp --permanent
#永久增加 65001-65010 例外(区域 public)
firewall-cmd --query-port=8080/tcp               #查询端口是否开放
firewall-cmd --permanent --add-port=80/tcp       #开放 80 端口
firewall-cmd --permanent --remove-port=8080/tcp  #移除端口
firewall-cmd --reload                            #重启防火墙(修改配置后要重启防火墙)
```

6）使用终端管理工具实例

（1）查看 firewalld 服务当前状态和使用的区域。

```
[root@Server01 ~]#firewall-cmd --state          #查看防火墙状态
[root@Server01 ~]#systemctl restart firewalld
[root@Server01 ~]#firewall-cmd --get-default-zone  #查看默认域
public
```

（2）查询防火墙生效 ens160 网卡在 firewalld 服务中的区域。

```
[root@Server01?~]#firewall-cmd --get-active-zones     #查看当前防火墙中生效的域
[root@Server01?~]#firewall-cmd --set-default-zone=trusted  #设定默认域
```

（3）把 firewalld 服务中 ens160 网卡的默认区域修改为 external，并在系统重启后生效。分别查看当前与永久模式下的区域名称。

```
[root@Server01  ~]#firewall-cmd --list-all --zone=work     //查看指定域的防火墙策略
[root@Server01  ~]#firewall-cmd  --permanent  --zone=external  --change-
                    interface=ens160
success
[root@Server01  ~]#firewall-cmd --get-zone-of-interface=ens160
trusted
[root@Server01   ~]# firewall-cmd  --permanent  --get-zone-of-interface
                    =ens160
no  zone
```

(4) 把 firewalld 服务的当前默认区域设置为 public。

```
[root@Server01  ~]#firewall-cmd --set-default-zone=public
[root@Server01  ~]#firewall-cmd --get-default-zone
public
```

(5) 启动/关闭 firewalld 防火墙服务的应急状况模式,阻断一切网络连接(当远程控制服务器时请慎用)。

```
[root@Server01?~]#firewall-cmd?--panic-on
success
[root@Server01?~]#firewall-cmd?--panic-off
success
```

(6) 查询 public 区域是否允许请求 SSH 和 HTTPS 协议的流量。

```
[root@Server01  ~]#firewall-cmd  --zone=public  --query-service=ssh
yes
[root@Server01  ~]#firewall-cmd  --zone=public  --query-service=https
no
```

(7) 把 firewalld 服务中请求 HTTPS 协议的流量设置为永久允许,并立即生效。

```
[root@Server01  ~]#firewall-cmd --get-services          #查看所有可以设定的服务
[root@Server01  ~]#firewall-cmd  --zone=public  --add-service=https
[root@Server01  ~]#firewall-cmd  --permanent  --zone=public  --add-service
                    =https
[root@Server01  ~]#firewall-cmd --reload
[root@Server01  ~]#firewall-cmd --list-all              #查看生效的防火墙策略
success
[root@Server01  ~]#firewall-cmd --list-all              #查看生效的防火墙策略
```

(8) 把 firewalld 服务中请求 HTTPS 协议的流量设置为永久拒绝,并立即生效。

```
[root@Server01   ~]# firewall-cmd  --permanent  --zone=public  --remove-
                    service=https
success
[root@Server01  ~]#firewall-cmd  --reload
[root@Server01  ~]#firewall-cmd --list-all              #查看生效的防火墙策略
```

(9) 把在 firewalld 服务中访问 8088 和 8089 端口的流量策略设置为允许,但仅限当前生效。

```
[root@Server01 ~]#firewall-cmd --zone=public --add-port=8088-8089/tcp
success
[root@Server01 ~]#firewall-cmd --zone=public --list-ports
8088-8089/tcp
```

firewalld 中的富规则表示更细致、更详细的防火墙策略配置,它可以针对系统服务、端口号、源地址和目标地址等诸多信息进行更有针对性的策略配置。它的优先级在所有的防火墙策略中也是最高的。

6.3.2　使用图形管理工具

firewall-config 是 firewalld 防火墙配置管理工具的 GUI(Graphical User Interface,图形用户界面)版本,几乎可以实现所有以命令行来执行的操作。毫不夸张地说,即使读者没有扎实的 Linux 命令基础,也完全可以通过它来妥善配置 RHEL 8 中的防火墙策略。

firewall-config 默认没有安装。

1) 安装 firewall-config

```
[root@Server01 ~]#mount /dev/cdrom /media
[root@Server01 ~]#vim /etc/yum.repos.d/dvd.repo
[root@Server01 ~]#dnf install firewall-config -y
```

2) 启动图形界面的 firewall

安装完成后,计算机的"活动"菜单中就会出现防火墙图标，,在终端中输入命令:firewall-config 或者单击"活动"→"防火墙"命令,打开如图 6-2 所示的界面,其功能具体如下。

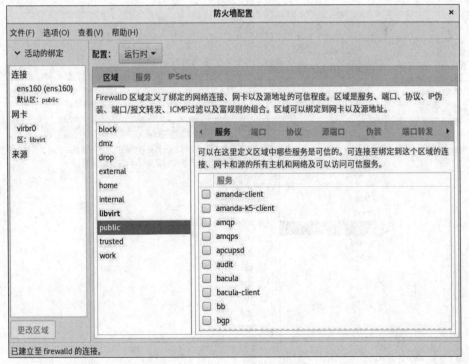

图 6-2　firewall-config 的界面

① 选择运行时模式或永久模式的配置。

② 可选的策略集合区域列表。

③ 常用的系统服务列表。

④ 当前正在使用的区域。

⑤ 管理当前被选中区域中的服务。

⑥ 管理当前被选中区域中的端口。

⑦ 开启或关闭 SNAT 技术。

⑧ 设置端口转发策略。

⑨ 控制请求 ICMP 服务的流量。

⑩ 管理防火墙的富规则。

⑪ 管理网卡设备。

⑫ 被选中区域的服务,若勾选了相应服务前面的复选框,则表示允许与之相关的流量。

⑬ firewall-config 工具的运行状态。

在使用 firewall-config 工具配置完防火墙策略之后,无须进行二次确认,因为只要有修改内容,它就自动保存。

下面进入动手实践环节。

(1) 将当前区域中请求 http 服务的流量设置为允许,但仅限当前生效。具体配置如图 6-3 所示。

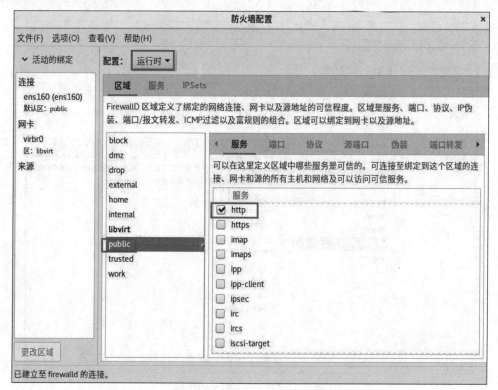

图 6-3　放行请求 http 服务的流量

（2）尝试添加一条防火墙策略规则，使其放行访问 8088～8089 端口（TCP）的流量，并将其设置为永久生效，以达到系统重启后防火墙策略依然生效的目的。

① 选择"端口"→"添加"命令，打开如图 6-4 所示的界面。

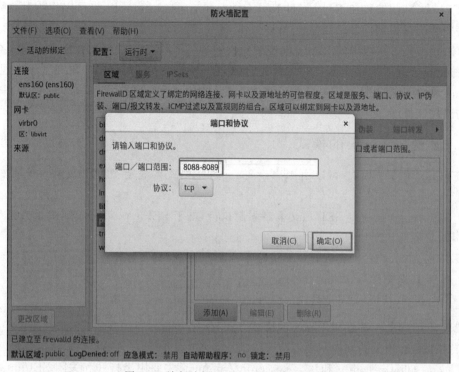

图 6-4　放行访问 8088～8089 端口的流量

② 配置完毕后单击"确定"按钮。

③ 选择"选项"→"重载防火墙"命令，让配置的防火墙策略立即生效，如图 6-5 所示。这与在命令行中执行--reload 选项的效果一样。

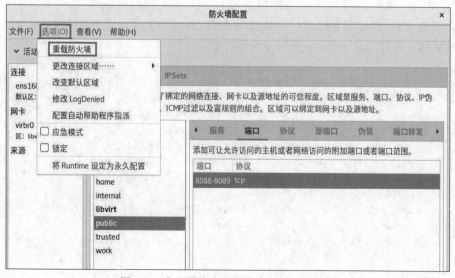

图 6-5　让配置的防火墙策略规则立即生效

6.4　管理 SELinux

SELinux 默认安装在 Fedora 和 Red Hat Enterprise Linux 上,也可以作为其他发行版上容易安装的包得到。

SELinux 是 2.6 版本的 Linux 内核中提供的 MAC 系统。对于可用的 Linux 安全模块来说,SELinux 是功能最全面且测试最充分的,它是经过 20 年的 MAC 研究基础上建立的。SELinux 在类型强制服务器中合并了多级安全性或一种可选的多类策略,并采用了基于角色的访问控制概念。

6.4.1　设置 SELinux 的模式

SELinux 有 3 个模式(可以由用户设置)。这些模式将规定 SELinux 在主体请求时如何应对。这些模式如下。

- Enforcing(强制):SELinux 策略强制执行,基于 SELinux 策略规则授予或拒绝主体对目标的访问权限。
- Permissive(宽容):SELinux 策略不强制执行,没有实际拒绝访问,但会有拒绝信息写入日志文件/var/log/messages。
- Disabled(禁用):完全禁用 SELinux,使 SELinux 不起作用。

1. 使用配置文件设置 SELinux 的模式

与 SELinux 相关的文件主要有以下 3 类。

- /etc/selinux/config 和/etc/sysconfig/selinux:主要用于打开和关闭 SELinux。
- /etc/selinux/targeted/contexts:主要用于对 contexts 的配置。contexts 是 SELinux 的安全上下文,是 SELinux 实现安全访问的重要功能。
- /etc/selinux/targeted/policy:SELinux 策略文件。

对于大多数用户而言,直接修改/etc/selinux/config 和/etc/sysconfig/selinux 文件来控制是否启用 SELinux 就可以了。另外应注意,/etc/sysconfig/selinux 文件是/etc/selinux/config 的链接文件,所以只要修改一个文件的内容,另一个文件会同步改变。

【例 6-1】　查看/etc/selinux/config 文件。

```
[root@Server01 ~]#cat /etc/selinux/config -n
    1
    2  #This file controls the state of SELinux on the system.
    3  #SELINUX= can take one of these three values:
    4  #enforcing -SELinux security policy is enforced.
    5  #permissive -SELinux prints warnings instead of enforcing.
    6  #disabled -No SELinux policy is loaded.
    7  SELINUX=permissive
    8  #SELINUXTYPE=can take one of these three values:
    9  #targeted -Targeted processes are protected,
   10  #minimum -Modification of targeted policy. Only selected processes are protected.
   11  #mls -Multi Level Security protection.
   12  SELINUXTYPE=targeted
```

2. 使用命令行命令设置 SELinux 的模式

读者可以使用命令行命令 setenforce 来更改 SELinux 的模式。

【例 6-2】　将 SELinux 模式改为宽容模式。

```
[root@Server01 ~]#getenforce              #检查当前 SELinux 的运行状态
Enforcing
[root@Server01 ~]#setenforce Permissive   #切换到宽容模式(Permissive)
[root@Server01 ~]#getenforce
Permissive
[root@Server01 ~]#setenforce 1            #1代表强制模式(Enforcing)
[root@Server01 ~]#getenforce
Enforcing
[root@Server01 ~]#setenforce 0            #0代表宽容模式(Permissive)
[root@Server01 ~]#getenforce
Permissive
[root@Server01 ~]#sestatus                #查看 SELinux 的运行状态
SELinux status:              enabled
SELinuxfs mount:             /sys/fs/selinux
SELinux root directory:      /etc/selinux
Loaded policy name:          targeted
Current mode:                permissive
Mode from config file:       permissive
Policy MLS status:           enabled
Policy deny_unknown status:  allowed
Memory protection checking:  actual (secure)
Max kernel policy version:   31
```

6.4.2　设置 SELinux 安全上下文

在运行 SELinux 的系统中,所有的进程和文件都被标记上与安全有关的信息,这就是安全上下文(简称上下文)。查看用户、进程和文件的命令都带有一个选项 Z(大写字母),可以通过此选项查看安全上下文。

【例 6-3】　使用命令查看用户、文件和进程的安全上下文。

```
[root@Server01 ~]#id -Z      #查看用户的安全上下文
unconfined_u:unconfined_r:unconfined_t:s0-s0:c0.c1023
[root@Server01 ~]#ls -Zl     #查看文件的安全上下文
总用量 8
drwxr-xr-x. 2 root root unconfined_u:object_r:admin_home_t:s0      6 8月   18 16:13
公共
drwxr-xr-x. 2 root root unconfined_u:object_r:admin_home_t:s0      6 8月   18 16:13
模板
…………………………………………
-rw-r--r--. 1 root root system_u:object_r:admin_home_t:s0      1877 8月   18 16:11
initial-setup-ks.cfg
[root@Server01 ~]#ps -Z      #查看进程的安全上下文
```

```
LABEL                                                      PID TTY     TIME    CMD
unconfined_u:unconfined_r:unconfined_t:s0-s0:c0.c1023 2948  pts/0   00:00:00  bash
unconfined_u:unconfined_r:unconfined_t:s0-s0:c0.c1023 3020  pts/0   00:00:00   ps
```

安全上下文由五个安全元素所组成。

- user：指示登录系统的用户类型，如 root、user_u、system_u 等，多数本地进程属于自由进程。
- role：定义文件、进程和用户的用途，如 object_r 和 system_r。
- type：指定主体、客体的数据类型，规则中定义了何种进程类型访问何种文件。
- sensitivity：由组织定义的分层安全级别，如 unclassified、secret 等。一个对象有且只要一个分层安全级别，分 0～15 级，s0 最低，Target 策略集默认使用 s0。
- category：对于特定组织划分不分层的分类，如 FBI Secret、NSA secret。一个对象可以有多个分类，从 c0 到 c1023 共有 1024 个分类。

【例 6-4】 使用命令 semanage 查看系统默认的上下文。

```
[root@Server01 ~]# semanage fcontext -l |head -10
SELinux fcontext        类型            上下文


/                       directory       system_u:object_r:root_t:s0
/.*                     all files       system_u:object_r:default_t:s0
/[^/]+                  regular file    system_u:object_r:etc_runtime_t:s0
...
```

文件的上下文是可以更改的，可以使用 chcon 命令来实现。如果系统执行重新标记上下文或执行恢复上下文操作，那么 chcon 命令的更改将会失效。

【例 6-5】 使用 chcon 命令修改上下文。

```
[root@Server01 ~]# ls -Zl anaconda-ks.cfg    #查看 anaconda-ks.cfg 文件的上下文类型
-rw-------. 1 root root system_u:object_r:admin_home_t:s0 1722 8 月 18 16:06
anaconda-ks.cfg
[root@Server01 ~]# chcon -t httpd_cache_t anaconda-ks.cfg    #修改文件的上下文类型
[root@Server01 ~]# ls -Zl anaconda-ks.cfg
-rw-------. 1 root root system_u:object_r:httpd_cache_t:s0 1722 8 月 18 16:06
anaconda-ks.cfg
[root@Server01 ~]# restorecon -v anaconda-ks.cfg    #恢复 anaconda-ks.cfg 的上下文
Relabeled /root/anaconda-ks.cfg from system_u:object_r:httpd_cache_t:s0 to
system_u:object_r:admin_home_t:s0
[root@Server01 ~]# ls -Zl anaconda-ks.cfg
-rw-------. 1 root root system_u:object_r:admin_home_t:s0 1722 8 月   18 16:06
anaconda-ks.cfg
```

6.4.3　管理布尔值

SELinux 既可以用来控制对文件的访问，也可以控制对各种网络服务的访问。其中 SELinux 安全上下文实现对文件的访问控制，管理布尔值被用来实现对网络服务的访问控制。

　　基于不同的网络服务,管理布尔值为其设置了一个开关,用于精确地对某种网络服务的某个选项进行保护。下面是几个例子。

　　【例 6-6】　查看系统中所有管理布尔值的设置。

```
[root@Server01 ~]#getsebool -a
abrt_anon_write -->off
abrt_handle_event -->off
abrt_upload_watch_anon_write -->on
antivirus_can_scan_system -->off
antivirus_use_jit -->off
auditadm_exec_content -->on
authlogin_nsswitch_use_ldap -->off
```

　　【例 6-7】　查看系统中有关 http 的所有管理布尔值的设置。

```
[root@Server01 ~]#getsebool -a |grep http
httpd_anon_write -->off
httpd_builtin_scripting -->on
httpd_can_check_spam -->off
…
```

　　【例 6-8】　查看系统中有关 ftp 的所有管理布尔值的设置。

```
[root@Server01 ~]#getsebool -a |grep ftp
ftpd_anon_write -->off
ftpd_connect_all_unreserved -->off
ftpd_connect_db -->off
ftpd_full_access -->off
ftpd_use_cifs -->off
ftpd_use_fusefs -->off
ftpd_use_nfs -->off
ftpd_use_passive_mode -->off
httpd_can_connect_ftp -->off
httpd_enable_ftp_server -->off
tftp_anon_write -->off
tftp_home_dir -->off
[root@Server01 ~]#
```

　　可以使用 setsebool 命令来修改管理布尔值的设置,若加上 P 选项,则可以使系统重启后修改仍有效。

　　【例 6-9】　使用 setsebool 命令修改 ftpd_full_access 的管理布尔值。

```
#使 vsftpd 具有访问 ftp 根目录以及文件传输的权限
[root@Server01 ~]#getsebool -a |grep ftpd_full_access
ftpd_full_access -->off
#数字 1 表示 on(开启),数字 0 表示 off(关闭)
[root@Server01 ~]#setsebool ftpd_full_access=1
[root@Server01 ~]#getsebool -a |grep ftpd_full_access
```

```
ftpd_full_access --> on
#以上设置重启系统后会失效,加上大写的 P 选项,则可以确保重启系统后设置仍生效
[root@Server01 ~]#setsebool -P ftpd_full_access=on
[root@Server01 ~]#setsebool -P ftpd_full_access 1        #也可使用空格代替"="
```

6.5　NAT（SNAT 和 DNAT）企业实战案例

firewall 防火墙利用 NAT 表能够实现 NAT 功能,将内网地址与外网地址进行转换,完成内、外网的通信。NAT 表支持以下 3 种操作。

- SNAT:改变数据包的源地址。防火墙会使用外部地址,替换数据包的本地网络地址,这样使网络内部主机能够与网络外部通信。

- DNAT:改变数据包的目的地址。防火墙接收到数据包后,会替换该包目的地址,重新转发到网络内部的主机。当应用服务器处于网络内部时,防火墙接收到外部的请求,会按照规则设定,将访问重定向到指定的主机上,使外部的主机能够正常访问网络内部的主机。

- MASQUERADE:MASQUERADE 的作用与 SNAT 完全一样,改变数据包的源地址。因为对每个匹配的包,MASQUERADE 都要自动查找可用的 IP 地址,而不像 SNAT 用的 IP 地址是配置好的,所以会加重防火墙的负担。当然,如果接入外网的地址不是固定地址,而是 ISP 随机分配的,使用 MASQUERADE 将会非常方便。

下面以一个具体的综合案例来说明如何在 RHEL 上配置 NAT 服务,使得内、外网主机互访。

6.5.1　企业环境和需求

公司网络拓扑图如图 6-6 所示。内部主机使用 192.168.10.0/24 网段的 IP 地址,并且使用 Linux 主机作为服务器连接互联网,外网地址为固定地址 202.112.113.112。现需要满足如下要求。

（1）配置 SNAT 保证内网用户能够正常访问 Internet。

（2）配置 DNAT 保证外网用户能够正常访问内网的 Web 服务器。

Linux 服务器和客户端的信息如表 6-4 所示（可以使用 VM 的克隆技术快速安装需要的 Linux 客户端）。

表 6-4　Linux 服务器和客户端的信息

主 机 名 称	操作系统	IP 地址	角　　色
内网 NAT 客户端:Server01	RHEL 8	IP:192.168.10.1(VMnet1); 默认网关:192.168.10.20	Web 服务器、firewall 防火墙
防火墙:Server02	RHEL 8	IP1:192.168.10.20(VMnet1); IP2:202.112.113.112(VMnet8)	firewall 防火墙、SNAT、DNAT
外网 NAT 客户端:Client1	RHEL 8	202.112.113.113(VMnet8)	Web、firewall 防火墙

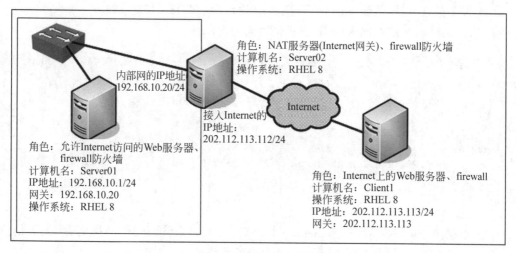

图 6-6　企业网络拓扑图

6.5.2　解决方案

1. 配置 SNAT 并测试

1）在 Server02 上安装双网卡

（1）在 Server02 关机状态下，在虚拟机中添加两块网卡：第 1 块网卡连接到 VMnet1，第 2 块网卡连接到 VMnet8。

（2）启动 Server02 计算机，以 root 用户身份登录计算机。

（3）单击右上角的网络连接图标 ，配置过程如图 6-7 和图 6-8 所示。（计算机原来的网卡是 ens160，第 2 块网卡系统自动命名为了 ens224）

图 6-7　ens224 的有线设置　　　　　　　　图 6-8　网络设置

（4）单击齿轮可以设置网络接口 ens224 的 IPv4 的地址：202.112.113.112/24。

(5) 按照前述方法,设置 ens160 网卡的 IP 地址为 192.168.10.20/24。

在 Server02 上测试双网卡的 IP 设置是否成功。

```
[root@Server02 ~]#ifconfig
ens160: flags=4163<UP,BROADCAST,RUNNING,MULTICAST>mtu 1500
        inet 192.168.10.2  netmask 255.255.255.0 broadcast 192.168.10.255
        …

ens224: flags=4163<UP,BROADCAST,RUNNING,MULTICAST>mtu 1500
        inet 202.112.113.112 netmask 255.255.255.0 broadcast 202.112.113.255
        …
```

2）测试环境

(1) 根据图 6-6 和表 6-4 配置 Server01 和 Client1 的 IP 地址、子网掩码、网关等信息。Server02 要安装双网卡,同时一定要注意计算机的网络连接方式!

 注意　Client1 的网关不要设置,或者设置成为自身的 IP 地址(202.112.113.113)。

(2) 在 Server01 上测试与 Server02 和 Client1 的连通性。

```
[root@Server01  ~]#ping  192.168.10.20    -c 4          //通
[root@Server01  ~]#ping  202.112.113.112  -c 4          //通
[root@Server01  ~]#ping  202.112.113.113  -c 4          //不通
```

(3) 在 Server02 上测试与 Server01 和 Client1 的连通性。都是畅通的。

```
[root@Server02 ~]#ping -c 4 192.168.10.1
[root@Server02 ~]#ping -c 4 202.112.113.113
```

(4) 在 Client1 上测试与 Server01 和 Server02 的连通性。Client1 与 Server01 是不通的。

```
[root@Client1 ~]#ping -c 4 202.112.113.112      //通
[root@Client1 ~]#ping -c 4 192.168.10.1         //不通
connect: 网络不可达
```

3）在 Server02 上开启转发功能

```
[root@client1   ~]#cat  /proc/sys/net/ipv4/ip_forward
1       //确认开启路由存储转发,其值为 1。若没开启,需要下面的操作

[root@Server02 ~]#echo 1 >/proc/sys/net/ipv4/ip_forward
```

4）在 Server02 上将接口 ens224 加入外部网络区域

由于内网的计算机无法在外网上路由,所以内部网络的计算机 Server01 是无法上网的。

因此需要通过 NAT 将内网计算机的 IP 地址转换成 RHEL 主机 ens224 接口的 IP 地址。为了实现这个功能,首先需要将接口 ens224 加入外部网络区域(external)。在 firewall 中,外部网络被定义为一个直接与外部网络相连接的区域,来自此区域中的主机连接将不被信任。

```
[root@Server02 ~]#firewall-cmd --get-zone-of-interface=ens224
public
[root@Server02 ~]#firewall-cmd --permanent --zone=external --change-
                 interface=ens224
The interface is under control of NetworkManager, setting zone to 'external'.
success
[root@Server02 ~]#firewall-cmd --zone=external --list-all
                 external (active)
  target: default
  icmp-block-inversion: no
  interfaces: ens224
  sources:
  services: ssh
  ports:
  protocols:
  masquerade: no
  ...
```

5) 由于需要 NAT 上网,所以将外部区域的伪装打开(Server02)

```
[root@Server02 ~]#firewall-cmd --permanent --zone=external --add-masquerade
[root@Server02 ~]#firewall-cmd --reload
success
[root@Server02 ~]#firewall-cmd --permanent --zone=external --query
                 -masquerade
yes                #查询伪装是否打开,用下面的命令也可以
[root@Server02 ~]#firewall-cmd --zone=external --list-all
external (active)
  ...
  interfaces: ens224
  ...
  masquerade: yes
  ...
```

6) 在 Server02 上配置内部接口 ens160
具体做法是将内部接口加入内部网络区域(internal)中。

```
[root@Server02 ~]#firewall-cmd --get-zone-of-interface=ens160
public
[root@Server02 ~]#firewall-cmd --permanent --zone=internal --change-
                 interface=ens160
The interface is under control of NetworkManager, setting zone to 'internal'.
success
[root@Server02 ~]#firewall-cmd --reload
[root@Server02 ~]#firewall-cmd --zone=internal --list-all
```

```
internal (active)
  target: default
  icmp-block-inversion: no
  interfaces: ens160
  ...
```

7) 在外网 Client1 上配置供测试的 Web

```
[root@client2  ~]#mount  /dev/cdrom    /media
[root@client2  ~]#dnf  clean  all
[root@client2  ~]#dnf  install  httpd  -y
[root@client2  ~]#firewall-cmd  --permanent  --add-service=http
[root@client2  ~]#firewall-cmd  --reload
[root@client2  ~]#firewall-cmd  -list-all
[root@client2  ~]#systemctl  restart  httpd
[root@client2  ~]#netstat  -an  |grep  :80                //查看 80 端口是否开放
[root@client2  ~]#firefox  127.0.0.1
```

8) 在内网 Server01 上测试 SNAT 配置是否成功

```
[root@Server01  ~]#ping  202.112.113.113 -c 4
[root@Server01  ~]#firefox    202.112.113.113
```

网络应该是畅通的,且能访问到外网的默认网站。

思考:请读者在 Client1 上查看/var/log/httpd/access_log 中是否包含源地址 192.168. 10.1,并说明原因。再确认是否包含 202.112.113.112。

```
[root@Client1 ~]# cat /var/log/httpd/access_log |grep 192.168.10.1
[root@Client1 ~]# cat /var/log/httpd/access_log |grep 202.112.113.112
```

2. 配置 DNAT 并测试

1) 在 Server01 上配置内网 Web 及防火墙

```
[root@Server01  ~]#mount  /dev/cdrom  /media
[root@Server01  ~]#dnf  clean  all
[root@Server01  ~]#dnf  install  httpd  -y
[root@Server01  ~]#systemctl  restart  httpd
[root@Server01  ~]#netstat  -an  |grep  :80                //查看 80 端口是否开放
[root@Server01  ~]#firefox 127.0.0.1
```

2) 在 Server02 上配置 DNAT

要想让外网能访问到内网的 Web 服务器,需要进行端口映射,将外网的 Web 访问映射到内网 Server01 的 80 端口。

```
#外部网络区域的 80 端口的请求都转发到 192.168.10.1。加了"--permanent"需要重启防火墙才
能生效
[root@Server02 ~]# firewall-cmd --permanent --zone=external --add-forward-
port=port=80:proto=tcp:toaddr=192.168.10.1
```

```
success
[root@Server02 ~]# firewall-cmd --reload
#查询端口映射结果
[root@Server02 ~]# firewall-cmd --zone=external --query-forward-port=port=80:
              proto=tcp:toaddr=192.168.10.1
yes
[root@Server02 ~]# firewall-cmd --zone=external --list-all #查询端口映射结果
              external (active)
  ...
  masquerade: yes
  forward-ports: port=80:proto=tcp:toport=:toaddr=192.168.10.1
  ...
```

3）在外网 Client1 上测试

在外网上访问的是 202.112.113.112，NAT 服务器 Server02 会将该 IP 地址的 80 端口的请求转发到内网 Server01 的 80 端口，如图 6-9 所示。

不是直接访问 192.168.10.1。直接访问内网地址是访问不到的。

```
[root@client2 ~]# ping 192.168.10.1
connect: 网络不可达
[root@client2 ~]# firefox 202.112.113.112
```

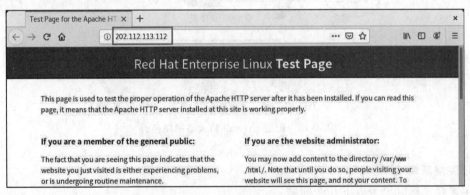

图 6-9　测试成功

3. 恢复实训现场

实训结束后删除 Server02 上的 SNAT 和 DNAT 信息。

```
[root@Server02 ~]# firewall-cmd --permanent --zone=external --remove-forward
              -port=port=80:proto =tcp:toaddr=192.168.10.1
[root@Server02 ~]# firewall-cmd --permanent --zone=public --change-interface
              =ens224
[root@Server02 ~]# firewall-cmd --permanent --zone=public --change-interface
              =ens160
[root@Server02 ~]# firewall-cmd --reload
```

6.6　项目实录：配置与管理 firewall 防火墙

1. 观看视频

实训前请扫描二维码观看视频。

2. 项目背景

假如某公司需要接入 Internet，由 ISP 分配 IP 地址 202.112.113.112。采用 iptables 作为 NAT 服务器接入网络，内网采用 192.168.1.0/24 地址，外网采用 202.112.113. 112 地址。为确保安全，需要配置防火墙功能，要求内部仅能够访问 Web、DNS 及 E-mail 3 台服务器；内网 Web 服务器 192.168.1.2 通过端口映像方式对外提供服务。网络拓扑如图 6-10 所示。

实训项目　配置与管理 firewall 防火墙

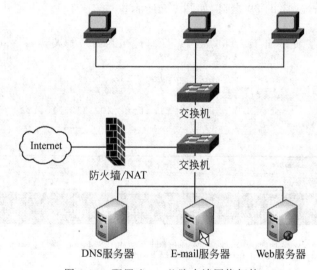

图 6-10　配置 firewall 防火墙网络拓扑

3. 深度思考

在观看视频时思考以下几个问题。

(1) 为何要设置两块网卡的 IP 地址？如何设置网卡的默认网关？

(2) 如何接受或拒绝 TCP、UDP 的某些端口？

(3) 如何屏蔽 ping 命令？如何屏蔽扫描信息？

(4) 如何使用 SNAT 来实现内网访问互联网？如何实现 DNAT？

(5) 在客户端如何设置 DNS 服务器地址？

4. 做一做

根据项目要求及视频内容，将项目完整无缺地完成。

6.7 练习题

一、填空题

1.＿＿＿＿＿＿＿可以使企业内部局域网与 Internet 之间或者与其他外部网络间互相隔离、限制网络互访，以此来保护＿＿＿＿＿＿＿。

2. 防火墙大致可以分为三大类，分别是＿＿＿＿＿＿＿、＿＿＿＿＿＿＿和＿＿＿＿＿＿＿。

3.＿＿＿＿＿＿＿表仅用于网络地址转换，其具体的动作有＿＿＿＿＿＿＿、＿＿＿＿＿＿＿以及＿＿＿＿＿＿＿。

4. NAT 位于使用专用地址的＿＿＿＿＿＿＿和使用公用地址的＿＿＿＿＿＿＿之间。

5. SELinux 有三个模式：＿＿＿＿＿＿＿、＿＿＿＿＿＿＿和＿＿＿＿＿＿＿。

6.＿＿＿＿＿＿＿（简称上下文）中查看用户、进程和文件的命令都带有一个选项＿＿＿＿＿＿＿，可以通过此选项查看上下文。

7. 安全上下文有五个安全元素：＿＿＿＿＿＿＿、＿＿＿＿＿＿＿、＿＿＿＿＿＿＿、＿＿＿＿＿＿＿和＿＿＿＿＿＿＿。

8.＿＿＿＿＿＿＿实现对文件的访问控制，＿＿＿＿＿＿＿被用来实现对网络服务的访问控制。

二、选择题

1. 在 RHEL 8 的内核中，提供 TCP/IP 包过滤功能的服务是（　　　）。

    A. firewall   B. iptables   C. firewalld   D. filter

2. 关于 IP 伪装的适当描述是（　　　）。

    A. 它是一个转化包的数据的工具

    B. 它的功能就像 NAT 系统：转换内部 IP 地址到外部 IP 地址

    C. 它是一个自动分配 IP 地址的程序

    D. 它是一个将内部网连接到 Internet 的工具

三、简述题

1. 简述防火墙的概念、分类及作用。

2. 简述 NAT 的工作过程。

3. 简述 firewalld 中区域的作用。

4. 如何在 firewalld 中把默认的区域设置为 dmz？

5. 如何让 firewalld 中以永久模式配置的防火墙策略规则立即生效？

6. 使用 SNAT 技术的目的是什么？

第 7 章
DHCP 服务器配置

DHCP 服务器是较大常见的网络服务器。本章将详细讲解在 Linux 操作平台下 DHCP 服务器的配置。

学习要点

- 了解 DHCP 服务的工作原理。
- 熟练掌握 Linux 下 DHCP 服务器的配置。
- 熟练掌握 Linux 下 DHCP 客户端的配置。

7.1 了解 DHCP 服务

DHCP(Dynamic Host Configuration Protocol,动态主机配置协议)是一种简化主机 IP 地址分配管理的 TCP/IP 标准协议,是通过服务器集中管理网络上使用的 IP 地址及其他相关配置信息,以减少管理 IP 地址配置的复杂性。

7.1.1 DHCP 服务简介

在使用 TCP/IP 协议的网络上,每一台计算机都拥有唯一的 IP 地址。使用 IP 地址(及其子网掩码)来鉴别它所在的主机和子网。如采用静态 IP 地址的分配方法,当计算机从一个子网移动到另一个子网的时候,则必须改变该计算机的 IP 地址,这将增加网络管理员的负担。而 DHCP 服务可以将 DHCP 服务器中的 IP 地址数据库中的 IP 地址动态地分配给局域网中的客户机,从而减轻了网络管理员的负担。

在使用 DHCP 服务分配 IP 地址时,网络中至少有一台服务器上安装了 DHCP 服务,其他要使用 DHCP 功能的客户机也必须设置成通过 DHCP 获得 IP 地址。客户机在向服务器请求一个 IP 地址时,如果还有 IP 地址没有被使用,则在数据库中登记该 IP 地址已被该客户机使用,然后回应这个 IP 地址,及相关的选项给客户机。图 7-1 是一个支持 DHCP 服务的示意图。

7.1.2 DHCP 服务工作原理

1. DHCP 客户首次获得 IP 租约

DHCP 客户首次获得 IP 地址租约,需要经过以下 4 个阶段与 DHCP 服务器建立联系,如图 7-2 所示。

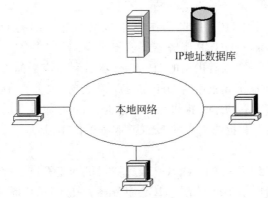

图 7-1　DHCP 服务示意图

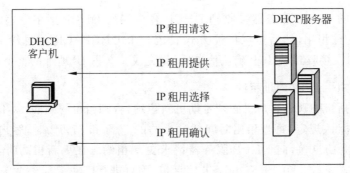

图 7-2　DHCP 工作过程

1）IP 租用请求

该过程也被称为 IPDISCOVER。当发现以下情况中的任意一种时,即启动 IP 地址租用请求。

- 当客户端第一次以 DHCP 客户端的身份启动,也就是它第一次向 DHCP 服务器请求 TCP/IP 配置时。
- 该 DHCP 客户端所租用的 IP 地址已被 DHCP 服务器收回,并已提供给其他 DHCP 客户端使用,而该 DHCP 客户端重新申请新的 IP 租约时。
- DHCP 客户端自己释放掉原先所租用的 IP 地址,并且要求租用一个新的 IP 地址时。
- 客户端从固定 IP 地址方式转向使用 DHCP 方式时。

在 DHCP 发现过程中,DHCP 客户端发出 TCP/IP 配置请求时,DHCP 客户端使用 0.0.0.0 作为自己的 IP 地址,255.255.255.255 作为服务器的 IP 地址,然后以 UDP 的方式在 67 或 68 端口广播出一个 DHCPDISCOVER 信息,该信息含有 DHCP 客户端网卡的 MAC 地址和计算机的 NetBIOS 名称。当第一个 DHCPDISCOVER 信息发送出去后,DHCP 客户端将等待 1s 的时间。如果在此期间内没有 DHCP 服务器对此做出响应,DHCP 客户端将分别在第 9 秒、第 13 秒和第 16 秒时重复发送一次 DHCPDISCOVER 信息。如果仍然没有得到 DHCP 服务器的应答,DHCP 客户端就会在以后每隔 5min 广播一次 DHCP 发现信息,直到得到一个应答为止。

2) IP 租用提供

当网络中的任何一个 DHCP 服务器在收到 DHCP 客户端的 DHCPDISCOVER 信息后,对自身进行检查,如果该 DHCP 服务器能够提供空闲的 IP 地址,就从该 DHCP 服务器的 IP 地址池中随机选取一个没有出租的 IP 地址,然后利用广播的方式提供给 DHCP 客户端。在还没有将该 IP 地址正式租用给 DHCP 客户端之前,这个 IP 地址会暂时"隔离"起来,以免再分配给其他 DHCP 客户端。提供应答信息是 DHCP 服务器的第一个响应,它包含了 IP 地址、子网掩码、租用期和提供响应的 DHCP 服务器的 IP 地址。

3) IP 租用选择

当 DHCP 客户端收到第一个由 DHCP 服务器提供的应答信息后,就以广播的方式发送一个 DHCP 请求信息给网络中所有的 DHCP 服务器。在 DHCP 请求信息中包含已选择的 DHCP 服务器返回的 IP 地址。

4) IP 租用确认

一旦被选择的 DHCP 服务器接收到 DHCP 客户端的 DHCP 请求后,就将已保留的这个 IP 地址标识为已租用,然后也以广播方式发送一个 DHCPACK 信息给 DHCP 客户端。该 DHCP 客户端在接收到 DHCP 确认信息后,就完成了获得 IP 地址的整个过程。

2. DHCP 客户更新 IP 地址租约

取得 IP 租约后,DHCP 客户机必须定期更新租约,否则当租约到期,就不能再使用此 IP 地址,按照 RFC 默认规定,每当租用时间超过租约的 50% 和 87.5% 时,客户机就必须发出 DHCPREQUEST 信息包,向 DHCP 服务器请求更新租约。在更新租约时,DHCP 客户机是以单点发送方式发送 DHCPREQUEST 信息包,不再进行广播。

具体过程如下。

(1) 当 DHCP 客户端的 IP 地址使用时间达到租期的 50% 时,它就会向 DHCP 服务器发送一个新的 DHCPREQUEST,若服务器在接收到该信息后并没有可拒绝该请求的理由时,便会发送一个 DHCPACK 信息。当 DHCP 客户端收到该应答信息后,就重新开始一个租用周期。如果没收到该服务器的回复,客户机继续使用现有的 IP 地址,因为当前租期还有 50%。

(2) 如果在租期过去 50% 时未能成功更新,则客户机将在当前租期的 87.5% 时再次与为其提供 IP 地址的 DHCP 服务器联系。如果联系不成功,则重新开始 IP 租用过程。

(3) 如果 DHCP 客户机重新启动,它将尝试更新上次关机时拥有的 IP 租用。如果更新未能成功,客户机将尝试联系现有 IP 租用中列出的默认网关。如果联系成功且租用尚未到期,客户机则认为自己仍然位于与它获得现有 IP 租用时相同的子网上(没有被移走),继续使用现有 IP 地址。如果未能与默认网关联系成功,客户机则认为自己已经被移到不同的子网上,则 DHCP 客户机将失去 TCP/IP 网络功能。此后,DHCP 客户机将每隔 5min 尝试一次重新开始新一轮的 IP 租用过程。

7.2 案例设计及准备

7.2.1 案例设计

部署 DHCP 之前应该先进行规划,明确哪些 IP 地址用于自动分配给客户端(即作用域中应包含的 IP 地址),哪些 IP 地址用于手工指定给特定的服务器。例如,在项目中 IP 地址要求如下。

① 适用的网络是 192.168.10.0/24,网关为 192.168.10.254。

② 192.168.10.1～192.168.10.30 网段地址是服务器的固定地址。

③ 客户端可以使用的地址段为 192.168.10.31～192.168.10.200,但 192.168.10.105、192.168.10.107 为保留地址。

> 用于手工配置的 IP 地址,一定要排除掉保留地址,或者采用地址池之外的可用 IP 地址,否则会造成 IP 地址冲突。

7.2.2　案例需求准备

部署 DHCP 服务应满足下列需求。

(1) 安装 Linux 企业服务器版,用作 DHCP 服务器。

(2) DHCP 服务器的 IP 地址、子网掩码、DNS 服务器等 TCP/IP 参数必须手工指定,否则将不能为客户端分配 IP 地址。

(3) DHCP 服务器必须要拥有一组有效的 IP 地址,以便自动分配给客户端。

(4) 如果不特别指出,所有 Linux 的虚拟机网络连接方式都选择"自定义:特定虚拟网络"下的 VMnet1(仅主机模式),如图 7-3 所示。请读者特别留意。

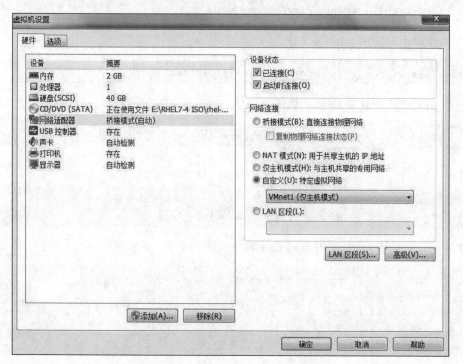

图 7-3　Linux 虚拟机的网络连接方式

(5) 本项目要用到 Server01、Client1～Client3,设备情况如表 7-1 所示。

表 7-1　DHCP 服务器和客户端使用的操作系统 IP 地址等信息

主 机 名 称	操 作 系 统	IP 地址	网络连接方式
DHCP 服务器：Server01	RHEL 8	192.168.10.1/24	VMnet1（仅主机模式）
Linux 客户端：Client1	RHEL 8	自动获取	VMnet1（仅主机模式）
Linux 客户端：Client2	RHEL 8	保留地址	VMnet1（仅主机模式）
Windows 客户端：Client3	Windows 10	自动获取	VMnet1（仅主机模式）

7.3　安装与配置 DHCP 服务

本节主要介绍 DHCP 服务的安装、配置与启动等内容。

7.3.1　在服务器 Server01 上安装 DHCP 服务器

（1）检测系统是否已经安装了 DHCP 相关软件。

```
[root@Server01 ~]#rpm -qa | grep dhcp
```

（2）如果系统还没有安装 DHCP 软件包，可以使用 dnf 命令安装所需软件包。
① 挂载 ISO 安装映像。

```
[root@Server01 ~]#mount /dev/cdrom /media
```

② 制作用于安装的 yum 源文件。

```
[root@Server01 ~]#vim /etc/yum.repos.d/dvd.repo
```

③ 使用 dnf 命令查看 DHCP 软件包的信息。

```
[root@Server01 ~]#dnf info dhcp-server
```

④ 使用 dnf 命令安装 DHCP 服务。

```
[root@Server01 ~]#dnf clean all                    //安装前先清除缓存
[root@Server01 ~]#dnf install dhcp-server -y
```

软件包安装完毕，可以使用 rpm 命令再一次进行查询，结果如下。

```
[root@Server01 ~]#rpm -qa | grep dhcp
dhcp-server-4.3.6-40.el8.x86_64
dhcp-common-4.3.6-40.el8.noarch
dhcp-client-4.3.6-40.el8.x86_64
dhcp-libs-4.3.6-40.el8.x86_64
```

试一试

如果执行"dnf　install　dhcp *"命令，结果会怎样。

7.3.2　配置 DHCP 主配置文件

基本的 DHCP 服务器搭建流程如下。

（1）编辑主配置文件/etc/dhcp/dhcpd.conf，指定 IP 作用域（指定一个或多个 IP 地址范围）。

（2）建立租约数据库文件。

（3）重新加载配置文件或重新启动 dhcpd 服务使配置生效。

DHCP 的工作流程如图 7-4 所示，描述如下。

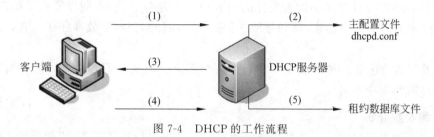

图 7-4　DHCP 的工作流程

（1）客户端发送广播向服务器申请 IP 地址。

（2）服务器收到请求后查看主配置文件 dhcpd.conf，先根据客户端的 MAC 地址查看是否为客户端设置了固定 IP 地址。

（3）如果为客户端设置了固定 IP 地址，则将该 IP 地址发送给客户端。如果没有设置固定 IP 地址，则将地址池中的 IP 地址发送给客户端。

（4）客户端收到服务器回应后，客户端给予服务器回应，告诉服务器已经使用了分配的 IP 地址。

（5）服务器将相关租约信息存入数据库。

1. 主配置文件 dhcpd.conf

（1）复制样例文件到主配置文件。

默认主配置文件（/etc/dhcp/dhcpd.conf）没有任何实质内容，打开查阅，发现里面有一句话"see/usr/share/doc/dhcp-server/dhcpd.conf.example"。下面复制样例文件到主配置文件。

```
[root@Server01 ~]# cp /usr/share/doc/dhcp-server/dhcpd.conf.example /etc/dhcp/
                    dhcpd.conf
```

（2）dhcpd.conf 主配置文件组成部分。

- parameters（参数）
- declarations（声明）
- options（选项）

（3）dhcpd.conf 主配置文件整体框架。

dhcpd.conf 包括全局配置和局部配置。全局配置可以包含参数或选项，该部分对整个

DHCP 服务器生效；局部配置通常由声明部分来表示，该部分仅对局部生效，比如只对某个 IP 作用域生效。

dhcpd.conf 文件格式如下：

```
#全局配置
参数或选项;                      #全局生效
#局部配置
声明 {
        参数或选项;              #局部生效
    }
```

上面的 dhcpd.conf 范本主配置文件的内容包含了部分参数、声明以及选项的用法。当一行内容结束时，以";"号结束，大括号所在行除外。注释部分可以放在任何位置，并以"#"号开头。

可以看出整个配置文件分成全局和局部两个部分。但是并不容易看出哪些属于参数，哪些属于声明和选项。

2. 常用参数介绍

参数主要用于设置服务器和客户端的动作或者是否执行某些任务，比如设置 IP 地址租约时间、是否检查客户端所用的 IP 地址等，如表 7-2 所示。

表 7-2　dhcpd.conf 主配置文件中常用的参数及其作用

参　　　数	作　　　用
ddns-update-style［类型］	定义 DNS 服务动态更新的类型，类型包括 none（不支持动态更新）、interim（互动更新模式）与 ad-hoc（特殊更新模式）
［allow｜ignore］client-updates	允许/忽略客户端更新 DNS 记录
default-lease-time 600	默认超时时间，单位是秒
max-lease-time7200	最大超时时间，单位是秒
option domain-name-servers 192.168.10.1	定义 DNS 服务器地址
option domain-name "domain.org"	定义 DNS 域名
range 192.168.10.10　192.168.10.100	定义用于分配的 IP 地址池
option subnet-mask 255.255.255.0	定义客户端的子网掩码
option routers 192.168.10.254	定义客户端的网关地址
broadcase-address 192.168.10.255	定义客户端的广播地址
ntp-server　192.168.10.1	定义客户端的网络时间服务器（NTP）
nis-servers　192.168.10.1	定义客户端的 NIS 域服务器的地址
Hardware　00:0c:29:03:34:02	指定网卡接口的类型与 MAC 地址
server-name　mydhcp.smile.com	向 DHCP 客户端通知 DHCP 服务器的主机名
fixed-address　192.168.10.105	将某个固定的 IP 地址分配给指定主机
time-offset［偏移误差］	指定客户端与格林尼治时间的偏移差

3. 常用声明介绍

声明一般用来指定 IP 作用域，定义为客户端分配的 IP 地址池等。

声明格式如下：

```
声明 {
        选项或参数；
      }
```

常用声明的格式如下。

1）subnet 网络号 netmask 子网掩码 {.}

作用：定义作用域，指定子网。

```
subnet 192.168.10.0 netmask 255.255.255.0{
          ...
                                        }
```

网络号必须至少与 DHCP 服务器的一个网络号相同。

2）rangedynamic-bootp　起始 IP 地址 结束 IP 地址

作用：指定动态 IP 地址范围。

```
range dynamic-bootp  192.168.10.100  192.168.10.200
```

可以在 subnet 声明中指定多个 range，但多个 range 所定义的 IP 范围不能重复。

4. 常用选项介绍

选项通常用来配置 DHCP 客户端的可选参数，比如定义客户端的 DNS 地址、默认网关等。选项内容都是以 option 关键字开始的。

常用选项格式如下。

1）option routers IP 地址

作用：为客户端指定默认网关。

```
option routers  192.168.10.254
```

2）option subnet-mask 子网掩码

作用：设置客户端的子网掩码。

```
option subnet-mask    255.255.255.0
```

3）option domain-name-servers IP 地址

作用：为客户端指定 DNS 服务器地址。

```
option  domain-name-servers    192.168.10.1
```

这三种选项格式可以用在全局配置中,也可以用在局部配置中。

5. IP 地址绑定

在 DHCP 中的 IP 地址绑定用于给客户端分配固定 IP 地址。比如,服务器需要使用固定 IP 地址,就可以使用 IP 地址绑定,通过 MAC 地址与 IP 地址的对应关系为指定的物理地址计算机分配固定 IP 地址。

整个配置过程需要用到 host 声明和 hardware、fixed-address 参数。

1) host 主机名 {…}

作用:用于定义保留地址。举例如下。

```
host  computer1
```

该项通常搭配 subnet 声明使用。

2) hardware 类型 硬件地址

作用:定义网络接口类型和硬件地址。常用网络接口类型为以太网(ethernet),硬件地址为 MAC 地址。举例如下。

```
hardware  ethernet  3a:b5:cd:32:65:12
```

3) fixed-address IP 地址

作用:定义 DHCP 客户端指定的 IP 地址。

```
fixed-address 192.168.10.105
```

后面两种类型只能应用于 host 声明中。

6. 租约数据库文件

租约数据库文件用于保存一系列的租约声明,其中包含客户端的主机名、MAC 地址、分配到的 IP 地址,以及 IP 地址的有效期等相关信息。这个数据库文件是可编辑的 ASCII 格式文本文件。每当发生租约变化的时候,都会在文件结尾添加新的租约记录。

DHCP 刚安装好时,租约数据库文件 dhcpd.leases 是个空文件。

当 DHCP 服务正常运行后,就可以使用 cat 命令查看租约数据库文件内容了。

```
cat /var/lib/dhcpd/dhcpd.leases
```

7.4   配置 DHCP 服务器应用案例

现在完成一个简单的应用案例。

7.4.1   案例需求

技术部有 60 台计算机,各台计算机的 IP 地址要求如下。

(1) DHCP 服务器和 DNS 服务器的地址都是 192.168.10.1/24,有效 IP 地址段为 192.168.10.1～192.168.10.254,子网掩码是 255.255.255.0,网关为 192.168.10.254。

(2) 192.168.10.1～192.168.10.30 网段地址是服务器的固定地址。

(3) 客户端可以使用的地址段为 192.168.10.31～192.168.10.200,但 192.168.10.105、192.168.10.107 为保留地址,其中 192.168.10.105 保留给 Client3。

(4) 客户端 Client1 模拟所有其他的客户端,采用自动获取方式配置 IP 等地址信息。

7.4.2   解决方案

1. 网络环境搭建

Linux 服务器和客户端的地址及 MAC 信息如表 7-3 所示(可以使用 VM 的克隆技术快速安装需要的 Linux 客户端,MAC 地址因读者的计算机不同而不同)。

表 7-3   Linux 服务器和客户端的地址及 MAC 信息

主 机 名 称	操作系统	IP 地址	MAC 地址
DHCP 服务器: Server01	RHEL 8	192.168.10.1	00:0c:29:2b:88:d8
Linux 客户端: Client1	RHEL 8	自动获取	00:0c:29:64:08:86
Linux 客户端: Client2	RHEL 8	保留地址	00:0c:29:08:5b:ca

3 台安装了 RHEL 8 的计算机,联网方式都设为 host only(VMnet1),其中,一台作为服务器,另外两台作为客户端使用。

2. 服务器端配置

(1) 定制全局配置和局部配置,局部配置需要把 192.168.10.0/24 网段声明出来,然后在该声明中指定一个 IP 地址池,范围为 192.168.10.31～192.168.10.200,但要去掉 192.168.10.105 和 192.168.10.107,其他分配给客户端使用。注意 range 的写法。

(2) 要保证使用固定 IP 地址,就要在 subnet 声明中嵌套 host 声明,目的是要单独为 Client3 设置固定 IP 地址,并在 host 声明中加入 IP 地址和 MAC 地址绑定的选项以申请固定 IP 地址。

使用 vim /etc/dhcp/dhcpd.conf 命令可以编辑 DHCP 配置文件,全部配置文件的内容如下。

```
ddns-update-style none;
log-facility local7;
```

```
subnet 192.168.10.0 netmask 255.255.255.0 {
  range 192.168.10.31 192.168.10.104;
  range 192.168.10.106 192.168.10.106;
  range 192.168.10.108 192.168.10.200;
  option domain-name-servers 192.168.10.1;
  option domain-name "myDHCP.smile.com";
  option routers 192.168.10.254;
  option broadcast-address 192.168.10.255;
  default-lease-time 600;
  max-lease-time 7200;
}
host  Client3{
      hardware ethernet 00:0c:29:08:5b:ca;
      fixed-address 192.168.10.105;
}
```

(3) 配置完成后保存并退出,重启 dhcpd 服务,并设置开机自动启动。

```
[root@Server01 ~]# systemctl restart dhcpd
[root@Server01 ~]# systemctl enable dhcpd
```

　　如果启动 DHCP 失败,可以使用 dhcpd 命令进行排错,一般启动失败的原因如下所示。

　　① 配置文件有问题。

　　• 内容不符合语法结构,如少个分号。

　　• 声明的子网和子网掩码不符合。

　　② 主机 IP 地址和声明的子网不在同一网段。

　　③ 主机没有配置 IP 地址。

　　④ 配置文件路径出了问题。比如,在 RHEL 6 以下的版本中,配置文件保存在/etc/dhcpd. conf 中,但是在 RHEL 6 及以上版本中却保存在了/etc/dhcp/dhcpd.conf。

3. 在客户端 Client1 上进行测试

　　注意,如果在真实网络中,测试应该不会出问题。但如果你用的是 VMWare 12 或其他类似版本,虚拟机中的 DHCP 客户端可能会获取到 192.168.79.0 网络中的一个地址,与预期目标相悖,这时需要关闭 VMnet8 和 VMnet1 的 DHCP 服务功能。

　　关闭 VMnet8 和 VMnet1 的 DHCP 服务功能的方法如下(本项目的服务器和客户机的网络连接都使用 VMnet1)。

　　在 VMWare 主窗口中,依次选择"编辑"→"虚拟网络编辑器"命令,打开"虚拟网络编辑器"窗口,选中 VMnet1 或 VMnet8,将对应的 DHCP 服务已启用选项改为禁用的状态,如图 7-5 所示。

　　(1) 以 root 用户身份登录名为 Client1 的 Linux 计算机,依次单击"活动"→"显示应用程序"→"设置"→"网络",打开"网络"对话框,如图 7-6 所示。

图 7-5　虚拟网络编辑器

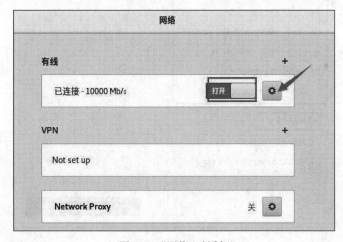

图 7-6　"网络"对话框

（2）单击如图 7-6 所示的齿轮 ⚙ 按钮，在弹出的"有线"对话框架中单击 IPv4 选项，并将 IPv4 Method 选项配置为"自动（DHCP）"，最后单击"应用"按钮，如图 7-7 所示。

（3）回到图 7-6，先选择"关闭"功能关闭"有线"，再选择"打开"功能打开"有线"。然后单击 ⚙ 按钮，这时会看到如图 7-8 所示的结果，Client1 成功获取到了 DHCP 服务器地址池的一个地址。

4. 在客户端 Client2 上进行测试

同样以 root 用户身份登录名为 Client3 的 Linux 计算机，按"3. 在客户端 Client1 上进

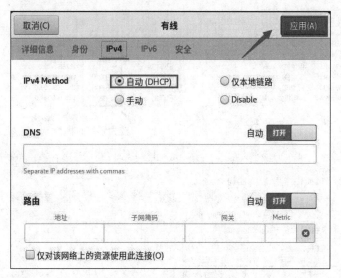

图 7-7　设置"自动(DHCP)"

图 7-8　成功获取 IP 地址

行测试"的方法,设置 Client2 自动获取 IP 地址,最后的结果如图 7-9 所示。

5. Windows 客户端配置(Client3)

(1) Windows 客户端比较简单,在 TCP/IP 属性中设置自动获取就可以。

(2) 在 Windows 命令提示符下,利用 ipconfig 可以释放 IP 地址后,重新获取 IP 地址。相关命令如下。

- 释放 IP 地址:**ipconfig　/release**。
- 重新申请 IP 地址:**ipconfig　/renew**。

图 7-9　客户端 Client3 成功获取 IP 地址

6. 在服务器 Server01 端查看租约数据库文件

```
[root@Server01 ~]# cat /var/lib/dhcpd/dhcpd.leases
```

　　　　限于篇幅,超级作用域和中继代理的相关内容,请扫 7.5 节的二维码观看视频。

7.5　项目实录:配置与管理 DHCP 服务器

1. 观看视频

实训前请扫描二维码观看视频。

2. 项目背景

某企业计划构建一台 DHCP 服务器来解决 IP 地址动态分配的问题,要求能够分配 IP 地址以及网关、DNS 等其他网络属性信息。

实训项目　配置与管理 DHCP服务器

1) 配置基本 DHCP

企业 DHCP 服务器和 DNS 服务器的 IP 地址均为 192.168.10.1,DNS 服务器的域名为 dns.long90.cn,网关地址为 192.168.10.254。

将 IP 地址 192.168.10.10/24～192.168.10.200/24 用于自动分配,将 IP 地址 192.168.10.100/24～192.168.10.120/24、192.168.10.10/24、192.168.10.20/24 排除,预留给需要手工

指定 TCP/IP 参数的服务器，将 192.168.10.200/24 用作保留地址等。该公司的网络拓扑图如图 7-10 所示。

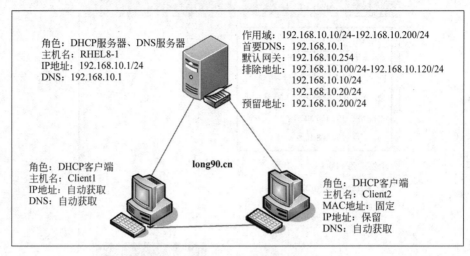

图 7-10　DHCP 服务器搭建网络拓扑

2）配置 DHCP 超级作用域

企业内部建立 DHCP 服务器，网络规划采用单作用域的结构，使用 192.168.10.0/24 网段的 IP 地址。随着公司规模扩大，设备数量增多，现有的 IP 地址无法满足网络的需求，需要添加可用的 IP 地址。这时可以使用超级作用域完成增加 IP 地址的目的，在 DHCP 服务器上添加新的作用域，使用 192.168.20.0/24 网段扩展网络地址的范围。该公司的网络拓扑图如图 7-11 所示（注意各虚拟机网卡的不同网络连接方式）。

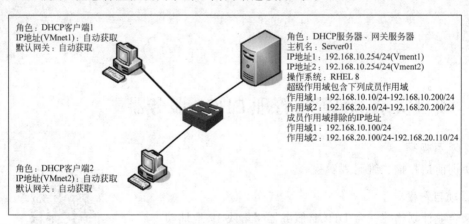

图 7-11　配置超级作用域网络拓扑

Server01 是 DHCP 服务器，同时是网关服务器（承担路由功能）。作用域 1 的有效 IP 地址段为 192.168.10.10/24～192.168.10.200/24，默认网关是 192.168.10.254；作用域 2 的有效 IP 地址段为 192.168.20.10/24～192.168.20.200/24，默认网关是 192.168.20.254。

GW1 是网关服务器，可以由带 2 块网卡的 RHEL 8 机器充当，2 块网卡分别连接虚拟机的 VMnet1 和 VMnet2。DHCP1 是 DHCP 服务器，作用域 1 的默认网关是 192.168.10.254，作用域 2 的默认网关是 192.168.20.254。

2 台客户端分别连接到虚拟机的 VMnet1 和 VMnet2，DHCP 客户端的 IP 地址获取方式是自动获取。

DHCP 客户端 1 应该获取到 192.168.10.0/24 网络中的 IP 地址，网关是 192.168.10.254。

DHCP 客户端 2 应该获取到 192.168.20.0/24 网络中的 IP 地址，网关是 192.168.20.254。

3）配置 DHCP 中继代理

公司内部存在两个子网，分别为 192.168.10.0/24、192.168.20.0/24，现在需要使用一台 DHCP 服务器为这两个子网客户机分配 IP 地址。该公司的网络拓扑图如图 7-12 所示。

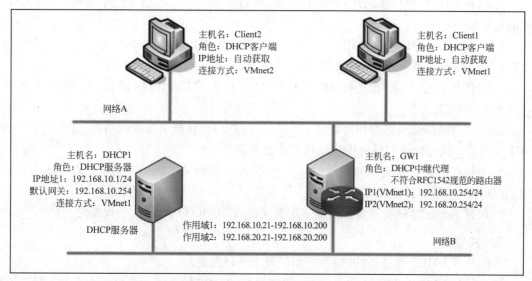

图 7-12　配置中继代理网络拓扑

3. 深度思考

在观看视频时思考以下几个问题。

（1）DHCP 软件包中哪些是必需的？哪些是可选的？

（2）DHCP 服务器的范本文件如何获得？

（3）如何设置保留地址？进行 host 声明的设置时有何要求？

（4）超级作用域的作用是什么？

（5）配置中继代理要注意哪些问题？

4. 做一做

根据项目要求及视频内容，将项目完整无误地完成。

7.6　练习题

一、选择题

1. TCP/IP 中，（　　）协议是用来进行 IP 地址自动分配的。

　　A. ARP　　　　　　　　B. NFS　　　　　　　　C. DHCP　　　　　　　　D. DDNS

2. DHCP 租约文件默认保存在（　　）目录中。

  A. /etc/dhcp   B. /var/log/dhcpd

  C. /var/log/dhcp   D. /var/lib/dhcp

 3. 配置完 DHCP 服务器,运行(   )命令可以启动 DHCP 服务。

  A. service dhcpd start   B. /etc/rc.d/init.d/dhcpd start

  C. start dhcpd   D. dhcpd on

二、填空题

 1. DHCP 工作过程包括_____、_____、_____、_____ 4 种报文。

 2. 如果 DHCP 客户端无法获得 IP 地址,将自动从_____地址段中选择一个作为自己的地址。

 3. 在 Windows 环境下,使用_____命令可以查看 IP 地址配置,使用_____命令可以释放 IP 地址,使用_____命令可以续租 IP 地址。

 4. DHCP 是一个简化主机 IP 地址分配管理的 TCP/IP 标准协议,英文全称是_____,中文名称为_____。

 5. 当客户端注意到它的租用期到了_____以上时,就要更新该租用期,这时它会发送一个_____信息包给它所获得原始信息的服务器。

 6. 当租用期达到期满时间的近_____时,客户端如果在前一次请求中没能更新租用期,它会再次试图更新租用期。

 7. 配置 Linux 客户端需要修改网卡配置文件,将 BOOTPROTO 项设置为_____。

三、实践题

架设一台 DHCP 服务器,并按照下面的要求进行配置:

 (1) 为 192.168.203.0/24 建立一个 IP 作用域,并将 192.168.203.60～192.168.203.200 范围内的 IP 地址动态分配给客户机。

 (2) 假设子网的 DNS 服务器的 IP 地址为 192.168.0.9,网关为 192.168.203.254,所在的域为 jnrp.edu.cn,将这些参数指定给客户机使用。

第 8 章
DNS 服务器配置

DNS（Domain Name Service，域名服务）服务器是常见的网络服务器。本章将详细讲解在 Linux 操作平台下 DNS 服务器的配置。

学习要点

- 了解 DNS 服务的工作原理。
- 熟练掌握 Linux 下 DNS 服务器的配置。
- 熟练掌握 Linux 下 DNS 客户端的配置。

8.1 认识 DNS 服务

DNS 是 Internet/Intranet 中非常基础也是非常重要的一项服务，它提供了网络访问中域名和 IP 地址的相互转换。

8.1.1 DNS 概述

在 TCP/IP 网络中，每台主机必须有一个唯一的 IP 地址，当某台主机要访问另外一台主机上的资源时，必须指定另一台主机的 IP 地址，通过 IP 地址找到这台主机后才能访问这台主机。但是，当网络的规模较大时，使用 IP 地址就不太方便了，所以，便出

配置 DNS 服务器

现了主机名与 IP 地址之间的一种对应解决方案，可以通过使用形象易记的主机名而非 IP 地址进行网络的访问，这比单纯使用 IP 地址要方便得多。其实，在这种解决方案中使用了解析的概念和原理，单独通过主机名是无法建立网络连接的，只有通过解析的过程，在主机名和 IP 地址之间建立了映射关系后，才可以通过主机名间接地通过 IP 地址建立网络连接。

主机名与 IP 地址之间的映射关系，在小型网络中多使用 Hosts 文件来完成，后来，随着网络规模的增大，为了满足不同组织的要求，以实现一个可伸缩、可自定义的命名方案的需要，InterNIC 制订了一套称为 DNS 系统的分层名字解析方案，当 DNS 用户提出 IP 地址查询请求时，可以由 DNS 服务器中的数据库提供所需的数据，完成域名和 IP 地址的相互转换。DNS 技术目前已广泛应用于 Internet 中。

组成 DNS 系统的核心是 DNS 服务器，它是处理域名服务查询的计算机，它为连接 Intranet 和 Internet 的用户提供并管理 DNS 服务，维护 DNS 名字数据并处理 DNS 客户端主机名的查询。DNS 服务器保存了包含主机名和相应 IP 地址的数据库。

DNS 服务器分为 3 类。

1）主 DNS 服务器

主 DNS 服务器负责维护所管辖域的域名服务信息。它从域管理员构造的本地磁盘文件中加载域信息,该文件(区文件)包含着该服务器具有管理权的一部分域结构的最精确信息。配置主域服务器需要一整套的配置文件,包括主配置文件(/etc/named.conf)、区域配置文件、正向解析区域声明文件、反向解析区域声明文件、根区域文件(/var/named/named.ca)和回送文件(/var/named/named.local)。

2）辅助 DNS 服务器

辅助 DNS 服务器用于分担主 DNS 服务器的查询负载。区文件是从主服务器中转移出来的,并作为本地磁盘文件存储在辅助服务器中。这种转移被称为"区文件转移"。在辅助 DNS 服务器中有一个所有域信息的完整复制,可以有权威地回答对该域的查询请求。配置辅助 DNS 服务器不需要生成本地区文件,因为可以从主服务器下载该区文件。因而只需配置主配置文件、区域配置文件、根区域文件和回送文件即可。

3）惟高速缓存 DNS 服务器

供本地网络上的客户机用来进行域名转换。它通过查询其他 DNS 服务器并将获得的信息存放在它的高速缓存中,为客户机查询信息提供服务。惟高速缓存 DNS 服务器不是权威性的服务器,因为它提供的所有信息都是间接信息。

8.1.2　DNS 查询模式

按照 DNS 搜索区域的类型,DNS 的区域分为正向搜索区域和反向搜索区域。正向搜索是 DNS 服务的主要功能,它根据计算机的 DNS 名称(域名),解析出相应的 IP 地址;而反向搜索是根据计算机的 IP 地址解析出它的 DNS 名称(域名)。

1）正向查询

正向查询就是根据域名,搜索出对应的 IP 地址。其查询方法为:

当 DNS 客户机(也可以是 DNS 服务器)向首选 DNS 服务器发出查询请求后,如果首选 DNS 服务器数据库中没有与查询请求所对应的数据,则会将查询请求转发给另一台 DNS 服务器,以此类推,直到找到与查询请求对应的数据为止,如果最后一台 DNS 服务器中也没有所需的数据,则通知 DNS 客户机查询失败。

2）反向查询

反向查询与正向查询正好相反,它是利用 IP 地址查询出对应的域名。

8.1.3　DNS 域名空间结构

在域名系统中,每台计算机的域名由一系列用点分开的字母数字段组成。例如,某台计算机的 FQDN(Full Qualified Domain Name,全限定域名)为 computer.jnrp.cn,其具有的域名为 jnrp.cn;另一台计算机的 FQDN 为 www.computer.jnrp.cn,其具有的域名为 computer.jnrp.cn。域名是有层次的,域名中最重要的部分位于右边。FQDN 中最左边的部分是单台计算机的主机名或主机别名。

DNS 域名空间的分层结构如图 8-1 所示。

整个 DNS 域名空间结构如同一棵倒挂的树,层次结构非常清晰。根域位于顶部,紧接

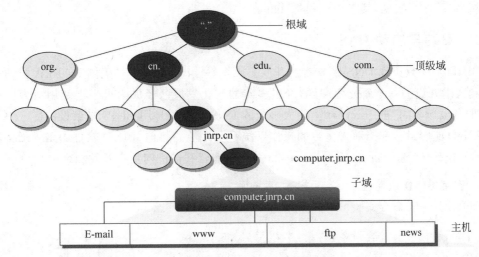

图 8-1　DNS 域名空间的分层结构

在根域下面的是顶级域,每个顶级域又可以进一步划分为不同的二级域,二级域再划分出子域,子域下面可以是主机也可以再划分子域,直到最后的主机。在 Internet 中的域是由 InterNIC 负责管理的,域名的服务则由 DNS 来实现。

8.2　案例设计与准备

为了保证校园网中的计算机能够安全可靠地通过域名访问本地网络以及 Internet 资源,需要在网络中部署主 DNS 服务器、从 DNS 服务器、缓存 DNS 服务器和转发 DNS 服务器。

一共有 4 台计算机,其中 3 台是 Linux 计算机,1 台是 Windows 10 计算机,如表 8-1 所示。

表 8-1　Linux 服务器和客户端信息

主 机 名 称	操作系统	IP 地址	角　　色
DNS 服务器:Server01	RHEL 8	192.168.10.1/24	主 DNS 服务器;VMnet1
DNS 服务器:Server02	RHEL 8	192.168.10.2/24	从 DNS、缓存 DNS、转发 DNS 等;VMnet1
Linux 客户端:Client1	RHEL 8	192.168.10.20/24	Linux 客户端;VMnet1
Windows 客户端:Client3	Windows 10	192.168.10.40/24	Windows 客户端;VMnet1

注意　　DNS 服务器的 IP 地址必须是静态的。

8.3　安装与配置 DNS 服务

Linux 下架设 DNS 服务器通常使用 BIND(Berkeley Internet Name Domain,伯克利因

特网域名)程序来实现,其守护进程是 named。

8.3.1 安装与启动 DNS

BIND 是一款实现 DNS 服务器的开放源码软件。BIND 原本是美国 DARPA 资助研究伯克利大学开设的一个研究生课题,经过多年的变化发展已经成为世界上使用最为广泛的 DNS 服务器软件,目前 Internet 上绝大多数的 DNS 服务器是用 BIND 来架设的。

BIND 能够运行在当前大多数的操作系统平台之上。目前,BIND 软件由 Internet 软件联合会(Internet Software Consortium,ISC)这个非营利性机构负责开发和维护。

1. 安装 BIND 软件包

(1)使用 dnf 命令安装 BIND 服务。

```
[root@Server01 ~]#mount /dev/cdrom /media
[root@Server01 ~]#dnf clean all                          //安装前先清除缓存
[root@Server01 ~]#dnf install bind bind-chroot -y
```

(2)安装完后再次查询,发现已安装成功。

```
[root@Server01 ~]#rpm -qa|grep bind
bind-chroot-9.11.13-3.el8.x86_64
...
bind-9.11.13-3.el8.x86_64
```

2. DNS 服务的启动、停止与重启,加入开机自启动

```
[root@Server01 ~]#systemctl start named;systemctl stop named
[root@Server01 ~]#systemctl restart named; systemctl enable named
```

8.3.2 掌握 BIND 配置文件

一般的 DNS 配置文件分为主配置文件、区域配置文件和正、反向解析区域声明文件。下面介绍各配置文件的配置方法。

1. 认识全局配置文件

主配置文件 named.conf 位于/etc 目录下,使用 cat 命令查看,"-n"可显示行号。

```
[root@Server01 ~]#cat /etc/named.conf -n
...                                              //略
options {
    listen-on port 53 { 127.0.0.1; };            //指定 BIND 侦听的 DNS 查询请求的本
                                                 机 IP 地址及端口
    listen-on-v6 port 53 { ::1; };               //限于 IPv6
    directory "/var/named";                      //指定区域配置文件所在的路径
    dump-file "/var/named/data/cache_dump.db";
    statistics-file "/var/named/data/named_stats.txt";
```

```
        memstatistics-file "/var/named/data/named_mem_stats.txt";
        allow-query { localhost; };              //指定接收 DNS 查询请求的客户端
        recursion yes;
        dnssec-enable yes;
        dnssec-validation yes;                   //改为 no,可以忽略 SELinux 影响
        dnssec-lookaside auto;
        ...
};
//以下用于指定 BIND 服务的日志参数
logging {
        channel default_debug {
        file "data/named.run";
        severity dynamic;
        };
};
zone "." IN {                                    //用于指定根服务器的配置信息,一般不能改动
  type hint;
  file "named.ca";
};

include "/etc/named.zones";                      //指定主配置文件,一定根据实际修改
include "/etc/named.root.key";
```

options 配置段属于全局性的设置,常用的配置项命令及功能如下。

(1) **directory**:用于指定 named 守护进程的工作目录,各区域正反向搜索解析文件和 DNS 根服务器地址列表文件(named.ca)应放在该配置项指定的目录中。

(2) **allow-query {}**:与 allow-query{localhost;}功能相同。另外,还可使用地址匹配符来表达允许的主机。例如,any 可匹配所有的 IP 地址,none 不匹配任何 IP 地址,localhost 匹配本地主机使用的所有 IP 地址,localnets 匹配同本地主机相连的网络中的所有主机。例如,若仅允许 127.0.0.1 和 192.168.1.0/24 网段的主机查询该 DNS 服务器,则命令为:

```
allow-query {127.0.0.1;192.168.1.0/24}
```

(3) **listen-on**:设置 named 守护进程监听的 IP 地址和端口。若未指定,默认监听 DNS 服务器的所有 IP 地址的 53 号端口。当服务器安装有多块网卡,有多个 IP 地址时,可通过该配置命令指定所要监听的 IP 地址。对于只有一个地址的服务器,不必设置。例如,若要设置 DNS 服务器监听 192.168.1.2 这个 IP 地址,端口使用标准的 5353 号,则配置命令为:

```
listen-on port 5353 { 192.168.1.2; };
```

(4) **forwarders {}**:用于定义 DNS 转发器。在设置了转发器后,所有非本域的和在缓存中无法找到的域名查询,可由指定的 DNS 转发器来完成解析工作并做缓存。forward 用于指定转发方式,仅在 forwarders 转发器列表不为空时有效,其用法为"forward first │ only ;"。forward first 为默认方式,DNS 服务器会将用户的域名查询请求先转发给 forwarders 设置的转发器,由转发器来完成域名的解析工作,若指定的转发器无法完成解析或无响应,则再由 DNS 服务器自身来完成域名的解析。若设置为"forward　only ; ",则 DNS 服务器仅将

用户的域名查询请求转发给转发器，若指定的转发器无法完成域名解析或无响应，DNS 服务器自身也不会试着对其进行域名解析。例如，某地区的 DNS 服务器为 61.128.192.68 和 61.128.128.68，若要将其设置为 DNS 服务器的转发器，则配置命令为：

```
options{
        forwarders {61.128.192.68;61.128.128.68;};
        forward first;
};
```

2. 认识区域配置文件

区域配置文件位于/etc 目录下，可将 named.rfc1912.zones 复制为主配置文件中指定的区域配置文件，本书中是/etc/named.zones（cp-p 会把修改时间和访问权限也复制到新文件中）。

```
[root@Server01 ~]# cp -p /etc/named.rfc1912.zones /etc/named.zones
[root@Server01 ~]# cat /etc/named.rfc1912.zones
zone "localhost.localdomain" IN {
    type master;                              //主要区域
    file "named.localhost";                   //指定正向解析区域声明文件
    allow-update { none; };
};
...
zone "1.0.0.127.in-addr.arpa" IN {           //反向解析区域
    type master;                              
    file "named.loopback";                    //指定反向解析区域声明文件
    allow-update { none; };
};
...
```

1) Zone 区域声明

（1）主域名服务器的正向解析区域声明格式为（样本文件为 named.localhost）：

```
zone "区域名称" IN {
    type master ;
    file "实现正向解析的区域声明文件名";
    allow-update {none;};
};
```

（2）从域名服务器的正向解析区域声明格式为：

```
zone "区域名称" IN {
    type slave ;
    file "实现正向解析的区域声明文件名";
    masters {主域名服务器的 IP 地址;};
};
```

反向解析区域的声明格式与正向相同，只是 file 所指定的要读的文件不同，另外就是区域的名称不同。若要反向解析 x.y.z 网段的主机，则反向解析的区域名称应设置为 z.y.x.in-addr.arpa。（反向解析区域样本文件为 named.loopback）

2）根区域文件/var/named/named.ca

/var/named/named.ca 是一个非常重要的文件，其包含了 Internet 的顶级域名服务器的名字和地址。利用该文件可以让 DNS 服务器找到根 DNS 服务器，并初始化 DNS 的缓冲区。当 DNS 服务器接到客户端主机的查询请求时，如果在 Cache 中找不到相应的数据，就会通过根服务器进行逐级查询。/var/named/named.ca 文件的主要内容如图 8-2 所示。

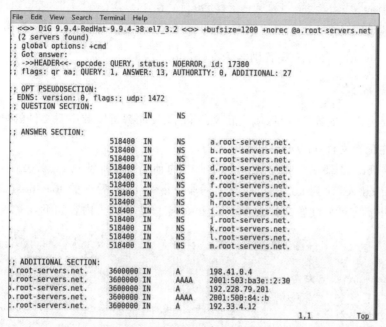

图 8-2　named.ca 文件

说明如下。

① 以";"开始的行都是注释行。

② ". 518400 IN NS a.root-servers.net."一行的含义是：". "表示根域；518400 是存活期；IN 是资源记录的网络类型，表示 Internet 类型；NS 是资源记录类型；"a.root-servers.net."是主机域名。

③ "a.root-servers.net. 3600000 IN A 198.41.0.4"一行的含义是：A 资源记录用于指定根域服务器的 IP 地址；a.root-servers.net.是主机名；3600000 是存活期；A 是资源记录类型；最后对应的是 IP 地址。

由于 named.ca 文件经常会随着根服务器的变化而发生变化，所以建议最好从国际互联网络信息中心（InterNIC）的 FTP 服务器下载最新的版本，文件名为 named.root。

8.4　配置主 DNS 服务器实例

本节将结合具体实例介绍缓存 DNS、主 DNS、辅助 DNS 等各种 DNS 服务器的配置。

8.4.1　案例环境及需求

某校园网要架设一台 DNS 服务器负责 long90.cn 域的域名解析工作。DNS 服务器的

FQDN 为 dns.long90.cn，IP 地址为 192.168.10.1。要求为以下域名实现正反向域名解析服务。

```
dns.long90.cn          192.168.10.1
mail.long90.cn         192.168.10.2
slave.long90.cn   MX记录  192.168.10.3
www.long90.cn          192.168.10.4
ftp.long90.cn          192.168.10.5
```

另外，为 www.long90.cn 设置别名为 web.long90.cn。

8.4.2 解决方案

配置过程包括主配置文件、区域配置文件和正、反向解析区域声明文件的配置。

1. 编辑主配置文件/etc/named.conf

该文件在/etc 目录下。把 options 选项中的侦听 IP 地址（127.0.0.1）改成 any，把 dnssec-validation yes 改为 no；把允许查询网段 allow-query 后面的 localhost 改成 any。在 include 语句中指定区域配置文件为 named.zones。修改后相关内容如下：

```
[root@Server01 ~]#vim /etc/named.conf

    listen-on port 53 { any; };
        listen-on-v6 port 53 { ::1; };
        directory                "/var/named";
        dump-file                "/var/named/data/cache_dump.db";
        statistics-file          "/var/named/data/named_stats.txt";
        memstatistics-file       "/var/named/data/named_mem_stats.txt";
        allow-query              { any; };
        recursion yes;
        dnssec-enable yes;
        dnssec-validation no;
        dnssec-lookaside auto;
        ...
    include "/etc/named.zones";                           //必须更改
    include "/etc/named.root.key";
```

2. 配置区域配置文件 named.zones

使用 vim /etc/named.zones 编辑并增加以下内容。

```
[root@Server01 ~]#vim /etc/named.zones

zone "long90.cn" IN {
        type master;
        file "long90.cn.zone";
        allow-update { none; };
};
```

```
zone "10.168.192.in-addr.arpa" IN {
        type master;
        file "1.10.168.192.zone";
        allow-update { none; };
};
```

区域配置文件的名称一定要与/etc/named.conf 文件中指定的文件名一致。在 8.3.2 小节中已将/etc/named.rfc1912.zones 复制为主配置文件中指定的区域配置文件/etc/named.zones。

3. 修改 bind 的正、反向解析区域声明文件

1）创建 long90.cn.zone 正向解析区域声明文件

正向解析区域声明文件位于/var/named 目录下，为编辑方便，可先将样本文件 named.localhost 复制到 long90.cn. zone（加 p 参数的目的是保持文件属性），再对 long90.cn.zone 进行修改。

```
[root@Server01 ~]#cd /var/named
[root@Server01 named]#cp -p named.localhost long90.cn.zone
[root@Server01 named]#vim /var/named/long90.cn.zone
$TTL 1D
@       IN SOA  @ root.long90.cn. (
                1997022700  ; serial       //该文件的版本号
                28800       ; refresh      //更新时间间隔
                14400       ; retry        //重试时间间隔
                3600000     ; expiry       //过期时间
                86400 )     ; minimum      //最小时间间隔,单位是秒
@       IN      NS          dns.long90.cn.
@       IN      MX      10  mail.long90.cn.
dns     IN      A           192.168.10.1
mail    IN      A           192.168.10.2
slave   IN      A           192.168.10.3
www     IN      A           192.168.10.4
ftp     IN      A           192.168.10.5
web     IN      CNAME       www.long90.cn.
```

① 正、反向解析区域声明文件的名称一定要与/etc/named.zones 文件中 zone 区域声明中指定的文件名一致。② 正、反向解析区域声明文件的所有记录行都要顶头写,前面不要留有空格,否则会导致 DNS 服务器不能正常工作。

说明如下。

① 第一个有效行为 SOA 资源记录。该记录的格式如下：

```
@       IN SOA origin. contact.(
);
```

② @是该域的替代符。例如,long90.cn.zone 文件中的@代表 long90.cn。

③ origin 表示该域的主域名服务器的 FQDN,用"."结尾表示这是个绝对名称。例如,

long.com.zone 文件中的 origin 为 dns.long.com.。

④ contact 表示该域的管理员的电子邮件地址。它是正常 E-mail 地址的变通,将@变为"."。例如,long.com.zone 文件中的 contact 为 mail.long.com.。所以上面例子中 SOA 有效行(@ IN SOA @ root.long90.cn.)可以改为(@ IN SOA long90.cn. root.long90.cn.)。

⑤ "@ IN NS dns.long90.cn."一行说明该域的域名服务器,至少应该定义一个。

⑥ "@ IN MX 10 mail.long90.cn."一行用于定义邮件交换器,其中 10 表示优先级别。数字越小,优先级别越高。

2) 创建 1.10.168.192.zone 反向解析区域声明文件

反向解析区域声明文件位于/var/named 目录下,为方便编辑,可先将样本文件/etc/named/named.loopback 复制到 1.10.168.192.zone 中,再对 1.10.168.192.zone 进行修改。

```
[root@Server01 named]# cp -p named.loopback 1.10.168.192.zone
[root@Server01 named]# vim /var/named/1.10.168.192.zone
$TTL 1D
@    IN SOA  @   root.long90.cn. (
                                    0       ; serial
                                    1D      ; refresh
                                    1H      ; retry
                                    1W      ; expire
                                    3H )    ; minimum
@           IN NS       dns.long90.cn.
@           IN MX    10 mail.long90.cn.
1           IN PTR      dns.long90.cn.
2           IN PTR      mail.long90.cn.
3           IN PTR      slave.long90.cn.
4           IN PTR      www.long90.cn.
5           IN PTR      ftp.long90.cn.
```

4. 设置防火墙放行,设置主配置文件、区域配置文件和正、反向解析区域声明文件的属组为 **named**(前面复制主配置文件和区域文件时如果加了"**-p**"选项,此步骤可省略)

```
[root@Server01 named]# firewall-cmd --permanent --add-service=dns
[root@Server01 named]# firewall-cmd --reload
[root@Server01 named]# chgrp named /etc/named.conf /etc/named.zones
[root@Server01 named]# chgrp named long90.cn.zone 1.10.168.192.zone
```

5. 重新启动 DNS 服务,添加开机自启动功能

```
[root@Server01 named]# systemctl restart named ; systemctl enable named
```

6. 在 Client3(Windows 10)上测试

① 进行 Client3 的 TCP/IP 属性中的 DNS 设置,如图 8-3 所示。

② 打开命令提示符,使用 nslookup 来测试,如图 8-4 所示。

7. 在 Linux 客户端 Client1 上测试

(1) 在 Linux 系统中,可以修改/etc/resolv.conf 文件来设置 DNS 客户端,如下所示。

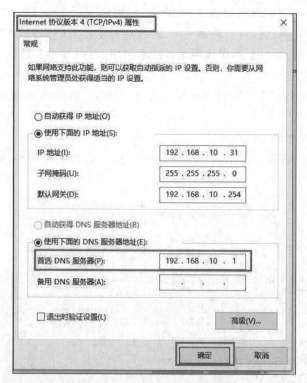

图 8-3 设置首选 DNS 服务器

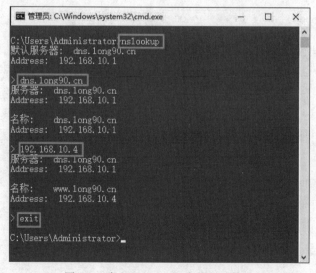

图 8-4 在 Windows 10 中的测试结果

```
[root@Client1?~]#vim /etc/resolv.conf
    nameserver  192.168.10.1
    nameserver  192.168.10.2
    search    long90.cn
```

其中,nameserver 指明域名服务器的 IP 地址,可以设置多个 DNS 服务器,查询时按照文件中指定的顺序解析域名,只有当第一个 DNS 服务器没有响应时,才向下面的 DNS 服务器发出域名解析请求。search 用于指明域名搜索顺序,当查询没有域名后缀的主机名时,将自动附加由 search 指定的域名。

在 Linux 系统中,还可以通过系统菜单设置 DNS。相关内容前面已多次介绍,不再赘述。

(2) 使用 nslookup 测试 DNS。

下面在客户端 Client1(192.168.10.20)上测试,前提是必须保证与 Server01 服务器的通信畅通。

```
[root@Client1 ~]#vim /etc/resolv.conf
  nameserver 192.168.10.1
  nameserver 192.168.10.2
  search long90.cn
[root@client1 ~]#nslookup            //运行 nslookup 命令
>server
Default server: 192.168.10.1
Address: 192.168.10.1#53
>www.long90.cn                       //正向查询,查询域名 www.long90.cn 所对应的 IP 地址
Server:    192.168.10.1
Address: 192.168.10.1#53

Name:    www.long90.cn
Address: 192.168.10.4
>192.168.10.2                        //反向查询,查询 IP 地址 192.168.10.2 所对应的域名
Server:    192.168.10.1
Address:  192.168.10.1#53

2.10.168.192.in-addr.arpaname =mail.long90.cn.
>set all                             //显示当前设置的所有值
Default server: 192.168.10.1
Address: 192.168.10.1#53

Set options:
  novc         nodebug     nod2
  search     recurse
  timeout =0     retry =3port =53
  querytype =A          class =IN
  srchlist =long90.cn
//查询 long90.cn 域的 NS 资源记录配置
>set type=NS                         //此行中 type 的取值还可以为 SOA、MX、CNAME、A、PTR 及 any 等
>long90.cn
Server:      192.168.10.1
Address:  192.168.10.1#53

long90.cn  nameserver =dns.long90.cn.
>exit
[root@client1 ~]#
```

注意

如果要求所有员工均可以访问外网地址,还需要设置根区域,并建立根区域对应的区域文件,这样才可以访问外网地址。

下载域名解析根服务器的最新版本。下载完毕,将该文件改名为 named.ca,然后复制到/var/named 下。

8.5　配置惟缓存 DNS 服务器

下面介绍公司内部只作缓存使用的域名服务器(惟缓存 DNS 服务器),对外部到达的网络请求一概拒绝,只需要在 Server02 上配置好/etc/named.conf 文件中的以下项就可以。

① 在 Server02 上安装 DNS 服务器。

② 配置/etc/named.conf,配置完成后使用 **cat　/etc /named.conf -n** 命令显示,其中参数"-n"在显示时自动加上行号。注意,不要把行号写到配置文件里！本书的代码中,一般用粗体字表示添加或更改内容。

```
10  options {
11      listen-on port 53 { any; };
12      listen-on-v6 port 53 { any; };
19      allow-query  { any; };
31      recursion yes;
32      forwarders{192.168.10.1;};          //设置转发到的 DNS 服务器
33      forward only;                       //指明这个服务器是缓存域名服务器
45  };
```

③ 设置防火墙放行,重新启动 DNS 服务,添加开机自启动功能。

④ 将 Client3 的首选 DNS 服务器设置为 192.168.10.2 进行测试。

这样,一个简单的缓存域名服务器就架设成功了。一般缓存域名服务器都是 ISP(Internet Service Provider,因特网服务提供商)或者大公司才会使用。

8.6　使用工具测试 DNS

BIND 软件包提供了 3 个 DNS 测试工具:nslookup、dig 和 host。其中 dig 和 host 是命令行工具,而 nslookup 命令既可以使用命令行模式也可以使用交互模式。下面在客户端 Client1(192.168.10.20)上进行测试,前提是必须保证与 Server01 服务器的通信畅通。

1. dig 命令

dig 命令是一个灵活的命令行方式的域名查询工具,常用于从域名服务器获取特定的信息。例如,通过 dig 命令查看域名 www.long90.cn 的信息。

```
[root@Client1 ~]#dig www.long90.cn

; <<>>DiG 9.9.4-RedHat-9.9.4-50.el7 <<>>www.long90.cn
```

```
...
; EDNS: version: 0, flags:; udp: 4096
;; QUESTION SECTION:
;www.long90.cn.          IN   A

;; ANSWER SECTION:
www.long90.cn.          86400    IN   A   192.168.10.4

;; AUTHORITY SECTION:
long90.cn.              86400    IN   NS  dns.long90.cn.

;; ADDITIONAL SECTION:
dns.long90.cn.          86400    IN   A   192.168.10.1

;; Query time: 2 msec
;; SERVER: 192.168.10.1#53(192.168.10.1)
;; WHEN: Tue Jul 17 22:22:40 CST 2018
;; MSG SIZE rcvd: 91
```

2. host 命令

host 命令用来做简单的主机名的信息查询。在默认情况下，host 只在主机名和 IP 地址之间进行转换。下面是一些常见的 host 命令的使用方法。

```
[root@Client1 ~]#host dns.long90.cn          //正向查询主机地址
[root@Client1 ~]#host 192.168.10.3           //反向查询 IP 地址对应的域名
//查询不同类型的资源记录配置,-t 参数后可以为 SOA、MX、CNAME、A、PTR 等
[root@Client1 ~]#host -t NS long90.cn
[root@Client1 ~]#host -l long90.cn           //列出整个 long90.cn 域的信息
[root@Client1 ~]#host -a web.long90.cn        //列出与指定主机资源记录相关的信息
```

3. DNS 服务器配置中的常见错误

（1）配置文件名写错。在这种情况下，运行 nslookup 命令不会出现命令提示符"＞"。

（2）主机域名后面没有"."。这是最常犯的错误。

（3）/etc/resolv.conf 文件中的域名服务器的 IP 地址不正确。在这种情况下，nslookup 命令不出现命令提示符。

（4）回送地址的数据库文件有问题。同样，nslookup 命令不出现命令提示符。

（5）在/etc/named.conf 文件中的 zone 区域声明中定义的文件名与/var/named 目录下的区域数据库文件名不一致。

　　可以通过查看/var/log/messages 日志文件了解配置文件出错的位置和原因。

8.7　项目实录：配置与管理 DNS 服务器

1. 观看视频

实训前请扫描二维码观看视频。

2. 项目背景

某企业有一个局域网（192.168.10.0/24），网络拓扑如图 8-5 所示。该企业中已经有自己的网页，员工希望通过域名来访问，同时员工也需要访问 Internet 上的网站。该企业已经申请了域名 long90.cn，公司需要 Internet 上的用户通过域名访问公司的网页。为了保证可靠，不能因为 DNS 的故障，网页不能被访问。

实训项目　配置与管理
DNS 服务器

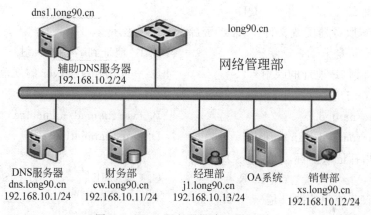

图 8-5　DNS 服务器搭建网络拓扑

要求在企业内部构建一台 DNS 服务器，为局域网中的计算机提供域名解析服务。DNS 服务器管理 long90.cn 域的域名解析，DNS 服务器的域名为 dns.long90.cn，IP 地址为 192.168.10.2。辅助 DNS 服务器的 IP 地址为 192.168.10.3。同时还必须为客户提供 Internet 上的主机的域名解析。要求分别能解析以下域名：财务部（cw.long90.cn：192.168.10.11）、销售部（xs.long90.cn：192.168.10.12）、经理部（jl.long90.cn：192.168.10.13）和 OA 系统（oa.long90.cn：192.168.10.13）。

3. 做一做

根据项目要求及视频内容，将项目完整无缺地完成。

8.8　练习题

一、填空题

1. 在 Internet 中计算机之间直接利用 IP 地址进行寻址，因而需要将用户提供的主机名转换成 IP 地址，把这个过程称为＿＿＿＿＿＿。

2. DNS 提供了一个_____的命名方案。

3. DNS 顶级域名中表示商业组织的是_____。

4. _____表示主机的资源记录,_____表示别名的资源记录。

5. 写出可以用来检测 DNS 资源创建的是否正确的两个工具:_____、_____。

6. DNS 服务器的查询模式有_____、_____。

7. DNS 服务器分为四类:_____、_____、_____、_____。

8. 一般在 DNS 服务器之间的查询请求属于_____查询。

二、选择题

1. 在 Linux 环境下,能实现域名解析的功能软件模块是(　　)。

   A. apache   B. dhcpd   C. BIND   D. SQUID

2. www.163.com 是 Internet 中主机的(　　)。

   A. 用户名   B. 密码   C. 别名

   D. IP 地址   E. FQDN

3. 在 DNS 服务器配置文件中,A 类资源记录的意思是(　　)。

   A. 官方信息   B. IP 地址到名字的映射

   C. 名字到 IP 地址的映射   D. 一个 name server 的规范

4. 在 Linux DNS 系统中,根服务器提示文件是(　　)。

   A. /etc/named.ca   B. /var/named/named.ca

   C. /var/named/named.local   D. /etc/named.local

5. DNS 指针记录的标志是(　　)。

   A. A   B. PTR   C. CNAME   D. NS

6. DNS 服务使用的端口是(　　)。

   A. TCP 53   B. UDP 54   C. TCP 54   D. UDP 53

7. 可以测试 DNS 服务器工作情况的命令是(　　)。

   A. dig   B. host

   C. nslookup   D. named-checkzone

8. 可以启动 DNS 服务的命令是(　　)。

   A. systemctl start named   B. systemctl restart named

   C. service dns start   D. /etc/init.d/dns start

9. 指定域名服务器位置的文件是(　　)。

   A. /etc/hosts   B. /etc/networks

   C. /etc/resolv.conf   D. /.profile

第 9 章
NFS 网络文件系统

资源共享是计算机网络的主要应用之一,本章主要介绍类 UNIX 系统之间实现资源共享的方法——NFS 服务。

学习要点

- NFS 服务的基本原理。
- NFS 服务器的配置与调试。
- NFS 客户端的配置。
- NFS 故障排除。

9.1 NFS 基本原理

NFS(Network File System,网络文件系统)是使不同的计算机之间能通过网络进行文件共享的一种网络协议,多用于类 UNIX 系统的网络中。

9.1.1 NFS 服务概述

在 Windows 主机之间可以通过共享文件夹来实现存储远程主机上的文件,而在 Linux 系统中通过 NFS 实现类似的功能。NFS 最早是由 SUN 公司于 1984 年开发出来,其目的就是让不同计算机、不同操作系统之间可以彼此共享文件。由于 NFS 使用起来非常方便,因

管理 NFS 服务器

此很快得到了大多数的 Linux 和 UNIX 系统的广泛支持,而且被 IETF(国际互联网工程任务组)制定为 RFCl904、RFCl813 和 RFC3010 标准。

NFS 网络文件系统具有以下优点。

① 被所有用户访问的数据可以存放在一台中央主机(NFS 服务器)上并共享出去,而其他不同主机上的用户可以通过 NFS 服务访问中央主机上的共享资源。这样既可以提高资源的利用率,节省客户端本地硬盘的空间,也便于对资源进行集中管理。

② 客户访问远程主机上的文件和访问本地主机上的资源一样,是透明的。

③ 远程主机上的文件的物理位置发生变化不会影响客户访问方式的变化。

④ 可以为不同客户设置不同的访问权限。

9.1.2　NFS 工作原理

NFS 服务是基于客户机/服务器模式的。NFS 服务器是提供输出文件（共享目录文件）的计算机，而 NFS 客户端是访问输出文件的计算机，它可以将输出文件挂载到自己系统中的某个目录文件中，然后像访问本地文件一样去访问 NFS 服务器中的输出文件。

例如，在 Linux 主机 A 中有一个目录文件/source，该文件中有网络中 Linux 主机 B 中用户所需的资源。可以把它输出（共享）出来，这样 B 主机上的用户可以把 A：/source 挂载到本机的某个挂载目录（例如/mnt/nfs/source）中，之后 B 上的用户就可以访问/mnt/nfs/source 中的文件了。而实际上 B 主机上的用户访问的是 A 主机上的资源。

NFS 客户端和 NFS 服务器通过远程过程调用（Remote Procedure Call，RPC）协议实现数据传输。服务器自开启服务之后一直处于等待状态，当客户主机上的应用程序访问远程文件时，客户主机内核向远程服务器发送一个请求，同时客户进程被阻塞并等待服务器应答。服务器接收到客户请求之后，处理请求并将结果返回给客户端。NFS 服务器上的目录如果可以被远程用户访问，就称为导出（export）；客户主机访问服务器导出目录的过程称为挂载（mount）或导入。

9.1.3　NFS 组件

Linux 下的 NFS 服务主要由以下 6 个部分组成。其中，只有前面 3 个是必需的，后面 3 个是可选的。

1. rpc.nfsd

这个守护进程的主要作用就是判断、检查客户端是否具备登录主机的权限，负责处理 NFS 请求。

2. rpc.mounted

这个守护进程的主要作用就是管理 NFS 的文件系统。当客户端顺利地通过 rpc.nfsd 登录主机后，在开始使用 NFS 主机提供的文件之前，它会去检查客户端的权限（根据/etc/exports 来对比客户端的权限）。通过这一关之后，客户端才可以顺利地访问 NFS 服务器上的资源。

3. rpcbind

主要功能是进行端口映射工作。当客户端尝试连接并使用 RPC 服务器提供的服务（如 NFS 服务）时，rpcbind 会将所管理的与服务对应的端口号提供给客户端，从而使客户端可以通过该端口向服务器请求服务。在 RHEL 6.4 中 rpcbind 默认已安装并且已经正常启动。

 　　虽然 rpcbind 只用于 RPC，但它对 NFS 服务来说是必不可少的。如果 rpcbind 没有运行，NFS 客户端就无法查找从 NFS 服务器中共享的目录。

4. rpc.locked

rpc.stated 守护进程使用本进程来处理崩溃系统的锁定恢复。为什么要锁定文件呢？

因为既然 NFS 文件可以让众多的用户同时使用,那么客户端同时使用一个文件时,有可能造成一些问题。此时,rpc.locked 就可以帮助解决这个难题。

5. rpc.stated

这个守护进程负责处理客户与服务器之间的文件锁定问题,确定文件的一致性(与 rpc. locked 有关)。当因为多个客户端同时使用一个文件造成文件破坏时,rpc.stated 可以用来检测该文件并尝试恢复。

6. rpc.quotad

这个守护进程提供了 NFS 和配额管理程序之间的接口。不管客户端是否通过 NFS 对它们的数据进行处理,都会受配额限制。

9.2　案例设计与准备

在 VMWare 虚拟机中启动两台 Linux 系统,一台作为 NFS 服务器,主机名为 Server01,规划好 IP 地址,如 192.168.10.1;另一台作为 NFS 客户端,主机名为 Client,同样规划好 IP 地址,如 192.168.10.20。配置 NFS 服务器,使得客户机 Client 可以浏览 NFS 服务器中特定目录下的内容。NFS 服务器和 Windows 客户端使用的操作系统以及 IP 地址可以根据表 9-1 来设置。

表 9-1　NFS 服务器和 Windows 客户端使用的操作系统以及 IP 地址

主 机 名 称	操作系统	IP 地址	网络连接方式
NFS 共享服务器：Server01	RHEL 8	192.168.10.1	VMnet1
NFS 客户端：Client1	RHEL 8	192.168.10.21	VMnet1
NFS 客户端：Client2	RHEL 8	192.168.10.30	VMnet1

9.3　配置一台完整的 NFS 服务器

本项目要用到计算机名,在 Server01 上设置/etc/hosts 文件,使 IP 地址与计算机名对应。

```
[root@Server01 ~]# cat /etc/hosts
127.0.0.1   localhost localhost.localdomain localhost4 localhost4.localdomain4
::1         localhost localhost.localdomain localhost6 localhost6.localdomain6
192.168.10.2    Server02
192.168.10.21   Client1
```

9.3.1　NFS 服务器端配置

要使用 NFS 服务,首先需要安装 NFS 服务组件。在 Red Hat Enterprise Linux 8 中,在默认情况下,NFS 服务会被自动安装到计算机中。

1. 安装 NFS 服务器

如果不确定是否安装了 NFS 服务,就先检查计算机中是否已经安装了 NFS 支持套件。如果没有安装,再安装相应的组件。

1)所需要的套件

对于 Red Hat Enterprise Linux 8 来说,要启用 NFS 服务器,至少需要以下两个套件。

(1) rpcbind。NFS 服务要正常运行,就必须借助 RPC 服务的帮助,做好端口映射工作,而这个工作就是由 rpcbind 负责的。一般 Linux 启动后,都会自动执行该文件,可以用以下命令查看:

```
[root@Server01 ~]#ps -eaf |grep rpcbind
rpc     944    1  0 06:33 ?        00:00:00 /usr/bin/rpcbind -w -f
root   3126  2839  0 07:04 pts/0   00:00:00 grep --color=auto rpcbind
```

rpcbind 进程默认监听 TCP 和 UDP 的 111 号端口,当客户端请求 RPC 服务时,会先与该端口联系,询问所请求的 RPC 服务是由哪个端口提供的。可以通过以下命令查看 111 号端口是否已经处于监听状态:

```
[root@Server01 ~]#netstat -anp|grep :111
tcp  0  0 0.0.0.0:111  0.0.0.0:*    LISTEN  1/systemd
tcp6 0  0 :::111       :::*         LISTEN  1/systemd
```

(2) nfs-utils。nfs-utils 是提供 rpc.nfsd 和 rpc.mounted 这两个守护进程与其他相关文档、执行文件的套件。这是 NFS 服务的主要套件。

2)安装 NFS 服务

建议在安装 NFS 服务之前,使用如下命令检测系统是否安装了 NFS 相关性软件包。

```
[root@Server01  ~]#rpm  -qa|grep  nfs-utils
nfs-utils-2.3.3-31.el8.x86_64
[root@Server01  ~]#rpm  -qa|grep  rpcbind
rpcbind-1.2.5-7.el8.x86_64
```

如果系统还没有安装 NFS 软件包,可以使用 dnf 命令安装所需的软件包。

(1) 使用 dnf 命令安装 NFS 服务。

```
[root@Server01 ~]#mount /dev/cdrom /media
[root@Server01 ~]#vim /etc/yum.repos.d/dvd.repo
[root@Server01  ~]#dnf  clean  all                    //安装前先清除缓存
[root@Server01  ~]#dnf   install   rpcbind   nfs-utils  -y
```

(2) 所有软件包安装完毕,可以使用 rpm 命令再一次查询:rpm -qa | grep nfs、rpm -qa | grep rpcbind。

```
[root@Server01   ~]#rpm  -qa|grep  nfs
[root@Server01   ~]#rpm  -qa|grep  rpc
```

2. 启动 nfs,并设置防火墙

(1) 查询 NFS 的各个程序是否在正常运行,命令如下。

```
[root@Server01  ~]#rpcinfo -p
```

(2) 如果没有看到 nfs 和 mounted 选项,则说明 NFS 没有运行,需要启动它。使用以下命令可以启动(**三个服务的启动顺序不能变**)。

```
[root@Server01  ~]#systemctl  start    rpcbind
[root@Server01  ~]#systemctl  enable   rpcbind
[root@Server01  ~]#systemctl start nfs-utils
[root@Server01  ~]#systemctl  start    nfs-server
[root@Server01  ~]#systemctl  enable   nfs-server
```

(3) 设置 rpc-bind、mountd 和 nfs 三个服务的防火墙选项为允许。

```
[root@Server01 ~]#firewall-cmd --permanent --add-service=rpc-bind
[root@Server01 ~]#firewall-cmd --permanent --add-service=mountd
[root@Server01 ~]#firewall-cmd --permanent --add-service=nfs
[root@Server01 ~]#firewall-cmd --reload
```

3. 配置文件/etc/exports

NFS 服务的配置,主要就是创建并维护/etc/exports 文件。这个文件定义了服务器上的哪几个部分与网络上的其他计算机共享,以及共享的规则都有哪些等。

1) exports 文件的格式

现在来看看应该如何设定/etc/exports 这个文件。某些 Linux 发行套件并不会主动提供/etc/exports 文件,此时就需要手动创建。

【例 9-1】　请看下面的示例,需要的共享目录和测试文件一定要建立,否则会出错。

```
[root@Server01  ~]#mkdir  /tmp1  /tmp2  /home/dir1  /pub
[root@Server01  ~]#touch  /tmp1/f1  /tmp2/f2  /home/dir1/f3  /pub/f4
[root@Server01  ~]#vim    /etc/exports
/              Server02(rw,no_root_squash)
/tmp1          * (rw) * .long90.cn(rw,sync)
/tmp2          192.168.10.0/24(ro)
/home/dir1Client1(rw,all_squash,anonuid=1200,anongid=1200)
/pub           * (ro,insecure,all_squash)
```

- 在以上配置中,第 1 行表示在 Server02 的客户机上访问 NFS 服务器的文件系统时,每一个用户都可以以服务器上同名用户的权限对根目录进行操作。
- 第 2 行表示客户都可以以只读的权限访问/tmp1 目录,位于 long90.cn 域的主机访问该目录时有读写权限,并且同步写入数据。
- 第 3 行表示只有 192.168.10.0/24 中的计算机才能访问/tmp2 共享文件夹,并且限制为只允许读取。
- 第 4 行表示 Client1 客户机上所有用户都可以读写/home/dir1,并且所有用户的

UID 和 GID 都为 1200。

- 第 5 行设置了类似于 FTP 匿名用户的功能,所有用户都能自由访问/pub 目录,并且都映射为 nobody 用户。

 说明 主机后面以小括号"( )"设置权限参数。若权限参数不止一个,则以逗号","分开,且主机名与小括号是连在一起的,中间无空格。

在设置/etc/exports 文件时需要特别注意"空格"的使用,因为在此配置文件中,除了分开共享目录和共享主机以及分隔多台共享主机外,在其余的情形下都不可以使用空格。例如,以下两个范例就分别表示不同的含义。

```
/home       Client(rw)
/home       Client      (rw)
```

在以上的第一行中,客户端 Client 对/home 目录具有读取和写入权限,而第二行中的 Client 对/home 目录只具有读取权限(这是系统对所有客户端的默认值)。而除 Client 之外的其他客户端对/home 目录具有读取和写入权限。

2)主机名规则

这个文件的设置很简单,每一行最前面是要共享出来的目录,然后这个目录可以依照不同的权限共享给不同的主机。

至于主机名称的设定,主要有以下两种方式。

(1)可以使用完整的 IP 地址或者网段,例如,192.168.10.3、192.168.10.0/24 或 192.168.10.0/ 255.255.255.0 都可以接受。

(2)可以使用主机名称,这个主机名称要在/etc/hosts 内或者使用 DNS,只要能被找到就行(重点是可以找到 IP 地址)。如果是主机名称,那么它可以支持通配符,例如,"*"或"?"均可以接受。

3)权限规则

至于权限方面(就是小括号内的参数),常用选项说明如表 9-2 所示。

表 9-2 常用选项说明

参　数	说　明
rw	可读/写的权限
ro	只读权限
sync	数据同步写入内存与硬盘当中
async	数据会先暂存于内存当中,而非直接写入硬盘
no_root_squash	登录 NFS 主机使用共享目录的用户,如果是 root,那么对于这个共享的目录来说,它就具有 root 的权限。这个设置极不安全,不建议使用
root_squash	如果登录 NFS 主机使用共享目录的用户是 root,那么这个用户的权限将被压缩成匿名用户的权限,通常它的 UID 与 GID 都会变成 nobody(nfsnobody)这个系统账户的身份
all_squash	不论登录 NFS 的用户身份如何,它的身份都会被压缩成匿名用户,即 nobody(nfsnobody)

参　数	说　明
anonuid	anon 是指 anonymous(匿名者),前面关于术语 squash 提到的匿名用户的 UID 设定值,通常为 nobody(nfsnobody),但是可以自行设定这个 UID 值。当然,这个 UID 必须存在于/etc/passwd 当中
anongid	同 anonuid,但是变成 Group ID 就可以了

4. 使用 exportfs 命令

如果修改了/etc/exports 文件后不需要重新激活 nfs,只要使用 exportfs -r 命令重新扫描一次/etc/exports 文件并重新将设定加载即可。exportfs 命令常用参数说明如表 9-3 所示。

表 9-3　exportfs 命令常用参数说明

参　数	说　明
-a	全部加载/etc/exports 的设置
-r	重新加载/etc/exports 的设置
-u	卸载某一目录
-v	将共享的目录显示在屏幕上

【例 9-2】　承接例 9-1,使用 exportfs 命令对/etc/exports 文件进行一系列操作,观察输出结果。

```
[root@Server01 ~]#more /etc/exports
/                Server02(rw,no_root_squash)
/tmp1            *(rw) *.long90.cn(rw,sync)
/tmp2       192.168.10.0/24(ro)
/home/dir1 Client1(rw,all_squash,anonuid=1200,anongid=1200)
/pub            *(ro,insecure,all_squash)
[root@Server01 ~]#exportfs -r -v
                          //重新导出/etc/exports 中的目录,使/etc/exports 生效
exporting Client1:/home/dir1
exporting Server02:/
exporting 192.168.10.0/24:/tmp2
exporting *.long90.cn:/tmp1
exporting *:/pub
exporting *:/tmp1
[root@Server01 ~]#exportfs -u *:/pub    //取消/etc/exports 中所列的/pub 目录的导出
root@Server01 ~]#exportfs -v *:/pub     //重新导出/pub 目录
exporting *:/pub
[root@Server01 ~]#exportfs -v            //查看目录的导出情况
/
Server02(sync,wdelay,hide,no_subtree_check,sec=sys,rw,no_root_squash,no_all_
squash)
/home/dir1
```

```
Client1(sync,wdelay,hide,no_subtree_check,anonuid=1200,anongid=1200,sec=sys,
rw,root_squash,all_squash)
/tmp2
192.168.10.0/24(sync,wdelay,hide,no_subtree_check,sec=sys,ro,root_squash,no_
all_squash)
/tmp1
*.long90.cn(sync,wdelay,hide,no_subtree_check,sec=sys,rw,root_squash,no_all_
squash)
/tmp1          <world>(sync,wdelay,hide,no_subtree_check,sec=sys,rw,root_squash,
no_all_squash)
/pub          <world>(sync,wdelay,hide,no_subtree_check,sec=sys,ro,root_squash,
all_squash)
```

最后查一下/var/lib/nfs/etab 文件,验证该文件内容与 exportfs -v 命令的输出是一致的。

```
[root@Server01 ~]#more /var/lib/nfs/etab
```

9.3.2　在客户端挂载 NFS 文件系统

Linux 下有多个好用的命令行工具,用于查看、连接、卸载、使用 NFS 服务器上的共享资源。

1. 配置 NFS 客户端

配置 NFS 客户端的一般步骤如下。

(1) 安装 nfs-utils 软件包。

(2) 识别要访问的远程共享。

```
showmount  -e  NFS 服务器 IP
```

(3) 确定挂载点。

```
mkdir  /nfstest
```

(4) 使用命令挂载 NFS 共享。

```
mount  -t nfs  NFS 服务器 IP:/gongxiang  /nfstest
```

(5) 修改 fstab 文件实现 NFS 共享永久挂载。

```
vim  /etc/fstab
```

2. 查看 NFS 服务器信息

在 Red Hat Enterprise Linux 8 下查看 NFS 服务器上的共享资源使用的命令为 showmount,它的语法格式如下。

```
showmount  [-adehv]  [ServerName]
```

常用参数说明如表 9-4 所示。

表 9-4　showmount 命令常用参数说明

参　数	说　明
-a	查看服务器上的输出目录和所有连接客户端信息,显示格式为"host: dir"
-d	只显示被客户端使用的输出目录信息
-e	显示服务器上所有的输出目录(共享资源)

比如,如果服务器的 IP 地址为 192.168.10.1,想查看该服务器上的 NFS 共享资源,则可以执行以下命令。

```
[root@Client1 ~]# showmount -e 192.168.10.1
Export list for 192.168.10.1:
/pub *
/tmp1 (everyone)
/tmp2 192.168.10.0/24
```

注意

如果出现以下错误信息,应该如何处理?

```
[root@Server01 ~]# showmount 192.168.10.1 -e
clnt_create: RPC: Port mapper failure - Unable
  to receive: errno 113 (No route to host)
```

出现错误的原因是 NFS 服务器的防火墙阻止了客户端访问 NFS 服务器。由于 NFS 使用许多端口,所以即使开放了 MFS 服务,仍然可能有问题。请确认同时开放了 rpc-bind 和 mountd 服务。请将这两个服务加入 firewall 防火墙。

不过,如果粗暴禁用防火墙也能达到实验效果:

```
[root@Server01 ~]# systemctl stop firewalld
```

3. 在客户端挂载 NFS 服务器共享目录

在 Red Hat Enterprise Linux 8 中挂载 NFS 服务器上的共享目录的命令为 mount(就是可以加载其他文件系统的 mount)。

```
mount -t nfs 服务器名称或地址:输出目录 挂载目录
```

【例 9-3】　要挂载 192.168.10.1 这台服务器上的/tmp1 目录,则需要依次执行以下操作。

1) 创建本地目录

首先在客户端创建一个本地目录,用来挂载 NFS 服务器上的输出目录。

```
[root@Client1 ~]# mkdir /nfs
```

2) 挂载服务器目录

再使用相应的 mount 命令挂载。

```
[root@Client1 ~]#mount -t nfs 192.168.10.1:/tmp1 /nfs
[root@Client1 ~]#ll /nfs
总用量 0
-rw-r--r--. 1 root root 0 2月  12 2021 f1
```

4. 卸载 NFS 服务器共享目录

要卸载刚才挂载的 NFS 共享目录,可以执行以下命令。

```
[root@Client1 ~]#umount /nfs
```

5. 在客户端启动时自动挂载 NFS

Red Hat Enterprise Linux 8 下的自动挂载文件系统都是在/etc/fstab 中定义的,NFS 文件系统也支持自动挂载。

1)编辑 fstab

在 Client1 上,用文本编辑器打开/etc/fstab,在其中添加如下一行。

```
192.168.10.1:/tmp1        /nfs      nfs     defaults 0 0
```

2)使设置生效

执行以下命令重新挂载 fstab 文件中定义的文件系统。

```
[root@Client1 ~]#mount     -a
[root@Client1 ~]#ll /nfs
总用量 0
-rw-r--r--. 1 root root 0 2月 12 2021 f1
```

9.3.3   了解 NFS 服务的文件存取权限

NFS 服务本身并不具备用户身份验证功能,那么当客户端访问时,服务器该如何识别用户呢? 主要有以下标准。

1)root 账户

如果客户端是以 root 账户访问 NFS 服务器资源,基于安全方面的考虑,服务器会主动将客户端改成匿名用户。所以,root 账户只能访问服务器上的匿名资源。

2)NFS 服务器上有客户端账户

客户端根据用户和组(UID、GID)来访问 NFS 服务器资源时,如果 NFS 服务器上有对应的用户名和组,就访问与客户端同名的资源。

3)NFS 服务器上没有客户端账户

此时,客户端只能访问匿名资源。

9.4   排除 NFS 故障

与其他网络服务一样,运行 NFS 的计算机同样可能出现问题。当 NFS 服务无法正常工作时,需要根据与 NFS 相关的错误消息,选择适当的解决方案。NFS 采用 C/S 结构,并通过网络通信,因此,可以将常见的故障点划分为 3 个:网络、客户端或者服务器。

1. 网络

对于网络的故障,主要有两个方面的常见问题。

1) 网络无法连通

使用 ping 命令检测网络是否连通,如果出现异常,请检查物理线路、交换机等网络设备,或者计算机的防火墙设置。

2) 无法解析主机名

对于客户端而言,无法解析服务器的主机名,可能会导致使用 mount 命令挂载时失败,并且服务器如果无法解析客户端的主机名,在做特殊设置时,同样会出现错误,所以需要在/etc/hosts 文件中添加相应的主机记录。

2. 客户端

客户端在访问 NFS 服务器时,多使用 mount 命令,下面将列出常见的错误信息以供参考。

1) 服务器的防火墙问题

如果出现以下错误信息:

```
[root@server1 ~]# showmount 192.168.10.1 -e
clnt_create: RPC: Port mapper failure - Unable to receive: errno 113 (No route to host)
```

解决方法是禁用防火墙,命令如下:

```
[root@server1 ~]# systemctl stop firewalld
```

2) 服务器无响应:端口映射失败-RPC 超时

如果 NFS 服务器已经关机,或者其 RPC 端口映射进程(portmap)已关闭,重新启动服务器的 portmap 程序,更正该错误。

3) 服务器无响应:程序未注册

mount 命令发送请求到达 NFS 服务器端口映射进程,但是 NFS 相关守护程序没有注册。

4) 拒绝访问

客户端不具备访问 NFS 服务器共享文件的权限。

5) 不被允许

执行 mount 命令的用户权限过低,必须具有 root 身份或是系统组的成员才可以运行 mount 命令,也就是说只有 root 用户和系统组的成员才能够进行 NFS 安装、卸装操作。

3. 服务器

1) NFS 服务进程状态

为了使 NFS 服务器正常工作,首先要保证所有相关的 NFS 服务进程为开启状态。

使用 rpcinfo 命令,可以查看 RPC 的相应信息,命令格式如下:

```
rpcinfo -p 主机名或 IP 地址
```

登录 NFS 服务器后,使用 rpcinfo 命令检查 NFS 相关进程的启动情况。

如果 NFS 相关进程并没有启动,使用 service 命令,启动 NFS 服务,再次使用 rpcinfo 进行测试,直到 NFS 服务工作正常。

2）出现 rpc mount export：RPC：Unable to receive 错误

```
[root@Client1 ~]# showmount -e 192.168.10.1
rpc mount export: RPC: Unable to receive; errno =No route to host
```

原因是 mountd 服务没有加入 NFS 服务器的防火墙的允许列表中,解决方法是：

```
[root@Server01 ~]# firewall-cmd --permanent --add-service=mountd
[root@Server01 ~]# firewall-cmd --reload
```

3）检测共享目录输出

客户端如果无法访问服务器的共享目录,可以登录服务器,进行配置文件的检查。确保/etc/exports 文件设定共享目录,并且客户端拥有相应权限。通常情况下,使用 showmount 命令能够检测 NFS 服务器的共享目录输出情况。

```
[root@Server01 ~]# showmount    -e    192.168.10.1
```

4. 故障诊断的一般步骤

诊断 NFS 故障的一般步骤如下。

① 检查 NFS 客户端和 NFS 服务器之间的通信是否正常。

② 检查 NFS 服务器上的防火墙是否正常关闭。

③ 检查 NFS 服务器上的 NFS 服务是否正常运行。

④ 验证 NFS 服务器的/etc/exports 文件的语法是否正确。

⑤ 检查客户端的 NFS 文件系统服务是否正常。

⑥ 验证/etc/fstab 文件中的配置是否正确。

9.5 项目实录：配置与管理 NFS 服务器

1. 观看视频

实训前请扫描二维码观看视频。

2. 项目背景

某企业的销售部有一个局域网,域名为 xs.mq.cn。网络拓扑图如图 9-1 所示。网内有一台 Linux 的共享资源服务器 shareserver,域名为 shareserver.xs.mq.cn。现要在 shareserver 上配置 NFS 服务器,使销售部内的所有主机都可以访问 shareserver 服务器中的/share 共享目录中的内容,但不允许客户机更改共享

实训项目 配置与管理 NFS 服务器

资源的内容。同时,让主机 China 在每次系统启动时自动将 shareserver 的/share 目录中的
内容挂载到 china3 的/share1 目录下。

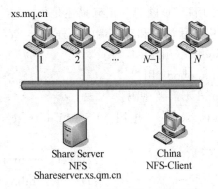

图 9-1　samba 服务器搭建网络拓扑

3. 深度思考

在观看视频时思考以下几个问题。

(1) hostname 的作用是什么? 其他为主机命名的方法还有哪些? 哪些是临时生效的?

(2) 配置共享目录时使用了什么通配符?

(3) 同步与异步选项如何应用? 作用是什么?

(4) 在视频中为了给其他用户赋予读写权限,使用了什么命令?

(5) showmount 与 mount 命令在什么情况下使用? 本项目使用它完成什么功能?

(6) 如何实现 NFS 共享目录的自动挂载? 本项目是如何实现自动挂载的?

4. 做一做

根据项目要求及视频内容,将项目完整无缺地完成。

9.6　练习题

一、选择题

1. NFS 工作站要 mount 远程 NFS 服务器上的一个目录的时候,以下(　　)是服务器
端必需的。

　　A. rpcbind 必须启动

　　B. NFS 服务必须启动

　　C. 共享目录必须加在/etc/exports 文件里

　　D. 以上全部都需要

2. 完成加载 NFS 服务器 svr.jnrp.edu.cn 的/home/nfs 共享目录到本机 /home2,正确
的命令是(　　)。

　　A. mount -t nfs svr.jnrp.edu.cn:/home/nfs /home2

　　B. mount -t -s nfs svr.jnrp.edu.cn./home/nfs /home2

　　C. nfsmount　svr.jnrp.edu.cn:/home/nfs　/home2

　　D. nfsmount -s svr.jnrp.edu.cn /home/nfs　/home2

3. (　　)命令用来通过 NFS 使磁盘资源被其他系统使用。

  A. share　　　　　　B. mount　　　　　　C. export　　　　　　D. exportfs

4. 以下 NFS 系统中关于用户 ID 映射的正确描述是(　　)。

  A. 服务器上的 root 用户默认值和客户端的一样

  B. root 被映射到 nfsnobody 用户

  C. root 不被映射到 nfsnobody 用户

  D. 默认情况下,anonuid 不需要密码

5. 假设公司有 10 台 Linux servers,想用 NFS 在 Linux servers 之间共享文件,则应该修改的文件是(　　)。

  A. /etc/exports　　　　　　　　　　B. /etc/crontab

  C. /etc/named.conf　　　　　　　　D. /etc/smb.conf

6. 查看 NFS 服务器 192.168.12.1 中的共享目录的命令是(　　)。

  A. show -e 192.168.12.1　　　　　　B. show //192.168.12.1

  C. showmount -e 192.168.12.1　　　　D. showmount -l 192.168.12.1

7. 装载 NFS 服务器 192.168.12.1 的共享目录/tmp 到本地目录/mnt/shere 的命令是(　　)。

  A. mount　192.168.12.1/tmp　/mnt/shere

  B. mount　-t　nfs 192.168.12.1/tmp　/mnt/shere

  C. mount　-t　nfs 192.168.12.1:/tmp　/mnt/shere

  D. mount　-t　nfs //192.168.12.1/tmp　/mnt/shere

二、填空题

1. Linux 和 Windows 之间可以通过_____进行文件共享,UNIX/Linux 操作系统之间通过_____进行文件共享。

2. NFS 的英文全称是_____,中文名称是_____。

3. RPC 的英文全称是_____,中文名称是_____。RPC 最主要的功能就是记录每个 NFS 功能所对应的端口,它工作在固定端口_____。

4. Linux 下的 NFS 服务主要由 6 部分组成,其中_____、_____、_____是 NFS 必需的。

5. _____守护进程的主要作用就是判断、检查客户端是否具备登录主机的权限,负责处理 NFS 请求。

6. _____是提供 rpc.nfsd 和 rpc.mounted 这两个守护进程与其他相关文档、执行文件的套件。

7. 在 CentOS 7 下查看 NFS 服务器上的共享资源使用的命令为_____,它的语法格式是_____。

8. CentOS 7 下的自动加载文件系统是在_____中定义的。

第 10 章
samba 服务器配置

利用 samba 服务可以实现 Linux 系统和 Microsoft 公司的 Windows 系统之间的资源共享。本章主要介绍 Linux 系统中 samba 服务器的配置，以实现文件和打印共享。

学习要点

- samba 简介及配置文件。
- samba 文件和打印共享的设置。
- Linux 和 Windows 资源共享。

10.1　samba 简介

samba 是一套让 Linux 系统能够应用 Microsoft 网络通信协议的软件，它使执行 Linux 系统的计算机能与执行 Windows 系统的计算机进行文件与打印共享。samba 使用一组基于 TCP/IP 的 smb 协议，通过网络共享文件及打印

管理与维护 samba 服务器

机，这组协议的功能类似于 NFS 和 lpd(Linux 标准打印服务器)。支持此协议的操作系统包括 Windows、Linux 和 OS/2。samba 服务在 Linux 和 Windows 系统共存的网络环境中尤为有用。

和 NFS 服务不同的是，NFS 服务只用于 Linux 系统之间的文件共享，而 samba 可以实现 Linux 系统之间及 Linux 和 Windows 系统之间的文件和打印共享。smb 协议使 Linux 系统的计算机在 Windows 上的网上邻居中看起来如同一台 Windows 计算机。

1. smb 协议

smb(Server Message Block)通信协议可以看作局域网上共享文件和打印机的一种协议。它是微软和英特尔在 1987 年制定的协议，主要是作为 Microsoft 网络的通信协议，而 samba 则是将 smb 协议搬到 UNIX 系统上来使用。通过 NetBIOS over TCP/IP 使用 samba 不但能与局域网络主机共享资源，也能与全世界的计算机共享资源。因为互联网上千千万万的主机所使用的通信协议就是 TCP/IP。smb 是在会话层和表示层及小部分的应用层的协议，smb 使用了 NetBIOS 的应用程序接口(API)。另外，它是一个开放性的协议，允许协议扩展，这使得它变得庞大而复杂，大约有 65 个最上层的作业，而每个作业都超过 120 个函数。

2. samba 软件

samba 是用来实现 smb 协议的一种软件,由澳大利亚的 Andew Tridgell 开发,是一套让 UNIX 系统能够应用 Microsoft 网络通信协议的软件。它使执行 UNIX 系统的机器能与执行 Windows 系统的计算机共享资源。samba 属于 GNU Public License(GPL)的软件,因此可以合法而免费地使用。作为类 UNIX 系统,Linux 系统也可以运行这套软件。

samba 的运行包含两个后台守护进程:nmbd 和 smbd,它们是 samba 的核心。在 samba 服务器启动到停止运行期间持续运行。nmbd 监听 137 号和 138 号 UDP 端口,smbd 监听 139 号 TCP 端口。nmbd 守护进程使其他计算机可以浏览 Linux 服务器,smbd 守护进程在 smb 服务请求到达时对它们进行处理,并且对被使用或共享的资源进行协调。在请求访问打印机时,smbd 把要打印的信息存储到打印队列中;在请求访问一个文件时,smbd 把数据发送到内核,最后把它存到磁盘上。smbd 和 nmbd 使用的配置信息全部保存在/etc/samba/smb.conf 文件中。

3. samba 的功能

目前,samba 的主要功能如下。

① 提供 Windows 风格的文件和打印机共享。Windows 9x、Windows 2000/2003、Windows XP 等操作系统可以利用 samba 共享 Linux 等其他操作系统上的资源,外表看起来和共享 Windows 的资源没有区别。

② 解析 NetBIOS 名字。在 Windows 网络中为了能够利用网上资源,同时使自己的资源也能被别人所利用,各个主机都定期向网上广播自己的身份信息。而负责收集这些信息并为其他主机提供检索的服务器称为浏览服务器。samba 可以有效地完成这项功能。在跨越网关的时候 samba 还可以作为 WINS 服务器使用。

③ 提供 smb 客户功能。利用 samba 提供的 smbclient 程序可以在 Linux 上像使用 FTP 一样访问 Windows 的资源。

④ 提供一个命令行工具,利用该工具可以有限制地支持 Windows 的某些管理功能。

⑤ 支持 SWAT(samba Web Administration Tool)和 SSL(Secure Socket Layer)。

10.2　案例设计与准备

在实施项目前先了解 samba 服务器的配置流程。

10.2.1　了解 samba 服务器配置的工作流程

首先对服务器进行设置:告诉 samba 服务器将哪些目录共享出来给客户端进行访问,并根据需要设置其他选项,比如添加对共享目录内容的简单描述信息和访问权限等具体设置。

(1) 基本的 samba 服务器的搭建流程主要分为 5 个步骤。

① 编辑主配置文件 smb.conf,指定需要共享的目录,并为共享目录设置共享权限。

② 在 smb.conf 文件中指定日志文件名称和存放路径。

③ 设置共享目录的本地系统权限。

④ 重新加载配置文件或重新启动 SMB 服务，使配置生效。

⑤ 关闭防火墙，同时设置 SELinux 为允许。

（2）samba 的工作流程如图 10-1 所示。

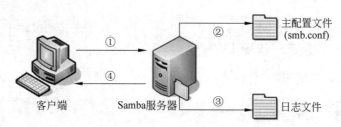

图 10-1　samba 的工作流程示意图

① 客户端请求访问 samba 服务器上的共享目录。

② samba 服务器接收到请求后，会查询主配置文件 smb.conf，看是否共享了目录，如果共享了目录则查看客户端是否有权限访问。

③ samba 服务器会将本次访问信息记录在日志文件之中，日志文件的名称和路径都需要进行设置。

④ 如果客户端满足访问权限设置，则允许客户端进行访问。

10.2.2　设备准备

本项目要用到 Server01、Client3 和 Client1，设备情况如表 10-1 所示。

表 10-1　samba 服务器和 Windows 客户端使用的操作系统以及 IP 地址

主 机 名 称	操 作 系 统	IP 地 址	网络连接方式
samba 共享服务器：Server01	RHEL 8	192.168.10.1/24	VMnet1(仅主机模式)
Windows 客户端：Client3	Windows 10	192.168.10.40/24	VMnet1(仅主机模式)
Linux 客户端：Client1	RHEL 8	192.168.10.21/24	VMnet1(仅主机模式)

10.3　配置 samba 服务器

10.3.1　安装并启动 samba 服务

使用 rpm -qa |grep samba 命令检测系统是否安装了 samba 相关性软件包：

```
[root@Server01 ~]#rpm -qa |grep samba
```

（1）挂载 ISO 安装映像。

```
[root@Server01 ~]#mount /dev/cdrom /media
```

（2）制作 yum 源文件/etc/yum.repos.d/dvd.repo。

（3）使用 dnf 命令查看 samba 软件包的信息。

```
[root@Server01 ~]#dnf info samba
```

（4）使用 yum 命令安装 samba 服务。

```
[root@Server01 ~]#dnf clean all                         //安装前先清除缓存
[root@Server01 ~]#dnf install samba -y
```

（5）所有软件包安装完毕，可以使用 rpm 命令再一次进行查询：rpm -qa | grep samba。

```
[root@Server01 ~]#rpm -qa | grep samba
```

（6）启动 smb 服务，设置开机启动该服务，重启、停止 smb 服务。

```
[root@Server01 ~]#systemctl start smb ; systemctl enable smb
```

注意　　在服务器配置中，更改了配置文件后，一定要记得重启服务，让服务重新加载配置文件，这样新配置才生效。重启的命令是：**systemctl restart smb** 或 **systemctl reload smb**。

10.3.2　了解主要配置文件 smb.conf

samba 的配置文件一般就放在/etc/samba 目录中，主配置文件名为 smb.conf。

1. samba 服务程序中的参数以及作用

使用 ll 命令查看 smb.conf 文件属性，并使用命令 **vim /etc /samba /smb.conf** 查看文件的详细内容，如图 10-2 所示（使用"：**set nu**"加行号，后面同样处理，不再赘述）。

```
root@Server01:~
文件(F)  编辑(E)  查看(V)  搜索(S)  终端(T)  帮助(H)
26          path = /var/tmp
27          printable = Yes
28          create mask = 0600
29          browseable = No
30
31 [print$]
32          comment = Printer Drivers
33          path = /var/lib/samba/drivers
34          write list = @printadmin root
35          force group = @printadmin
36          create mask = 0664
37          directory mask = 0775
                                                    37,1-8              底端
```

图 10-2　查看 smb.conf 配置文件

RHEL 8 的 smb.conf 配置文件已经简化，只有 37 行左右。为了更清楚地了解配置文件，建议研读/etc /samba /smb.conf.example。samba 开发组按照功能不同，对 smb.conf 文件进行了分段划分，条理非常清楚。表 10-2 罗列了主配置文件的参数以及相应的注释说明。

表 10-2　samba 服务程序中的参数以及作用

作用范围	参　　数	作　　用
[global]	workgroup ＝ MYGROUP	工作组名称，如 workgroup＝SmileGroup
	server string ＝ samba Server Version %v	服务器描述，参数%v 为显示 SMB 版本号
	log file ＝ /var/log/samba/log.%m	定义日志文件的存放位置与名称，参数%m 为来访的主机名
	max log size ＝ 50	定义日志文件的最大容量为 50KB
	security ＝ user	安全验证的方式，需验证来访主机提供的口令后才可以访问；提升了安全性，系统默认方式
	security ＝ server	使用独立的远程主机验证来访主机提供的口令（集中管理账户）
	security ＝ domain	使用域控制器进行身份验证
	passdb backend ＝ tdbsam	定义用户后台的类型，共有 3 种。第一种表示：创建数据库文件并使用 pdbedit 命令建立 samba 服务程序的用户
	passdb backend ＝ smbpasswd	使用 smbpasswd 命令为系统用户设置 samba 服务程序的密码
	passdb backend ＝ ldapsam	基于 LDAP 服务进行账户验证
	load printers ＝ yes	设置在 samba 服务启动时是否共享打印机设备
	cups options ＝ raw	打印机的选项
[homes]		共享参数
	comment ＝ Home Directories	描述信息
	browseable ＝ no	指定共享信息是否在"网上邻居"中可见
	writable ＝ yes	定义是否可以执行写入操作，与 read only 相反
[printers]		打印机共享参数

为了方便配置，建议先备份 smb.conf，一旦发现错误可以随时从备份文件中恢复主配置文件。操作如下。

```
[root@Server01 ~]# cd /etc/samba; ls
[root@Server01 samba]# cp smb.conf smb.conf.bak; cd
```

2. Share Definitions 共享服务的定义

Share Definitions 设置对象为共享目录和打印机，如果想发布共享资源，需要对 Share Definitions 进行部分配置。Share Definitions 字段非常丰富，设置灵活。

先来看几个最常用的字段。

1）设置共享名

共享资源发布后，必须为每个共享目录或打印机设置不同的共享名，供网络用户访问时使用，并且共享名可以与原目录名不同。

共享名的设置非常简单，格式为：

```
［共享名］
```

2）共享资源描述

网络中存在各种共享资源，为了方便用户识别，可以为其添加备注信息，以方便用户查看时知道共享资源的内容是什么。

格式：

```
comment =备注信息
```

3）共享路径

共享资源的原始完整路径，可以使用 path 字段进行发布，务必正确指定。

格式：

```
path =绝对地址路径
```

4）设置匿名访问

设置是否允许对共享资源进行匿名访问，可以更改 public 字段。

格式：

```
public =yes        #允许匿名访问
public =no         #禁止匿名访问
```

【例 10-1】 samba 服务器中有个目录为/share，需要发布该目录成为共享目录，定义共享名为 public，要求：允许浏览、允许只读、允许匿名访问。设置如下所示。

```
[public]
    comment =public
    path =/share
    browseable =yes
    read only =yes
    public =yes
```

5）设置访问用户

如果共享资源存在重要数据，需要对访问用户进行审核，可以使用 valid users 字段进行设置。

格式：

```
valid users =用户名
valid users =@组名
```

【例 10-2】 samba 服务器/share/tech 目录中存放了公司技术部数据，只允许技术部员工和经理访问，技术部组为 tech，经理账户为 manager。

```
[tech]
    comment=tech
    path=/share/tech
    valid users=@tech,manager
```

6）设置目录只读

共享目录如果需要限制用户的读写操作，可以通过 read only 实现。

格式：

```
read only =yes    #只读
read only =no     #读写
```

7）设置过滤主机

注意网络地址的写法。

相关示例如下。

```
hosts allow =192.168.10.   server.abc.com
```

上述程序表示允许来自 192.168.10.0 或 server.abc.com 的访问者访问 samba 服务器资源。

```
hosts deny =192.168.2.
```

上述程序表示不允许来自 192.168.2.0 网络的主机访问当前 samba 服务器资源。

【例 10-3】　samba 服务器公共目录/public 存放大量共享数据，为保证目录安全，仅允许 192.168.10.0 网络的主机访问，并且只允许读取，禁止写入。

```
[public]
      comment=public
      path=/public
      public=yes
      read only=yes
      hosts allow =192.168.10.
```

8）设置目录可写

如果共享目录允许用户写操作，可以使用 writable 或 write list 两个字段进行设置。

writable 格式：

```
writable =yes    #读写
writable =no     #只读
```

write list 格式：

```
write list =用户名
write list =@组名
```

[homes]为特殊共享目录，表示用户主目录。[printers]表示共享打印机。

10.4 samba 服务的日志文件和密码文件

日志文件对于 samba 非常重要,它存储着客户端访问 samba 服务器的信息,以及 samba 服务的错误提示信息等,可以通过分析日志,帮助解决客户端访问和服务器维护等问题。

1. samba 服务日志文件

在/etc/samba/smb.conf 文件中,log file 为设置 samba 日志的字段。如下所示:

```
log file =/var/log/samba/log.%m
```

samba 服务的日志文件默认存放在/var/log/samba/中,其中 samba 会为每个连接到 samba 服务器的计算机分别建立日志文件。使用 **ls -a   /var /log /samba** 命令可以查看日志的所有文件。

当客户端通过网络访问 samba 服务器后,会自动添加客户端的相关日志。所以,Linux 管理员可以根据这些文件来查看用户的访问情况和服务器的运行情况。另外当 samba 服务器工作异常时,也可以通过/var/log/samba/下的日志进行分析。

2. samba 服务密码文件

samba 服务器发布共享资源后,客户端访问 samba 服务器,需要提交用户名和密码进行身份验证,验证合格后才可以登录。samba 服务为了实现客户身份验证功能,将用户名和密码信息存放在/etc/samba/smbpasswd 中,在客户端访问时,将用户提交的资料与 smbpasswd 中存放的信息进行比对,如果相同,并且 samba 服务器其他安全设置允许,客户端与 samba 服务器的连接才能建立成功。

那如何建立 samba 账户呢? 首先,samba 账户并不能直接建立,需要先建立与 Linux 同名的系统账户。例如,如果要建立一个名为 yy 的 samba 账户,那么 Linux 系统中必须提前存在一个同名的 yy 系统账户。

samba 中添加账户的命令为 smbpasswd,格式为:

```
smbpasswd -a 用户名
```

【例 10-4】 在 samba 服务器中添加 samba 账户 reading。

(1)建立 Linux 系统账户 reading。

```
[root@Server01 ~]#useradd reading
[root@Server01 ~]#passwd reading
```

(2)添加 reading 用户的 samba 账户。

```
[root@Server01 ~]#smbpasswd  -a  reading
```

samba 账户添加完毕。如果在添加 samba 账户时输入完两次密码后出现错误信息 Failed to modify password entry for user amy,则是因为 Linux 本地用户里没有 reading 这个用户,在 Linux 系统里面添加一下就可以了。

经过上面的设置，再次访问 samba 共享文件时就可以使用 reading 账户了。

10.5　user 服务器实例解析

在 RHEL 8 系统中，samba 服务程序默认使用的是用户口令认证模式。这种认证模式可以确保仅让有密码且受信任的用户访问共享资源，而且验证过程也十分简单。

【例 10-5】　如果公司有多个部门，因工作需要，就必须分门别类地建立相应部门的目录。要求将销售部的资料存放在 samba 服务器的/companydata/sales/目录下集中管理，以便销售人员浏览，并且该目录只允许销售部员工访问。

分析：在/companydata/sales/目录中存放有销售部的重要数据，为了保证其他部门无法查看其内容，需要将全局配置中 security 设置为 user 安全级别。这样就启用了 samba 服务器的身份验证机制。然后在共享目录/companydata/sales 下设置 valid users 字段，配置只允许销售部员工访问这个共享目录。

1. 在 Server01 上配置 samba 共享服务器

（1）建立共享目录，并在其下建立测试文件。

```
[root@Server01 ~]#mkdir  /companydata
[root@Server01 ~]#mkdir  /companydata/sales
[root@Server01 ~]#touch  /companydata/sales/test_share.tar
```

（2）添加销售部用户和组并添加相应的 samba 账户。

① 使用 groupadd 命令添加 sales 组，然后执行 useradd 命令和 passwd 命令，以添加销售部员工的账户及密码。此处单独增加一个 test_user1 账户，不属于 sales 组，供测试用。

```
[root@Server01 ~]#groupadd sales            #建立销售组 sales
[root@Server01 ~]#useradd -g sales sale1    #建立用户 sale1,添加到 sales 组
[root@Server01 ~]#useradd -g sales sale2    #建立用户 sale2,添加到 sales 组
[root@Server01 ~]#useradd test_user1        #供测试用
[root@Server01 ~]#passwd sale1              #设置用户 sale1 密码
[root@Server01 ~]#passwd sale2              #设置用户 sale2 密码
[root@Server01 ~]#passwd test_user1         #设置用户 test_user1 密码
```

② 为销售部成员添加相应 samba 账户。

```
[root@Server01 ~]#smbpasswd  -a  sale1
[root@Server01 ~]#smbpasswd  -a  sale2
```

（3）修改 samba 主配置文件：**vim　/etc/samba/smb.conf**。直接在原文件末尾添加，但要注意将原文件的[global]删除或用"＃"注释，文件中不能有两个同名的[global]。当然也可直接在原来的[global]上进行修改。

```
39  [global]
40      workgroup =Workgroup
41      server string =File Server
42      security =user
```

```
43        #设置 user 安全级别模式,取默认值
44        passdb backend =tdbsam
45        printing =cups
46        printcap name =cups
47        load printers =yes
48        cups options =raw
49   [sales]
50        #设置共享目录的共享名为 sales
51        comment=sales
52        path=/companydata/sales
53        #设置共享目录的绝对路径
54        writable =yes
55        browseable =yes
56        valid users =@ sales
57        #设置可以访问的用户为 sales 组
```

2. 设置本地权限、SELinux 和防火墙(Server01)

(1) 设置共享目录的本地系统权限和属组。

```
[root@Server01 ~]# chmod  770  /companydata/sales -R
[root@Server01 ~]# chown  :sales  /companydata/sales -R
```

-R 参数是递归用的,一定要加上。请读者再次复习前面学习的权限相关内容,特别是 chown、chmod 等命令。

(2) 更改共享目录和用户家目录的 context 值,或者禁掉 SELinux。

```
[root@Server01 ~]# chcon -t samba_share_t /companydata/sales  -R
[root@Server01 ~]# chcon -t samba_share_t /home/sale1  -R
[root@Server01 ~]# chcon -t samba_share_t /home/sale2  -R
```

或者

```
[root@Server01 ~]# getenforce
[root@Server01 ~]# setenforce Permissive
```

或者

```
[root@Server01 ~]# setenforce 0
```

(3) 让防火墙放行,这一步很重要。

```
[root@Server01 ~]# firewall-cmd --permanent --add-service=samba
[root@Server01 ~]# firewall-cmd --reload            //重新加载防火墙
[root@Server01 ~]# firewall-cmd --list-all
public (active)
```

···
```
    services: ssh dhcpv6-client samba              //已经加入防火墙的允许服务
    ···
```

（4）重新加载 samba 服务并设置开机时自动启动。

```
［root@Server01 ～］#systemctl restart smb
［root@Server01 ～］#systemctl enable smb
```

3. Windows 客户端访问 samba 共享测试

一是在 Windows 10 中利用资源管理器进行测试，二是利用 Linux 客户端。本例使用 Windows 10 系统来测试。以下的操作在 Client2 上进行。

1）使用 UNC 路径直接进行访问

依次选择"开始"→"运行"命令，使用 UNC 路径直接进行访问，例如\\192.168.10.1。打开"Windows 安全中心"对话框，如图 10-3 所示。输入 sale1 或 sale2 及其密码，登录后可以正常访问。

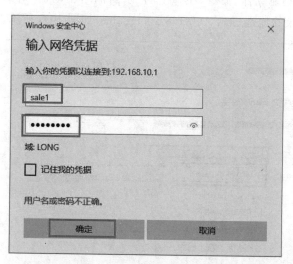

图 10-3　"Windows 安全中心"对话框

　　　注销 Windows 10 客户端，使用 test_user1 用户和密码登录会出现什么情况？

2）使用映射网络驱动器访问 samba 服务器共享目录

Windows 10 默认是不会在桌面上显示"此电脑"图标的。首先让"此电脑"在桌面上显示。

① 在桌面空白处右击，选择"个性化"命令。

② 单击"主题"菜单项，选择"桌面图标设置"命令。

③ 选中"计算机"选项，依次单击"应用"→"确定"按钮。

④ 回到桌面,发现"此电脑"图标已回到桌面上了。

⑤ 双击"此电脑"图标,再依次选择"计算机"→"映射网络驱动器"命令,如图 10-4 所示。

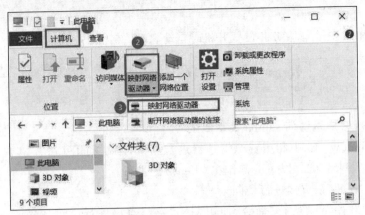

图 10-4　选择"映射网络驱动器"命令

⑥ 单击"映射网络驱动器"命令,在弹出的"映射网络驱动器"对话框中选择 Z 驱动器,并输入 sales 共享目录的地址,如\\192.168.10.1\sales,如图 10-5 所示。

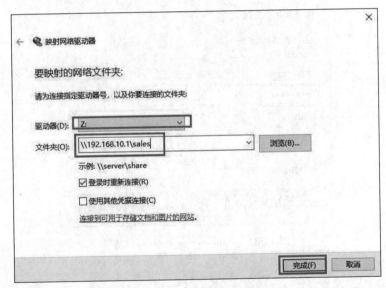

图 10-5　"映射网络驱动器"对话框

⑦ 单击"完成"按钮,在接下来的对话框中输入可以访问 sales 共享目录的 samba 账户和密码。

⑧ 再次双击"此电脑"图标,如图 10-6 所示。驱动器 Z 就是共享目录 sales,就可以很方便地访问了。

提示　　samba 服务器在将本地文件系统共享给 samba 客户端时,涉及本地文件系统权限和 samba 共享权限。当客户端访问共享资源时,最终的权限取这两种权限中最严格的。后面的实例中,不再单独设置本地权限。

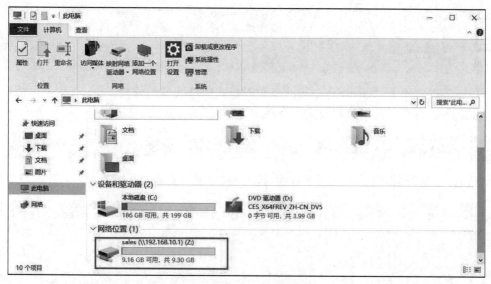

图 10-6　成功设置网络驱动器 Z

4. Linux 客户端访问 samba 共享

samba 服务程序当然还可以实现 Linux 系统之间的文件共享。请读者按照要求来设置 samba 服务程序所在主机(即 samba 共享服务器)和 Linux 客户端 Client1 使用的 IP 地址，然后在客户端 Client1 上安装 samba 服务和支持文件共享服务的软件包(cifs-utils)。

(1) 在 Client1 上安装 samba-client 和 cifs-utils。

```
[root@@Client1 ~]#mount  /dev/cdrom /media
[root@@Client1 ~]#vim  /etc/yum.repos.d/dvd.repo
[root@@Client1 ~]#dnf  install samba-client cifs-utils -y
```

(2) Linux 客户端使用 smbclient 命令访问服务器。

① smbclient 可以列出目标主机共享目录列表。smbclient 的命令格式为:

```
smbclient -L 目标 IP 地址或主机名 -U 登录用户名%密码
```

当查看 Server01(192.168.10.1)主机的共享目录列表时，提示输入密码，这时可以不输入密码，而直接按 Enter 键，这样表示匿名登录，然后就会显示匿名用户可以看到的共享目录列表。

```
[root@@Client1 ~]#smbclient -L  192.168.10.1
```

若想使用 samba 账户查看 samba 服务器端共享的目录，可以加上-U 参数，后面跟上用户名%密码。下面的命令显示只有 sale2 账户(其密码为 12345678)才有权限浏览和访问的 sales 共享目录:

```
[root@@Client1 ~]#smbclient  -L  192.168.10.1  -U  sale2%12345678
```

不同用户使用 smbclient 浏览的结果可能是不一样的，这要根据服务器设置的访问控制权限而定。

② 还可以使用 smbclient 命令行共享访问模式浏览共享的资料。

smbclient 命令行共享访问模式命令格式为：

smbclient　　　//目标 IP 地址或主机名/共享目录　　-U　用户名%密码

下面命令运行后，将进入交互式界面（键入"?"号可以查看具体命令）。

```
[root@@Client1 ~]#smbclient          //192.168.10.1/sales  -U  sale2%12345678
Try "help" to get a list of possible commands.
smb: \>ls

  test_share.tar                  A      0 Mon Jul 16 18:39:03 2018

     9754624 blocks of size 1024. 9647416 blocks available
smb: \>mkdir testdir                    //新建一个目录进行测试
smb: \>ls

  test_share.tar                  A      0 Mon Jul 16 18:39:03 2018
  testdir                         D      0 Mon Jul 16 21:15:13 2018

9754624 blocks of size 1024. 9647416 blocks available
smb: \>exit
[root@@Client1 ~]#
```

另外，smbclient 登录 samba 服务器后，可以使用 help 查询所支持的命令。

（3）Linux 客户端使用 mount 命令挂载共享目录。

mount 命令挂载共享目录的格式为：

mount -t cifs　　//目标 IP 地址或主机名/共享目录名称 挂载点 -o username=用户名

下面的命令结果为挂载 192.168.10.1 主机上的共享目录 sales 到/mnt/sambadata 目录下，cifs 是 samba 所使用的文件系统。

```
[root@@Client1 ~]#mkdir -p /smb/sambadata
[root@ @ Client1 ~] # mount - t cifs //192. 168. 10. 1/sales /smb/sambadata/ - o
username=sale1
Password for sale1@//192.168.10.1/sales: * * * * * * * *
//输入 sale1 的 samba 用户密码,不是系统用户密码
[root@@Client1 ~]#cd /smb/sambadata
[root@@Client1 sambadata]#ls
testdir  test_share.tar
[root@@Client1 sambadata]#cd
```

5. Linux 客户端访问 Windows 共享

在客户端 Client1 上可以直接使用命令 smbclient 访问 Windows 共享。

```
[root@Server01 ~]#smbclient -L //192.168.10.31  -U  administrator
Enter SAMBA\administrator's password:
Sharename       Type       Comment
---------       ----       -------
ADMIN$          Disk       远程管理
C$              Disk       默认共享
IPC$            IPC        远程 IPC
SMB1 disabled --no workgroup available
[root@Server01 ~]#
```

10.6　配置可匿名访问的 samba 服务器

如何配置可匿名访问的 samba 服务器呢？下面通过实例说明。

【例 10-6】　公司需要添加 samba 服务器作为文件服务器，工作组名为 Workgroup，共享目录为/share，共享名为 public，这个共享目录允许公司所有员工下载文件，但不允许上传文件。

分析：这个案例属于 samba 的基本配置，既然允许所有员工访问，就需要为每个用户建立一个 samba 账户，那么如果公司拥有大量用户呢？ 1000 个用户，甚至 100000 个用户，每个都设置会非常麻烦，可以采用匿名账户 nobody 访问，这样实现起来非常简单。

1）参考步骤

① 在 Server01 上建立 share 目录，并在其下建立测试文件，设置共享文件夹本地系统权限。

```
[root@Server01 ~]#mkdir    /share ; touch    /share/test_share.tar
[root@Server01 ~]#chmod 645    /share -R
```

② 修改 samba 主配置文件 smb.conf。

```
[root@Server01 ~]#vim    /etc/samba/smb.conf
```

在 10.4 节的基础上修改配置文件，与例 10-5 配置文件内容一样的不再显示出来。

```
39 [global]
   ...
44  map to guest =bad user
   ...
50 [public]
51  comment=public
52  path=/share
53  guest ok=yes
54  #允许匿名用户访问
```

```
55  browseable=yes
56  #在客户端显示共享的目录
57  public=yes
58  #最后设置允许匿名访问
59  read only =yes
```

③ 让防火墙放行 samba 服务。在例 10-5 中已详细设置,这里不再赘述。

以下的实例不再考虑防火墙和 SELinux 的设置,但不意味着防火墙和 SELinux 不用设置。

firewall-cmd --permanent --add-service=samba、firewall-cmd --reload

④ 更改共享目录的 context 值。

```
[root@Server01  ~]#chcon  -t  samba_share_t  /share
```

可以使用 getenforce 命令查看 SELinux 防火墙是否被强制实施(默认是这样),如果不被强制实施,步骤③和④可以省略。使用命令 setenforce 1 可以设置强制实施防火墙,使用命令 setenforce 0 可以取消强制实施防火墙(注意是数字 1 和数字 0)。

⑤ 重新加载配置。
可以使用 restart 重新启动服务或者使用 reload 重新加载配置。

```
[root@Server01  ~]#systemctl  restart  smb
```

或者

```
[root@Server01  ~]#systemctl  reload  smb
```

重启 samba 服务,虽然可以让配置生效,但是 restart 是先关闭 samba 服务再开启服务,这样在公司网络运营过程中肯定会对客户端员工的访问造成影响,建议使用 reload 命令重新加载配置文件使其生效,这样不需要中断服务就可以重新加载配置。

samba 服务器完成以上设置后,用户就可以不需要输入账户和密码直接登录 samba 服务器并访问 public 共享目录了。在 Windows 客户端可以用 UNC 路径测试,方法是在 Windows 10(Client3)资源管理器地址栏输入\\192.168.10.1。但出现了错误,错误页面如图 10-7 所示。

2) 解决 Windows 10 默认不允许匿名访问的问题

① 在 Client3 的命令提示符下输入命令 gpedit.msc,并单击"确定"按钮。

② 待本地组策略编辑器弹出后,依次选择"计算机管理"→"管理模板"→"网络"→"lanman 工作站"选项。

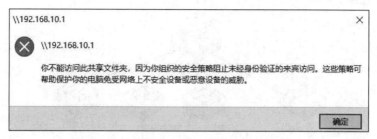

图 10-7　Windows 10 默认不允许匿名访问

③ 在右侧窗口找到"启用不安全的来宾登录"选项,将之调整为"已启用",依次单击"应用"→"确定"按钮。

④ 重启设备并再次测试。

 　　完成实训后记得恢复到正常默认,即删除或注释掉 map to guest = bad user。samba 共享文件能看到目录但看不到内容的解决方法。

10.7　项目实录：配置与管理 samba 服务器

1. 观看视频
实训前请扫描二维码观看视频。

2. 项目背景
某公司有 system、develop、productdesign 和 test 共 4 个小组,个人计算机操作系统为 Windows 10,少数开发人员采用 Linux 操作系统,服务器操作系统为 RHEL 8,需要设计一套建立在 RHEL 8 之上的安全文件共享方案。每个用户都有自己的网络磁盘,develop 组到 test 组有共用的网络硬盘,所有用户(包括匿名用户)有一个只读共享资料库;所有用户(包括匿名用户)要有一个存放临时文件的文件夹。网络拓扑如图 10-8 所示。

项目实录　配置与管理 samba 服务器

3. 项目目标
(1) system 组具有管理所有 samba 空间的权限。

(2) 各小组拥有自己的空间,除了小组成员及 system 组有权限以外,其他用户不可访问(包括列表、读和写)。

(3) 所有用户(包括匿名用户)都具有从资料库读数据的权限而不具有写入数据的权限。

(4) develop 组与 test 组有共享空间,develop 组与 test 组之外的用户不能访问。

(5) 在公共临时空间中,所有用户都可以读取、写入、删除。

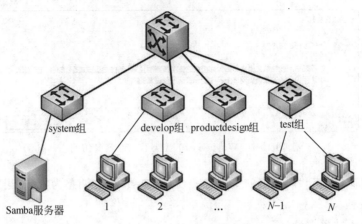

图 10-8　samba 服务器搭建网络拓扑

4. 深度思考

在观看视频时思考以下几个问题。

(1) 用 mkdir 命令建立共享目录,可以同时建立多少个目录?

(2) 如何熟练应用 chown、chmod、setfacl 这些命令?

(3) 组账户、用户账户、samba 账户等的建立过程是怎样的?

(4) useradd 的-g、-G、-d、-s、-M 选项的含义分别是什么?

(5) 权限 700 和 755 的含义是什么?请查找相关权限表示的资料(见 5.6 节)。

(6) 注意不同用户登录后权限的变化。

5. 做一做

根据项目要求及视频内容,将项目完整无缺地完成。

10.8　练习题

一、填空题

1. samba 服务功能强大,使用_____协议,英文全称是_____。

2. SMB 经过开发,可以直接运行于 TCP/IP 上,使用 TCP 的_____端口。

3. samba 服务是由两个进程组成,分别是_____和_____。

4. samba 服务软件包包括_____、_____、_____和_____(不要求版本号)。

5. samba 的配置文件一般就放在_____目录中,主配置文件名为_____。

6. samba 服务器有_____、_____、_____、_____和_____五种安全模式,默认级别是_____。

二、选择题

1. 用 samba 共享了目录,但是在 Windows 网络邻居中却看不到它,应该在/etc/samba/smb.conf 中采用( )设置才能正确工作。

    A. AllowWindowsClients＝yes　　　　　B. Hidden＝no

C. Browseable＝yes　　　　　　　　D. 以上都不是

2. 卸载 samba-3.0.33-3.7.el5.i386.rpm 的命令是(　　)。

　　A. rpm -D samba-3.0.33-3.7.el5　　　B. rpm -i samba-3.0.33-3.7.el5

　　C. rpm -e samba-3.0.33-3.7.el5　　　D. rpm -d samba-3.0.33-3.7.el5

3. 可以允许198.168.0.0/24 访问 samba 服务器的命令是(　　)。

　　A. hosts enable ＝ 198.168.0.　　　B. hosts allow ＝ 198.168.0.

　　C. hosts accept ＝ 198.168.0.　　　D. hosts accept ＝ 198.168.0.0/24

4. 启动 samba 服务,必须运行的端口监控程序是(　　)。

　　A. nmbd　　　　　B. lmbd　　　　　C. mmbd　　　　　D. smbd

5. 下面所列出的服务器类型中,可以使用户在异构网络操作系统之间进行文件系统共享的是(　　)。

　　A. FTP　　　　　B. samba　　　　　C. DHCP　　　　　D. Squid

6. samba 服务密码文件是(　　)。

　　A. smb.conf　　　B. samba.conf　　　C. smbpasswd　　　D. smbclient

7. 利用(　　)命令可以对 samba 的配置文件进行语法测试。

　　A. smbclient　　　B. smbpasswd　　　C. testparm　　　D. smbmount

8. 可以通过设置条目(　　)来控制访问 samba 共享服务器的合法主机名。

　　A. allow hosts　　　B. valid hosts　　　C. allow　　　D. publicS

9. samba 的主配置文件中不包括(　　)。

　　A. global 参数　　　　　　　　B. directory shares 部分

　　C. printers shares 部分　　　　　D. applications shares 部分

三、简答题

1. 简述 samba 服务器的应用环境。

2. 简述 samba 的工作流程。

3. 简述基本的 samba 服务器搭建流程的四个主要步骤。

第 11 章
Apache 服务器配置

利用 Apache 服务可以实现在 Linux 系统构建 Web 站点。本章将主要介绍 Apache 服务的配置方法，以及虚拟主机、访问控制等的实现方法。

学习要点

- Apache 简介。
- Apache 服务的安装与启动。
- Apache 服务的主配置文件。
- 各种 Apache 服务器的配置。
- 配置用户身份验证。

11.1 认识 Web

由于能够提供图形、声音等多媒体数据，再加上可以交互的动态 Web 语言的广泛普及，WWW（World Wide Web）早已经成为 Internet 用户最喜欢的访问方式。一个最重要的证明就是，当前的绝大部分 Internet 流量是由 WWW 浏览产生的。

管理与维护 Apache 服务器

WWW 服务是解决应用程序之间相互通信的一项技术。严格地说，WWW 服务是描述一系列操作的接口，它使用标准的、规范的 XML 描述接口。这一描述中包括了与服务进行交互所需要的全部细节，包括消息格式、传输协议和服务位置。而在对外的接口中隐藏了服务实现的细节，仅提供一系列可执行的操作，这些操作独立于软、硬件平台和编写服务所用的编程语言之外。WWW 服务既可单独使用，也可同其他 WWW 服务一起使用，实现复杂的商业功能。

1. Web 服务简介

WWW 是 Internet 上被广泛应用的一种信息服务技术。WWW 采用的是客户/服务器结构，整理和储存各种 WWW 资源，并响应客户端软件的请求，把所需的信息资源通过浏览器传送给用户。

Web 服务通常可以分为两种：静态 Web 服务和动态 Web 服务。

2. HTTP

HTTP(Hypertext Transfer Protocol,超文本传输协议)可以算得上是目前国际互联网基础上的一个重要组成部分。而 Apache、IIS 服务器是 HTTP 的服务器软件,微软的 Internet Explorer 和 Mozilla 的 Firefox 则是 HTTP 的客户端实现。

1) 客户端访问 Web 服务器的过程

一般客户端访问 Web 内容要经过 3 个阶段:在客户端和 Web 服务器间建立连接、传输相关内容、关闭连接。

(1) Web 浏览器使用 HTTP 命令向服务器发出 Web 请求(一般是使用 GET 命令要求返回一个页面,但也有 POST 等命令)。

(2) 服务器接收到 Web 页面请求后,就发送一个应答并在客户端和服务器之间建立连接。如图 11-1 所示为建立连接示意图。

(3) Web 服务器查找客户端所需文档,若 Web 服务器查找到所请求的文档,就会将所请求的文档传送给 Web 浏览器。若该文档不存在,则服务器会发送一个相应的错误提示文档给客户端。

(4) Web 浏览器接收到文档后,就将它解释并显示在屏幕上。如图 11-2 所示为传输相关内容示意图。

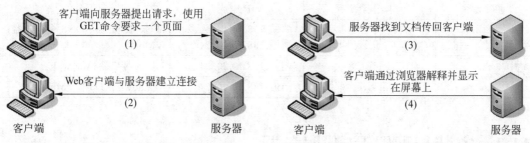

图 11-1　Web 客户端和服务器之间建立连接　　图 11-2　Web 客户端和服务器之间进行数据传输

(5) 当客户端浏览完成后,就断开与服务器的连接。图 11-3 所示为关闭连接示意图。

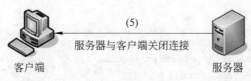

图 11-3　Web 客户端和服务器之间关闭连接

2) 端口

HTTP 请求的默认端口是 80,但是也可以配置某个 Web 服务器使用另外一个端口(比如 8080)。这就能让同一台服务器上运行多个 Web 服务器,每个服务器监听不同的端口。但是要注意,访问端口是 80 的服务器,由于是默认设置,所以不需要写明端口号,如果访问的一个服务器是 8080 端口,那么端口号就不能省略,它的访问方式就变成了 http://www.smile.com:8080/。

小资料

当 Apache 在 1995 年年初被开发的时候,它是由当时最流行的 HTTP 服务器 NCSA HTTPd 1.3 的代码修改而成的,因此是"一个修补的(a patchy)"服务器。然而在服务器官方网站的常见问题解答中是这么解释的:"Apache 这个名字是为了纪念名为 Apache(印第语)的美洲印第安人土著的一支,众所周知他们拥有高超的作战策略和无穷的耐性。"

读者如果有兴趣,可以到 http://www.netcraft.com 去查看 Apache 最新的市场份额占有率,还可以在这个网站查询某个站点使用的服务器情况。

11.2 案例设计和准备

利用 Apache 服务建立普通 Web 站点、基于主机和用户认证的访问控制。

安装有企业服务器版 Linux 的 PC 一台、测试用计算机 2 台(Windows 10、Linux),并且两台计算机都在联入局域网。该环境也可以用虚拟机实现。规划好各台主机的 IP 地址,如表 11-1 所示。

表 11-1 Linux 服务器和客户端信息

主机名称	操作系统	IP 地址	角 色
Server01	RHEL 8	192.168.10.1/24 192.168.10.10/24	Web 服务器、DNS 服务器; VMnet1
Client1	RHEL 8	192.168.10.20/24	Linux 客户端;VMnet1
Client3	Windows 10	192.168.10.40/24	Windows 客户端;VMnet1

11.3 安装与配置 Web 服务器

11.3.1 安装、启动与停止 Apache 服务

1. 安装 Apache 相关软件

```
[root@Server01 ~]#rpm -q httpd
[root@Server01 ~]#mount /dev/cdrom /media
[root@Server01 ~]#dnf clean all                          //安装前先清除缓存
[root@Server01 ~]#dnf install httpd -y
[root@Server01 ~]#rpm -qa|grep httpd                     //检查安装组件是否成功
```

注 意

一般情况下,默认已经安装 firefox,需要根据情况而定。

启动 Apache 服务的命令如下(重新启动和停止的命令分别是 restart 和 stop):

```
[root@Server01 ~]#systemctl start httpd
```

2. 让防火墙放行，并设置 SELinux 为允许

需要注意的是，Red Hat Enterprise Linux 7 采用了 SELinux 这种增强的安全模式，在默认的配置下，只有 SSH 服务可以通过。像 Apache 这种服务，安装、配置、启动完毕，还需要为它放行才行。

（1）使用防火墙命令，放行 http 服务。

```
[root@Server01 ~]#firewall-cmd --list-all
[root@Server01 ~]#firewall-cmd --permanent --add-service=http
[root@Server01 ~]#firewall-cmd --reload
[root@Server01 ~]#firewall-cmd --list-all
public (active)
  ...
  sources:
  services: ssh dhcpv6-client samba dns http
  ...
```

（2）更改当前的 SELinux 值，后面可以跟 Enforcing、Permissive 或者 1、0。

```
[root@Server01 ~]#setenforce 0
[root@Server01 ~]#getenforce
Permissive
```

　　利用 setenforce 设置 SELinux 值，重启系统后失效，如果再次使用 httpd，则仍需重新设置 SELinux，否则客户端无法访问 Web 服务器。如果想长期有效，请修改 /etc/sysconfig/selinux 文件，按需要赋予 SELinux 相应的值（Enforcing｜Permissive，或者"0"｜"1"）。本书多次提到防火墙和 SELinux，请读者一定注意，许多问题可能是防火墙和 SELinux 引起的，且对于系统重启后失效的情况也要了如指掌。

3. 测试 httpd 服务是否安装成功

（1）安装完 Apache 服务器后，启动它，并设置开机自动加载 Apache 服务。

```
[root@Server01 ~]#systemctl start httpd
[root@Server01 ~]#systemctl enable httpd
[root@Server01 ~]#firefox http://127.0.0.1
```

（2）如果看到图 11-4 所示的提示信息，则表示 Apache 服务器已安装成功。也可以在 Applications 菜单中直接启动 firefox，然后在地址栏输入 http://127.0.0.1，测试是否成功安装。

（3）测试成功后将 SELinux 值恢复到初始状态。

```
[root@Server01 ~]#setenforce 1
```

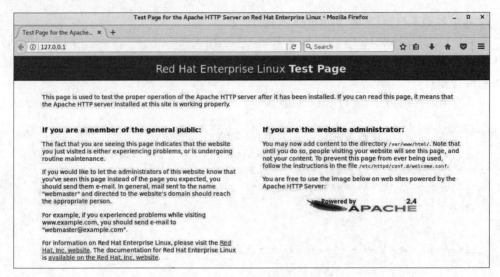

图 11-4　Apache 服务器运行正常

11.3.2　认识 Apache 服务器的配置文件

在 Linux 系统中配置服务，其实就是修改服务的配置文件，httpd 服务程序的主要配置文件及存放位置如表 11-2 所示。

表 11-2　Linux 系统中的配置文件及存放位置

配置文件的名称	存 放 位 置
服务目录	/etc/httpd
主配置文件	/etc/httpd/conf/httpd.conf
网站数据目录	/var/www/html
访问日志	/var/log/httpd/access_log
错误日志	/var/log/httpd/error_log

Apache 服务器的主配置文件是 httpd.conf，该文件通常存放在/etc/httpd/conf 目录下。文件虽然看起来很复杂，但其实很多是注释内容。

httpd.conf 文件不区分大小写，在该文件中以"♯"开始的行为注释行。除了注释和空行外，服务器把其他的行认为是完整的或部分的指令。指令又分为类似于 shell 的命令和伪 HTML 标记。指令的语法为"配置参数名称　参数值"。伪 HTML 标记的语法格式如下：

```
<Directory />
    Options FollowSymLinks
    AllowOverride None
</Directory>
```

在 httpd 服务程序的主配置文件中，存在 3 种类型的信息：注释行信息、全局配置、区域配置。在 httpd 服务程序主配置文件中，最为常用的参数如表 11-3 所示。

表 11-3　配置 httpd 服务程序时最常用的参数以及用途描述

参　　数	用　　途	参　　数	用　　途
ServerRoot	服务目录	Directory	网站数据目录的权限
ServerAdmin	管理员邮箱	Listen	监听的 IP 地址与端口号
User	运行服务的用户	DirectoryIndex	默认的索引页页面
Group	运行服务的用户组	ErrorLog	错误日志文件
ServerName	网站服务器的域名	CustomLog	访问日志文件
DocumentRoot	文档根目录（网站数据目录）	Timeout	网页超时时间,默认为 300 秒

从表 11-3 中可知,DocumentRoot 参数用于定义网站数据的保存路径,其参数的默认值是把网站数据存放到/var/www/html 目录中;而当前网站普遍的首页面名称是 index.html,因此可以向/var/www/html 目录中写入一个文件,替换掉 httpd 服务程序的默认首页面,该操作会立即生效(在本机上测试)。

```
[root@Server01 ~]# echo "Welcome To MyWeb" >/var/www/html/index.html
[root@Server01 ~]# firefox http://127.0.0.1
```

程序的首页面内容已经发生了改变,如图 11-5 所示。

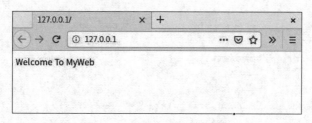

图 11-5　首页内容已发生改变

　如果没有出现希望的画面,而是仍回到默认页面,那一定是 SELinux 的问题,请在终端命令行运行 setenforce　0 后再测试。

11.4　Web 服务器简单案例

11.4.1　设置文档根目录和首页文件的实例

【例 11-1】　默认情况下,网站的文档根目录保存在/var/www/html 中,如果想把保存网站文档的根目录修改为/home/www,并且将首页文件修改为 myweb.html,那么该如何操作呢?

1. 分析
文档根目录是一个较为重要的设置,一般来说,网站上的内容都保存在文档根目录中。在默认情形下,除了记号和别名将改指它处以外,所有的请求都从这里开始。而打开网站时所显示的页面即该网站的首页(主页)。首页的文件名是由 DirectoryIndex 字段来定义的。在默认情况下,Apache 的默认首页名称为 index.html。当然也可以根据实际情况进行更改。

2. 解决方案

(1) 在 Server01 上修改文档的根目录为/home/www,并创建首页文件 myweb.html。

```
[root@Server01 ~]#mkdir /home/www
[root@Server01 ~]#echo "The Web's DocumentRoot Test " >/home/www/myweb.html
```

(2) 在 Server01 上,先备份主配置文件,然后打开 httpd 服务程序的主配置文件,将第122 行用于定义网站数据保存路径的参数 DocumentRoot 修改为/home/www,同时还需要将第 127 行用于定义目录权限的参数 Directory 后面的路径也修改为/home/www,将第 167 行修改为 DirectoryIndex myweb.html index.html。配置文件修改完毕即可保存并退出。

上面的行号根据实际文件可能略有出入。

```
[root@Server01 ~]#vim /etc/httpd/conf/httpd.conf
...
122 DocumentRoot "/home/www"
123
124 #
125 #Relax access to content within /var/www.
126 #
127 <Directory "/home/www">
128    AllowOverride None
128    #Allow open access:
130    Require all granted
131 </Directory>
...
166 <IfModule dir_module>
167    DirectoryIndex index.html myweb.html
168 </IfModule>
```

(3) 让防火墙放行 http 协议,重启 httpd 服务。

```
[root@Server01 ~]#firewall-cmd --permanent --add-service=http
[root@Server01 ~]#firewall-cmd --reload
[root@Server01 ~]#firewall-cmd --list-all
[root@Server01 ~]#systemctl restart httpd
```

(4) 在 Client1 上进行测试(Server01 和 Client1 都是 VMnet1 连接,保证互相通信)。

```
[root@client1 ~]#firefox http://192.168.10.1
```

（5）故障排除。

令人奇怪的是，为什么看到了 httpd 服务程序的默认首页面？按理来说，只有在网站的首页面文件不存在或者用户权限不足时，才显示 httpd 服务程序的默认首页面。更奇怪的是，在尝试访问 http://192.168.10.1/myweb.html 页面时，竟然发现页面中显示 "Forbidden,You don't have permission to access /myweb.html on this server."，如图 11-6 所示。什么原因呢？是 SELinux 的问题！解决方法是在服务器 Server01 上运行 setenforce 0，设置 SELinux 为允许：

```
[root@Server01 ~]#getenforce
Enforcing
[root@Server01 ~]#setenforce 0
[root@Server01 ~]#getenforce
Permissive
```

设置完成后再一次测试，结果如图 11-7 所示。设置这个环节的目的是告诉读者，SELinux 的问题是多么重要！强烈建议如果暂时不能很好地掌握 SELinux 细节，在做实训时一定要设置 setenforce 0。

图 11-6　在客户端测试失败

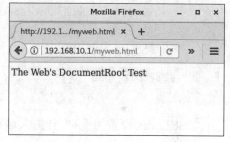

图 11-7　在客户端测试成功

11.4.2　用户个人主页实例

现在许多网站（如网易）都允许用户拥有自己的主页空间，而用户可以很容易地管理自己的主页空间。Apache 可以实现用户的个人主页。客户端在浏览器中浏览个人主页的 URL 地址的格式一般为：

```
http://域名/~username
```

其中，"~username"在利用 Linux 系统中的 Apache 服务器来实现时，是 Linux 系统的合法用户名（该用户必须在 Linux 系统中存在）。

【例 11-2】　在 IP 地址为 192.168.10.1 的 Apache 服务器中，为系统中的 long 用户设置个人主页空间。该用户的家目录为/home/long，个人主页空间所在的目录为 public_html。

实现步骤如下。

（1）修改用户的家目录权限，使其他用户具有读取和执行的权限。

```
[root@Server01 ~]#useradd long
[root@Server01 ~]#passwd long
[root@Server01 ~]#chmod 705 /home/long
```

(2) 创建存放用户个人主页空间的目录。

```
[root@Server01 ~]#mkdir /home/long/public_html
```

(3) 创建个人主页空间的默认首页文件。

```
[root@Server01 ~]#cd /home/long/public_html
[root@Server01 public_html]#echo "This is long's web.">>index.html
```

(4) 在 httpd 服务程序中,默认没有开启个人用户主页功能。为此,需要编辑配置文件/etc/httpd/conf.d/userdir.conf。然后在第 17 行的 UserDir disabled 参数前面加上井号(#),表示让 httpd 服务程序开启个人用户主页功能。同时,需把第 24 行的 UserDir public_html 参数前面的井号(#)去掉(UserDir 参数表示网站数据在用户家目录中的保存目录名称,即 public_html 目录)。修改完毕保存退出。(在 vim 编辑状态记得使用":set nu",显示行号)

```
[root@Server01 ~]#vim /etc/httpd/conf.d/userdir.conf
   ...
17 #UserDir disabled
   ...
24 #UserDir public_html
...
```

(5) SELinux 设置为允许,让防火墙放行 httpd 服务,重启 httpd 服务。

```
[root@Server01 ~]#setenforce 0
[root@Server01 ~]#firewall-cmd --permanent --add-service=http
[root@Server01 ~]#firewall-cmd --reload
[root@Server01 ~]#firewall-cmd --list-all
[root@Server01 ~]#systemctl restart httpd
```

(6) 在客户端的浏览器中输入 http://192.168.10.1/~long,看到的个人空间的访问效果如图 11-8 所示。

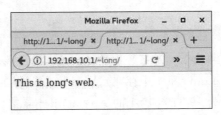

图 11-8 用户个人空间的访问效果图

思考: 如果分别运行如下命令再在客户端测试,结果又会如何呢? 试一试并思考原因。

```
[root@Server01 ~]#setenforce 1
[root@Server01 ~]#setsebool -P httpd_enable_homedirs=on
```

11.4.3　虚拟目录实例

要从 Web 站点主目录以外的其他目录发布站点,可以使用虚拟目录实现。虚拟目录是一个位于 Apache 服务器主目录之外的目录,它不包含在 Apache 服务器的主目录中,但在访问 Web 站点的用户看来,它与位于主目录中的子目录是一样的。每一个虚拟目录都有一个别名,客户端可以通过此别名来访问虚拟目录。

由于每个虚拟目录都可以分别设置不同的访问权限,所以非常适合不同用户对不同目录拥有不同权限的情况。另外,只有知道虚拟目录名的用户才可以访问此虚拟目录,除此之外的其他用户将无法访问此虚拟目录。

在 Apache 服务器的主配置文件 httpd.conf 文件中,通过 Alias 指令设置虚拟目录。

【例 11-3】　在 IP 地址为 192.168.10.1 的 Apache 服务器中,创建名为/test/的虚拟目录,它对应的物理路径是/virdir/,并在客户端测试。

(1) 创建物理目录/virdir/。

```
[root@Server01 ~]#mkdir -p /virdir/
```

(2) 创建虚拟目录中的默认首页文件。

```
[root@Server01 ~]#cd /virdir/
[root@Server01 virdir]#echo "This is virtual directory sample.">>index.html
```

(3) 修改默认文件的权限,使其他用户具有读和执行权限。

```
[root@Server01 virdir]#chmod 705 index.html
```

或者:

```
[root@Server01 ~]#chmod 705 /virdir  -R
```

(4) 修改/etc/httpd/conf/httpd.conf 文件,添加下面的语句。

```
Alias /test "/virdir"
<Directory "/virdir">
    AllowOverride None
    Require all granted
</Directory>
```

(5) SELinux 设置为允许,让防火墙放行 httpd 服务,重启 httpd 服务。

```
[root@Server01 ~]#setenforce 0
[root@Server01 ~]#firewall-cmd --permanent --add-service=http
[root@Server01 ~]#firewall-cmd --reload
[root@Server01 ~]#firewall-cmd --list-allt
[root@Server01 ~]#systemctl restart httpd
```

(6) 在客户端 Client1 的浏览器中输入"http://192.168.10.1/test"后,看到的虚拟目录的访问效果如图 11-9 所示。

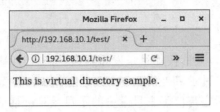

图 11-9 /test 虚拟目录的访问效果图

11.5 Web 服务器虚拟主机案例

虚拟主机在一台 Web 服务器上,可以为多个独立的 IP 地址、域名或端口号提供不同的 Web 站点。对于访问量不大的站点来说,这样做可以降低单个站点的运营成本。

下面将分别配置基于 IP 地址的虚拟主机、基于域名的虚拟主机和基于端口号的虚拟主机。

11.5.1 配置基于 IP 地址的虚拟主机

基于 IP 地址的虚拟主机的配置需要在服务器上绑定多个 IP 地址,然后配置 Apache,把多个网站绑定在不同的 IP 地址上,访问服务器上不同的 IP 地址,就可以看到不同的网站。

【例 11-4】 假设 Apache 服务器具有 192.168.10.1 和 192.168.10.10 两个 IP 地址(提前在服务器中配置这两个 IP 地址)。现需要利用这两个 IP 地址分别创建两个基于 IP 地址的虚拟主机,要求不同的虚拟主机对应的主目录不同,默认文档的内容也不同。配置步骤如下。

(1) 在 Server01 的桌面上依次选择"活动"→"显示应用程序"→"设置"→"网络"选项,单击设置按钮 ⚙ ,打开图 11-10 所示的"有线"对话框,再增加一个 IP 地址:192.168.10.10/24,完成后单击"应用"按钮,这样可以在一块网卡上配置多个 IP 地址。当然也可以直接在多块网卡上配置多个 IP 地址。

(2) 分别创建/var/www/ip1 和/var/www/ip2 两个主目录和默认文件。

```
[root@Server01 ~]#mkdir  /var/www/ip1  /var/www/ip2
[root@Server01 ~]#echo "This is 192.168.10.1's web.">/var/www/ip1/index.html
[root@Server01 ~]#echo "This is 192.168.10.10's web.">/var/www/ip2/index.html
```

(3) 添加/etc/httpd/conf.d/vhost.conf 文件。该文件的内容如下。

```
#设置基于 IP 地址为 192.168.10.1 的虚拟主机
<Virtualhost 192.168.10.1>
    DocumentRoot /var/www/ip1
</Virtualhost>

#设置基于 IP 地址为 192.168.10.10 的虚拟主机
```

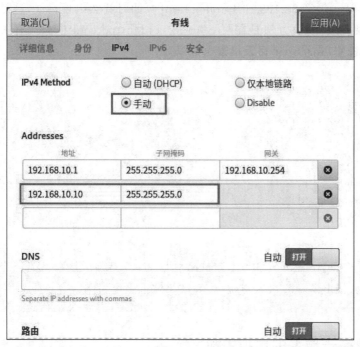

图 11-10　添加多个 IP 地址

```
<Virtualhost 192.168.10.10>
    DocumentRoot /var/www/ip2
</Virtualhost>
```

（4）SELinux 设置为允许，让防火墙放行 httpd 服务，重启 httpd 服务（见前面操作）。

（5）在客户端浏览器中可以看到 http://192.168.10.1 和 http://192.168.10.10 两个网站的浏览效果，如图 11-11 所示。

图 11-11　测试时出现默认页面

在尝试访问 http://192.168.10.1/index.html 页面时竟然出现错误，这是因为主配置文件里没设置目录权限，解决方法是在/etc/httpd/conf/httpd.conf 中添加有关两个网站目录权限的内容（只设置**/var/www** 目录权限也可以）：

```
<Directory "/var/www/ip1">
    AllowOverride None
    Require all granted
</Directory>

<Directory "/var/www/ip2">
    AllowOverride None
    Require all granted
</Directory>
```

为了不使后面的实训受到前面虚拟主机设置的影响，做完一个实训后，请将配置文件中添加的内容删除，然后继续做下一个实训。

11.5.2 配置基于域名的虚拟主机

基于域名的虚拟主机的配置只需服务器有一个 IP 地址即可，所有的虚拟主机共享同一个 IP 地址，各虚拟主机之间通过域名进行区分。

要建立基于域名的虚拟主机，DNS 服务器中应建立多个主机资源记录，使它们解析到同一个 IP 地址。例如：

```
www1.long90.cn.    IN A    192.168.10.1
www2.long90.cn.    IN A    192.168.10.1
```

【例 11-5】 假设 Apache 服务器的 IP 地址为 192.168.10.1。在本地 DNS 服务器中，该 IP 地址对应的域名分别为 www1.long90.cn 和 www2.long90.cn。现需要创建基于域名的虚拟主机，要求不同的虚拟主机对应的主目录不同，默认文档的内容也不同。配置步骤如下。

（1）分别创建/var/www/www1 和/var/www/www2 两个主目录和默认文件。

```
[root@Server01 ~]#mkdir  /var/www/www1  /var/www/www2
[root@Server01 ~]#echo "www1.long90.cn's web.">/var/www/www1/index.html
[root@Server01 ~]#echo "www2.long90.cn's web.">/var/www/www2/index.html
```

（2）修改 httpd.conf 文件。添加目录权限内容如下。

```
<Directory "/var/www">
    AllowOverride None
    Require all granted
</Directory>
```

（3）修改/etc/httpd/conf.d/vhost.conf 文件。该文件的内容如下（原来内容清空）。

```
<Virtualhost 192.168.10.1>
    DocumentRoot /var/www/www1
    ServerName www1.long90.cn
</Virtualhost>

<Virtualhost 192.168.10.1>
    DocumentRoot /var/www/www2
    ServerName www2.long90.cn
</Virtualhost>
```

（4）SELinux 设置为允许，让防火墙放行 httpd 服务，重启 httpd 服务。在客户端 Client1 上测试。要确保 DNS 服务器解析正确、给 Client1 设置正确的 DNS 服务器地址（etc/resolv.conf）。

在本例的配置中，DNS 的正确配置至关重要，一定确保 long90.cn 域名及主机的正确解析，否则无法成功。正向区域配置文件如下（参考前面，其他设置都与前面相同）。别忘记 DNS 特殊设置及重启操作！

```
[root@Server01 long]#vim /var/named/long90.cn.zone
$TTL 1D
@    IN SOA  dns.long90.cn. mail.long90.cn. (
                                  0     ; serial
                                  1D    ; refresh
                                  1H    ; retry
                                  1W    ; expire
                                  3H )  ; minimum

@         IN    NS          dns.long90.cn.
@         IN    MX    10    mail.long90.cn.

dns       IN    A           192.168.10.1
www1      IN    A           192.168.10.1
www2      IN    A           192.168.10.1
```

思考：为了测试方便，在 Client1 上直接设置/etc/hosts 为如下内容，可否代替 DNS 服务器？

```
192.168.10.1  www1.long90.cn
192.168.10.1  www2.long90.cn
```

11.5.3　配置基于端口号的虚拟主机

基于端口号的虚拟主机的配置只需服务器有一个 IP 地址即可，所有的虚拟主机共享同一个 IP 地址，各虚拟主机之间通过不同的端口号进行区分。在设置基于端口号的虚拟主机的配置时，需要利用 Listen 语句设置所监听的端口。

【例 11-6】　假设 Apache 服务器的 IP 地址为 192.168.10.1。现需要创建基于 8088 和

8089 两个不同端口号的虚拟主机,要求不同的虚拟主机对应的主目录不同,默认文档的内容也不同,如何配置? 配置步骤如下。

(1) 分别创建/var/www/8088 和/var/www/8089 两个主目录和默认文件。

```
[root@Server01 ~]#mkdir  /var/www/8088  /var/www/8089
[root@Server01 ~]#echo "8088 port's  web.">/var/www/8088/index.html
[root@Server01 ~]#echo "8089 port's  web.">/var/www/8089/index.html
```

(2) 修改/etc/httpd/conf/httpd.conf 文件。该文件的修改内容如下(行号是大体值)。

```
44      Listen 80
45      Listen 8088
46      Listen 8089
128     <Directory "/home/www">
129     AllowOverride None
130     #Allow open access:
131     Require all granted
132     </Directory>
```

(3) 修改/etc/httpd/conf.d/vhost.conf 文件。该文件的内容如下(原来内容清空)。

```
<Virtualhost 192.168.10.1:8088>
    DocumentRoot   /var/www/8088
</Virtualhost>

<Virtualhost 192.168.10.1:8089>
    DocumentRoot /var/www/8089
</Virtualhost>
```

(4) 关闭防火墙和允许 SELinux,重启 httpd 服务。然后在客户端 Client1 上测试。测试结果令人失望,具体页面如图 11-12 所示。

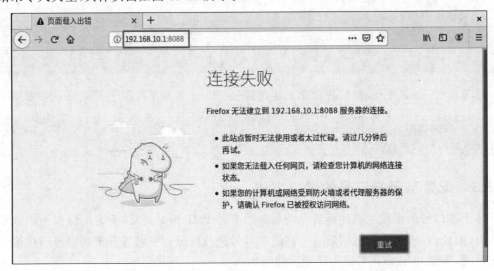

图 11-12　访问"192.168.10.1:8088"报错

（5）处理故障。这是因为 firewall 防火墙检测到 8088 和 8089 端口原本不属于 Apache 服务应该需要的资源，但现在却以 httpd 服务程序的名义监听使用了，所以防火墙会拒绝 Apache 服务使用这两个端口。可以使用 firewall-cmd 命令永久添加需要的端口到 public 区域，并重启防火墙。

```
[root@Server01 ~]#firewall-cmd --list-all
public (active) …
  services: ssh dhcpv6-client samba dns http
  ports:
  …
[root@Server01 ~]#firewall-cmd --permanent --zone=public --add-port=8088/tcp
[root@Server01 ~]#firewall-cmd --permanent --zone=public --add-port=8089/tcp
[root@Server01 ~]#firewall-cmd --reload
[root@Server01 ~]#firewall-cmd --list-all
public (active)
  …
  services: ssh dhcpv6-client samba dns http
  ports: 8089/tcp 8088/tcp
  …
```

（6）再次在 Client1 上测试，结果如图 11-13 所示。

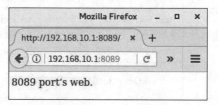

图 11-13　不同端口虚拟主机的测试结果

　　在终端窗口可以直接输入 firewall-config，打开图形界面的防火墙配置窗口，可以详尽地配置防火墙，包括配置 public 区域的 port（端口）等，读者不妨多操作试试。但这个命令默认没有安装，读者需要使用 dnf　install　firewall-config　-y 命令先安装，并且安装完成后，在"活动"菜单中会单独有防火墙的配置菜单，非常方便。

11.6　保障企业网站安全——配置用户身份认证

11.6.1　.htaccess 文件控制存取

什么是.htaccess 文件呢？简单地说，它是一个访问控制文件，用来配置相应目录的访问方法。不过，按照默认的配置是不会读取相应目录下的.htaccess 文件来进行访问控制的。这是因为 AllowOverride 中配置为：

```
AllowOverride    none
```

完全忽略了.htaccess 文件。该如何打开它呢？很简单，将 none 改为 AuthConfig。

```
<Directory />
    Options  FollowSymLinks
    AllowOverride  AuthConfig
</Directory>
```

现在就可以在需要进行访问控制的目录下创建一个.htaccess 文件了。需要注意的是，文件前有一个"."，说明这是一个隐藏文件（该文件名也可以采用其他的文件名，只需要在 httpd.conf 中设置即可）。

另外，在 httpd.conf 的＜Directory/＞目录代码段中的 AllowOverride 主要用于控制.htaccess 中允许进行的设置。AllowOverride 有多项设置参数，详细参数说明请参考表 11-4。

表 11-4　AllowOverride 指令使用的指令组

指　令　组	可　用　指　令	说　　　明
AuthConfig	AuthDBMGroupFile，AuthDBMUserFile，AuthGroupFile，AuthName，AuthType，AuthUserFile，Require	进行认证、授权以及安全的相关指令
FileInfo	DefaultType，ErrorDocument，ForceType，LanguagePriority，SetHandler，SetInputFilter，SetOutputFilter	控制文件处理方式的相关指令
Indexes	AddDescription，AddIcon，AddIconByEncoding，DefaultIcon，AddIconByType，DirectoryIndex，ReadmeName FancyIndexing，HeaderName，IndexIgnore，IndexOptions	控制目录列表方式的相关指令
Limit	Allow，Deny，Order	进行目录访问控制的相关指令
Options	Options，XBitHack	启用不能在主配置文件中使用的各种选项
All	全部指令组	可以使用以上所有指令
None	禁止使用所有指令	禁止处理.htaccess 文件

假设在用户 clinuxer 的 Web 目录（public_html）下新建了一个.htaccess 文件，该文件的绝对路径为/home/clinuxer/public_html/.htaccess。其实 Apache 服务器并不会直接读取这个文件，而是从根目录下开始搜索.htaccess 文件。

```
/.htaccess
/home/.htaccess
/home/clinuxer/.htaccess
/home/clinuxer/public_html/.htaccess
```

如果这个路径中有一个.htaccess 文件，如/home/clinuxer/.htaccess，则 Apache 并不会读/home/clinuxer/public_html/.htaccess，而是读/home/clinuxer/.htaccess。

11.6.2　用户身份认证

Apache 中的用户身份认证，也可以采取"整体存取控制"或者"分布式存取控制"方式，其中用得最广泛的就是通过.htaccess 来进行。

1）创建用户名和密码

在/usr/local/httpd/bin 目录下，有一个 htpasswd 可执行文件，它就是用来创建.htaccess 文件身份认证使用的密码的。它的语法格式如下。

htpasswd 〔-bcD〕 〔-mdps〕 密码文件名字 用户名

参数说明如下。

- -b：用批处理方式创建用户。htpasswd 不会提示输入用户密码，不过由于要在命令行输入可见的密码，因此并不是很安全。
- -c：新创建（create）一个密码文件。
- -D：删除一个用户。
- -m：采用 MD5 编码加密。
- -d：采用 CRYPT 编码加密，这是预设的方式。
- -p：采用明文格式的密码。因为安全的原因，目前不推荐使用。
- -s：采用 SHA 编码加密。

【例 11-7】 创建一个用于.htaccess 密码认证的用户 yy1。

在当前目录下创建一个.htpasswd 文件，并添加一个用户 yy1，密码为 P@ssw0rd。

```
[root@Server01  ~]#htpasswd -c -mb .htpasswd yy1 P@ssw0rd
```

2）实例

【例 11-8】 设置一个虚拟目录"/httest"，让用户必须输入用户名和密码才能访问。

① 创建一个新用户 smile，应该输入以下命令。

```
[root@Server01  ~]#mkdir -p   /virdir/test
[root@Server01  ~]# echo "Require  valid_users's   web.">/virdir/test/
                index.html
[root@Server01  ~]#cd   /virdir/test
[root@Server01  test]#/usr/bin/htpasswd   -c   /usr/local/.htpasswd   smile
```

之后会要求输入该用户的密码并确认，成功后会提示"Adding password for user smile"。

如果还要在.htpasswd 文件中添加其他用户，则直接使用以下命令（不带参数-c）。

```
[root@Server01  test]#/usr/bin/htpasswd        /usr/local/.htpasswd   user2
```

② 在/etc/httpd/conf/httpd.conf 文件中设置该目录允许采用.htaccess 进行用户身份认证。

加入如下内容（不要把注释写到配置文件中，下同）。

```
[root@Server01 test]# vim /etc/httpd/conf/httpd.conf Alias  /httest  "/virdir/
                test"
<Directory "/virdir/test">
```

```
      Options  Indexes  MultiViews  FollowSymLinks
  #允许列目录
      AllowOverride  AuthConfig
  #启用用户身份认证
      Order  deny,allow
      Allow  from  all
  #允许所有用户访问
      AuthName      Test_Zone
  #定义的认证名称,与后面的.htpasswd 文件中的一致
  </Directory>
```

如果修改了 Apache 的主配置文件 httpd.conf,则必须重启 Apache 才会使新配置生效。可以执行 systemctl restart httpd 命令重新启动它。

③ 在/virdir/test 目录下新建一个.htaccess 文件,内容如下。

```
[root@Server01  test]#cd    /virdir/test
[root@Server01  test]#touch    .htaccess        ;创建.htaccess
[root@Server01  test]#vim  .htaccess            ;编辑.htaccess 文件并加入以下内容
AuthName "Test    Zone"
    AuthType  Basic
    AuthUserFile    /usr/local/.htpasswd
#指明存放授权访问的密码文件
    require    valid-user
#指明只有密码文件的用户才是有效用户
```

 如果.htpasswd 不在默认的搜索路径中,则应该在 AuthUserFile 中指定该文件的绝对路径。

④ 让防火墙放行 http 协议,重启 httpd 服务,更改当前的 SELinux 值。

```
[root@Server01 ~]#firewall-cmd --permanent --add-service=http
[root@Server01 ~]#firewall-cmd --reload
[root@Server01 ~]#firewall-cmd --list-all
[root@Server01 ~]#setenforce 0
[root@Server01 ~]#systemctl restart httpd
```

⑤ 在客户端打开浏览器,输入 http://192.168.10.1/httest,如图 11-14 所示。访问

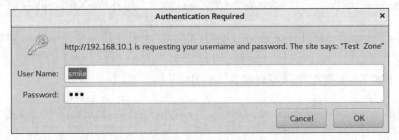

图 11-14　输入用户名和密码才能访问

Apache 服务器上访问权限受限的目录时,会出现认证窗口,只有输入正确的用户名和密码才能打开,如图 11-15 所示。

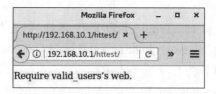

图 11-15　正确输入后能够访问受限内容

11.7　项目实录:配置与管理 Web 服务器

1. 观看视频

实训前请扫描二维码观看视频。

2. 项目背景

假如你是某学校的网络管理员,学校的域名为 www.king.com,学校计划为每位教师开通个人主页服务,为教师与学生之间建立沟通的平台。该学校的网络拓扑图如图 11-16 所示。

实训项目　配置与管理 Web 服务器

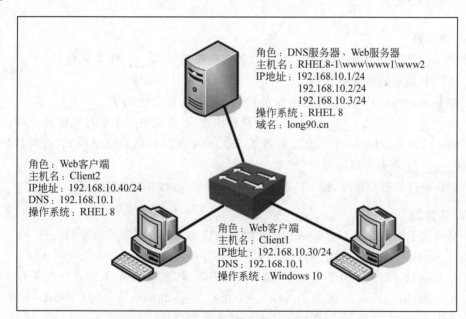

图 11-16　Web 服务器搭建与配置网络拓扑

学校计划为每位教师开通个人主页服务,要求实现如下功能。

(1)网页文件上传完成后,立即自动发布 URL 为 http://www.king.com/~的用户名。

(2)在 Web 服务器中建立一个名为 private 的虚拟目录,其对应的物理路径是/data/private,并配置 Web 服务器对该虚拟目录启用用户认证,只允许 kingma 用户访问。

（3）在 Web 服务器中建立一个名为 private 的虚拟目录，其对应的物理路径是/dir1 /test，并配置 Web 服务器仅允许来自网络 long60.net 域和 192.168.10.0/24 网段的客户机访问该虚拟目录。

（4）使用 192.168.10.2 和 192.168.10.3 两个 IP 地址，创建基于 IP 地址的虚拟主机，其中，IP 地址为 192.168.10.2 的虚拟主机对应的主目录为/var/www/ip2，IP 地址为 192.168.10.3 的虚拟主机对应的主目录为/var/www/ip3。

（5）创建基于 www1.long90.cn 和 www2.long90.cn 两个域名的虚拟主机，域名为 www1.long90.cn 的虚拟主机对应的主目录为/var/www/lon901，域名为 www2.long90.cn 的虚拟主机对应的主目录为/var/www/lon902。

3. 深度思考

在观看前述视频时思考以下几个问题。

（1）使用虚拟目录有何好处？

（2）基于域名的虚拟主机的配置要注意什么？

（3）如何启用用户身份认证？

4. 做一做

根据项目要求及视频内容，将项目完整无缺地完成。

11.8　练习题

一、填空题

1. Web 服务器使用的协议是_____，英文全称是_____，中文名称是_____。

2. HTTP 请求的默认端口是_____。

3. 在 Linux 平台下，搭建动态网站的组合，采用最为广泛的为_____，即_____、_____、_____以及_____ 4 个开源软件构建，取英文第一个字母的缩写命名。

4. Red Hat Enterprise Linux 8 采用了 SELinux 这种增强的安全模式，在默认的配置下，只有_____服务可以通过。

5. 在命令行控制台窗口，输入_____命令打开 Linux 网络配置窗口。

二、选择题

1. 可以用于配置 Red Hat Linux 启动时自动启动 httpd 服务的命令是（　　）。

　　A. service　　　　　B. ntsysv　　　　　C. useradd　　　　　D. startx

2. 在 Red Hat Linux 中手工安装 Apache 服务器时，默认的 Web 站点的目录为（　　）。

　　A. /etc/httpd　　　B. /var/www/html　C. /etc/home　　　D. /home/httpd

3. 对于 Apache 服务器，提供的子进程的缺省的用户是（　　）。

　　A. root　　　　　　B. apached　　　　C. httpd　　　　　D. nobody

4. 世界上排名第一的 Web 服务器是（　　）。

　　A. apache　　　　　B. IIS　　　　　　C. SunONE　　　　D. NCSA

5. Apache 服务器默认的工作方式是（　　）。

　　A. inetd　　　　　　B. xinetd　　　　　C. standby　　　　D. standalone

6. 用户的主页存放的目录由文件 httpd.conf 的参数(　　)设定。

    A. UserDir　　　　　　B. Directory　　　　　C. public_html　　　　D. DocumentRoot

7. 设置 Apache 服务器时,一般将服务的端口绑定到系统的(　　)端口上。

    A. 10000　　　　　　B. 23　　　　　　　　C. 80　　　　　　　　D. 53

8. 下面(　　)不是 Apahce 基于主机的访问控制指令。

    A. allow　　　　　　　B. deny　　　　　　　C. order　　　　　　　D. all

9. 用来设定当服务器产生错误时,显示在浏览器上的管理员的 E-mail 地址的是(　　)。

    A. Servername　　　　　　　　　　　B. ServerAdmin

    C. ServerRoot　　　　　　　　　　　D. DocumentRoot

10. 在 Apache 基于用户名的访问控制中,生成用户密码文件的命令是(　　)。

    A. smbpasswd　　　　B. htpasswd　　　　C. passwd　　　　　　D. password

第 12 章
FTP 服务器配置

FTP(File Transfer Protocol)是文件传输协议的缩写,它是 Internet 最早提供的网络服务功能之一,利用 FTP 服务可以实现文件的上传及下载等相关的文件传输服务。本章将介绍 Linux 下 vsftpd 服务器的安装、配置及使用方法。

学习要点

- FTP 服务的工作原理。
- vsftpd 服务器的配置。
- 配置本地模式的常规 FTP 服务器。
- 配置基于虚拟用户的 FTP 服务器。

12.1 认识 FTP 服务

以 HTTP 为基础的 WWW 服务功能虽然强大,但对于文件传输来说却略显不足。一种专门用于文件传输的服务——FTP 服务应运而生,具备更强的文件传输可靠性和更高的效率。

管理与维护 FTP 服务器

12.1.1 FTP 工作原理

FTP 大幅简化了文件传输的复杂性,它能够使文件通过网络从一台主机传送到另外一台计算机上却不受计算机和操作系统类型的限制。无论是 PC、服务器、大型机,还是 iOS、Linux、Windows 操作系统,只要双方都支持 FTP,就可以方便、可靠地进行文件的传送。FTP 服务的具体工作过程如下,如图 12-1 所示。

① 客户端向服务器发出连接请求,同时客户端系统动态地打开一个大于 1024 的端口等候服务器连接(比如 1031 端口)。

② 若 FTP 服务器在端口 21 侦听到该请求,则会在客户端 1031 端口和服务器的 21 端口之间建立起一个 FTP 会话连接。

③ 当需要传输数据时,FTP 客户端再动态地打开一个大于 1024 的端口(比如 1032 端口)连接到服务器的 20 端口,并在这两个端口之间进行数据的传输。当数据传输完毕后,这两个端口会自动关闭。

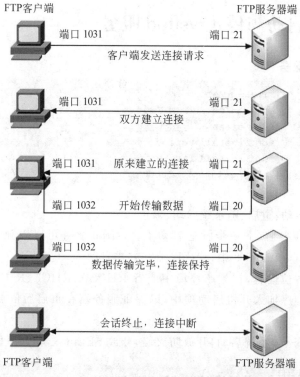

图 12-1　FTP 服务的工作过程

④ 当 FTP 客户端断开与 FTP 服务器的连接时，客户端上动态分配的端口将自动释放。

12.1.2　匿名用户

FTP 服务不同于 WWW，它首先要求登录到服务器上，然后再进行文件的传输，这对于很多公开提供软件下载的服务器来说十分不便，于是匿名用户访问就诞生了。通过使用一个有共同的用户名 anonymous、密码不限的管理策略（一般使用用户的邮箱作为密码即可），任何用户都可以很方便地从这些服务器上下载软件。

12.2　案例设计与准备

一共 3 台计算机，联网方式都设为 host only 模式（VMnet1）。两台安装了 RHEL 8，一台作为服务器，一台作为客户端使用，另外一台 Windows 10 也作为客户端使用。计算机的配置信息如表 12-1 所示（可以使用 VM 的克隆技术快速安装需要的 Linux 客户端）。

表 12-1　Linux 服务器和客户端的配置信息

主 机 名 称	操作系统	IP 地址	角色及其他
FTP 服务器：Server01	RHEL 8	192.168.10.1/24	FTP 服务器，VMnet1
Linux 客户端：Client1	RHEL 8	192.168.10.20/24	FTP 客户端，VMnet1
Windows 客户端：Client3	Windows 10	192.168.10.40/24	FTP 客户端，VMnet1

12.3 安装、启动与停止 vsftpd 服务

1. 安装 vsftpd 服务

```
[root@Server01 ~]#rpm -q vsftpd
[root@Server01 ~]#mount /dev/cdrom /media
[root@Server01 ~]#dnf clean all                        //安装前先清除缓存
[root@Server01 ~]#dnf install vsftpd -y
[root@Server01 ~]#dnf install ftp -y                   //同时安装 ftp 软件包
[root@Server01 ~]#rpm -qa|grep vsftpd                  //检查安装组件是否成功
```

2. vsftpd 服务启动、重启、随系统启动、停止

安装完 vsftpd 服务后,下一步就是启动了。vsftpd 服务可以以独立或被动方式启动。在 Red Hat Enterprise Linux 8 中,默认以独立方式启动。

在此需要提醒各位读者,在生产环境中或者 RHCSA、RHCE、RHCA 认证考试中一定要把配置过的服务程序加入开机启动项中,以保证服务器在重启后依然能够正常提供传输服务。

重启 vsftpd 服务、随系统启动,开放防火墙,开放 SELinux,输入下面的命令:

```
[root@Server01 ~]#systemctl restart vsftpd
[root@Server01 ~]#systemctl enable vsftpd
[root@Server01 ~]#firewall-cmd --permanent --add-service=ftp
[root@Server01 ~]#firewall-cmd --reload
[root@Server01 ~]#setsebool -P ftpd_full_access=on
```

12.4 认识 vsftpd 的配置文件

vsftpd 的配置主要通过以下几个文件来完成。

1. 主配置文件

vsftpd 服务程序的主配置文件(/etc/vsftpd/vsftpd.conf)的内容总长度达到 127 行,但其中大多数参数在开头添加了井号(#),从而成为注释信息。

可以使用 grep 命令添加-v 参数,过滤并反选出没有包含井号(#)的参数行(即过滤掉所有的注释信息),然后将过滤后的参数行通过输出重定向符写回原始的主配置文件中(为了安全起见,须先备份主配置文件):

```
[root@Server01 ~]#mv /etc/vsftpd/vsftpd.conf /etc/vsftpd/vsftpd.conf.bak
[root@Server01 ~]#grep -v "#" /etc/vsftpd/vsftpd.conf.bak > /etc/vsftpd/
                    vsftpd.conf
[root@Server01 ~]#cat /etc/vsftpd/vsftpd.conf -n
    1  anonymous_enable=YES
    2  local_enable=YES
    3  write_enable=YES
```

```
 4    local_umask=022
 5    dirmessage_enable=YES
 6    xferlog_enable=YES
 7    connect_from_port_20=YES
 8    xferlog_std_format=YES
 9    listen=NO
10    listen_ipv6=YES
11
12    pam_service_name=vsftpd
13    userlist_enable=YES
```

注意

使用 man vsftpd 命令可以查看 vsftpd 的详细配置说明,使用 cat /etc/vsftpd/vsftpd.conf 命令可以查看配置文件的说明,特别是#部分的语句实例,非常重要。

表 12-2 中列举了 vsftpd 服务程序主配置文件中常用的参数以及作用。在后续的实验中将演示重要参数的用法,以帮助大家熟悉并掌握。

表 12-2　vsftpd 服务程序常用的参数以及作用

参　　数	作　　用
listen=[YES|NO]	是否以独立运行的方式监听服务
listen_address=IP 地址	设置要监听的 IP 地址
listen_port=21	设置 FTP 服务的监听端口
download_enable=[YES|NO]	是否允许下载文件
userlist_enable=[YES|NO] userlist_deny=[YES|NO]	设置用户列表为"允许"还是"禁止"操作
max_clients=0	最大客户端连接数,0 为不限制
max_per_ip=0	同一 IP 地址的最大连接数,0 为不限制
anonymous_enable=[YES|NO]	是否允许匿名用户访问
anon_upload_enable=[YES|NO]	是否允许匿名用户上传文件
anon_umask=022	匿名用户上传文件的 umask 值
anon_root=/var/ftp	匿名用户的 FTP 根目录
anon_mkdir_write_enable=[YES|NO]	是否允许匿名用户创建目录
anon_other_write_enable=[YES|NO]	是否开放匿名用户的其他写入权限(包括重命名、删除等操作权限)
anon_max_rate=0	匿名用户的最大传输速率(字节/秒),0 为不限制
local_enable=[YES|NO]	是否允许本地用户登录 FTP
local_umask=022	本地用户上传文件的 umask 值
local_root=/var/ftp	本地用户的 FTP 根目录
chroot_local_user=[YES|NO]	是否将用户权限禁锢在 FTP 目录,以确保安全
local_max_rate=0	本地用户最大传输速率(字节/秒),0 为不限制

2. /etc/pam.d/vsftpd

vsftpd 的 PAM(Pluggable Authentication Modules,可插拔认证模块)配置文件,主要用来加强 vsftpd 服务器的用户认证。

3. /etc/vsftpd/ftpusers

所有位于此文件内的用户都不能访问 vsftpd 服务。当然,为了保证安全,这个文件中默认已经包括了 root、bin 和 daemon 等系统账户。

4. /etc/vsftpd/user_list

这个文件中包括的用户有可能是被拒绝访问 vsftpd 服务的,也可能是允许访问的,这主要取决于 vsftpd 的主配置文件/etc/vsftpd/vsftpd.conf 中的 userlist_deny 参数是设置为 YES(默认值)还是 NO。

- 当 userlist_deny=NO 时,仅允许文件列表中的用户访问 FTP 服务器。
- 当 userlist_deny=YES 时,这也是默认值,拒绝文件列表中的用户访问 FTP 服务器。

5. /var/ftp 文件夹

该文件夹是 vsftpd 提供服务的文件集散地,它包括一个 pub 子目录。在默认配置下,所有的目录都是只读的,不过只有 root 用户有写权限。

12.5 配置匿名用户 FTP 案例

vsftpd 允许用户以 3 种认证模式登录到 FTP 服务器上。

(1) 匿名开放模式:这是一种最不安全的认证模式,任何人都无须密码验证而直接登录 FTP 服务器。

(2) 本地用户模式:这是通过 Linux 系统本地的账户密码信息进行认证的模式,相较于匿名开放模式,该模式更安全,而且配置起来也很简单。但是如果被黑客破解了账户的信息,就可以畅通无阻地登录 FTP 服务器,从而完全控制整台服务器。

(3) 虚拟用户模式:这是 3 种模式中最安全的一种认证模式,它需要为 FTP 服务单独建立用户数据库文件,虚拟映射用来进行口令验证的账户信息,而这些账户信息在服务器系统中实际上是不存在的,仅供 FTP 服务程序进行认证使用。这样,即使黑客破解了账户信息也无法登录服务器,从而有效降低了破坏范围和影响。

表 12-3 列举了可以向匿名用户开放的权限参数以及作用。

表 12-3　可以向匿名用户开放的权限参数以及作用

参　　数	作　　用
anonymous_enable=YES	允许匿名访问模式
anon_umask=022	匿名用户上传文件的 umask 值
anon_upload_enable=YES	允许匿名用户上传文件
anon_mkdir_write_enable=YES	允许匿名用户创建目录
anon_other_write_enable=YES	允许匿名用户修改目录名称或删除目录

12.5.1　案例需求

【例 12-1】　搭建一台 FTP 服务器，允许匿名用户上传和下载文件，匿名用户的根目录设置为/var/ftp。

12.5.2　解决方案

（1）新建测试文件，编辑/etc/vsftpd/vsftpd.conf。

```
[root@Server01 ~]#touch /var/ftp/pub/sample.tar
[root@Server01 ~]#vim /etc/vsftpd/vsftpd.conf
```

在文件后面添加如下 4 行（语句前后一定不要带空格，若有重复的语句，请删除或直接在其上更改，"♯"及后面的内容不要写到文件里）。

```
anonymous_enable=YES
#允许匿名用户登录
anon_root=/var/ftp
#设置匿名用户的根目录为/var/ftp
anon_upload_enable=YES
#允许匿名用户上传文件
anon_mkdir_write_enable=YES
#允许匿名用户创建文件夹
```

提示　　　anon_other_write_enable＝YES 表示允许匿名用户删除文件。

（2）允许 SELinux，让防火墙放行 ftp 服务，重启 vsftpd 服务。

```
[root@Server01 ~]#setenforce 0
[root@Server01 ~]#firewall-cmd --permanent --add-service=ftp
[root@Server01 ~]#firewall-cmd --reload
[root@Server01 ~]#firewall-cmd --list-all
[root@Server01 ~]#systemctl restart vsftpd
```

在 Windows 10 客户端的资源管理器中输入 ftp://192.168.10.1，打开 pub 目录，新建一个文件夹，结果出错了，如图 12-2 所示。

出错的原因是系统的本地权限没有设置。

（3）设置本地系统权限，将属主设为 ftp，或者对 pub 目录赋予其他用户写的权限。

```
[root@Server01 ~]#ll -ld /var/ftp/pub
drwxr-xr-x. 2 root root 6 Mar 23 2017 /var/ftp/pub        //其他用户没有写入权限
[root@Server01 ~]#chown ftp /var/ftp/pub                  //将属主改为匿名用户 ftp
```

或者：

图 12-2   测试 FTP 服务器 192.168.10.1 出错

```
[root@Server01 ~]#chmod o+w /var/ftp/pub                //将其他用户赋予写权限
[root@Server01 ~]#ll -ld /var/ftp/pub
drwxr-xr-x. 2 ftp root 6 Mar 23 2017 /var/ftp/pub        //已将属主改为匿名用户 ftp
[root@Server01 ~]#systemctl restart vsftpd
```

(4) 在 Windows 10 客户端再次测试,在 pub 目录下能够建立新文件夹。

如果在 Linux 上测试,输入 ftp 192.168.10.1 命令,用户名输入 ftp,密码处直接按 Enter 键即可。

如果要实现匿名用户创建文件等功能,仅在配置文件中开启这些功能是不够的,还需要注意开放本地文件系统权限,使匿名用户拥有写权限才行,或者改变属主为 ftp。在项目实录中有针对此问题的解决方案。另外也要特别注意防火墙和 SELinux 设置,否则一样会出问题! 切记! 另外,SELinux 及其 FTP 布尔值的设置见电子活页。

12.6   配置本地模式的常规 FTP 服务器案例

12.6.1   案例需求

公司内部现在有一台 FTP 服务器和一台 Web 服务器,FTP 主要用于维护公司的网站内容,包括上传文件、创建目录、更新网页等。公司现有两个部门负责维护任务,两者分别适用 team1 和 team2 账户进行管理。先要求仅允许 team1 和 team2 账户登录 FTP 服务器,但不能登录本地系统,并将这两个账户的根目录限制为/web/www/html,不能进入该目录以外的任何目录。

12.6.2　需求分析

将 FTP 服务器和 Web 服务器放在一起是企业经常采用的方法,这样方便实现对网站的维护。为了增强安全性,首先需要仅允许本地用户访问,并禁止匿名用户登录。其次,使用 chroot 功能将 team1 和 team2 锁定在/web/www/html 目录下。如果需要删除文件,则还需要注意本地权限。

12.6.3　解决方案

（1）建立维护网站内容的 FTP 账户 team1、team2,并为其设置密码。

```
[root@Server01 ~]#useradd team1; useradd team2; useradd user1
[root@Server01 ~]#passwd team1
[root@Server01 ~]#passwd team2
[root@Server01 ~]#passwd user1
```

（2）配置 vsftpd.conf 主配置文件并做相应修改写入配置文件时,下面的注释一定要去掉,语句前后不要加空格,切记! 另外,要把修改过的配置文件恢复到最初状态(可在语句前面加上"#"注释掉),以免实训时互相影响。

```
[root@Server01 ~]#vim /etc/vsftpd/vsftpd.conf
anonymous_enable=NO
#禁止匿名用户登录
local_enable=YES
#允许本地用户登录
local_root=/web/www/html
#设置本地用户的根目录为/web/www/html
chroot_local_user=NO
#是否限制本地用户。这也是默认值,可以省略
chroot_list_enable=YES
#激活 chroot 功能
chroot_list_file=/etc/vsftpd/chroot_list
#设置锁定用户在根目录中的列表文件
allow_writeable_chroot=YES
#只要启用 chroot 就一定加入这条:允许 chroot 限制,否则出现连接错误。切记
```

　　chroot_local_user＝NO 是默认设置,即如果不做任何 chroot 设置,则 FTP 登录目录是不做限制的。另外,只要启用 chroot,一定增加 **allow_writeable_chroot＝YES 语句**。

chroot 是靠例外列表来实现的,列表内用户即例外的用户。所以根据是否启用本地用户转换,可设置不同目的的例外列表,从而实现 chroot 功能。因此实现锁定目录有两种实现方法。

① 第一种是除列表内的用户外,其他用户都被限定在固定目录内,即列表内用户自由,列表外用户受限制。这时启用 chroot_local_user=YES。

```
chroot_local_user=YES
chroot_list_enable=YES
chroot_list_file=/etc/vsftpd/chroot_list
allow_writeable_chroot=YES
```

② 第二种是除列表内的用户外,其他用户都可自由转换目录。即列表内用户受限制,列表外用户自由。这时启用 chroot_local_user=NO。本例使用第二种。

```
chroot_local_user=NO
chroot_list_enable=YES
chroot_list_file=/etc/vsftpd/chroot_list
allow_writeable_chroot=YES
```

(3) 建立/etc/vsftpd/chroot_list 文件,添加 team1 和 team2 账户。

```
[root@Server01 ~]#vim  /etc/vsftpd/chroot_list
team1
team2
```

(4) 防火墙放行和 SELinux 允许! 重启 FTP 服务。

```
[root@Server01 ~]#firewall-cmd --permanent --add-service=ftp
[root@Server01 ~]#firewall-cmd --reload
[root@Server01 ~]#setenforce 0
[root@Server01 ~]#systemctl restart vsftpd
```

思考:如果设置 setenforce 1,那么必须执行 setsebool -P ftpd_full_access=on,这样能保证目录的正常写入和删除等操作。

(5) 修改本地权限。

```
[root@Server01 ~]#mkdir  /web/www/html -p
[root@Server01 ~]#touch  /web/www/html/test.sample
[root@Server01 ~]#ll  -d  /web/www/html
[root@Server01 ~]#chmod  -R  o+w  /web/www/html          //其他用户可以写入
[root@Server01 ~]#ll  -d  /web/www/html
```

(6) 在 Linux 客户端 Client1 上先安装 FTP 工具,然后测试。

```
[root@client1 ~]#mount /dev/cdrom /so
[root@client1 ~]#dnf clean all
[root@client1 ~]#dnf install ftp -y
```

① 使用 team1 和 team2 用户不能转换目录，但能建立新文件夹，显示的目录是"/"，其实是/web/www/html 文件夹！

```
[root@client1 ～]# ftp 192.168.10.1
Connected to 192.168.10.1 (192.168.10.1).
220 (vsFTPd 3.0.2)
Name (192.168.10.1:root): team1                    //锁定用户测试
331 Please specify the password.
Password:                                          //输入 team1 用户密码
230 Login successful.
Remote system type is UNIX.
Using binary mode to transfer files.
ftp>pwd
257 "/"                    //显示的是"/"，其实是/web/www/html，从显示的文件中就可以知道
ftp>mkdir testteam1
257 "/testteam1" created
ftp>ls
……
-rw-r--r--    1  0       0      0 Jul 21 01:25 test.sample
drwxr-xr-x    2  1001    1001   6 Jul 21 01:48 testteam1
226 Directory send OK.
ftp>get test.sample test1111.sample              //下载到客户端的当前目录
local: test1111.sample remote: test.sample
227 Entering Passive Mode (192,168,10,1,84,24).
150 Opening BINARY mode data connection for test.sample (0 bytes).
226 Transfer complete.
ftp>put test1111.sample test00.sample        //上传文件并改名为 test00.sample
local: test1111.sample remote: test00.sample
227 Entering Passive Mode (192,168,10,1,158,223).
150 Ok to send data.
226 Transfer complete.
ftp>ls
227 Entering Passive Mode (192,168,10,1,44,116).
150 Here comes the directory listing.
-rw-r--r--    1  0       0      0 Feb 08 16:16 test.sample
-rw-r--r--    1  1003    1003   0 Feb 08 16:21 test00.sample
drwxr-xr-x    2  1001    1001   6 Feb 08 07:05 testteam1
226 Directory send OK.
ftp>cd /etc
550 Failed to change directory.                    //不允许更改目录
ftp>exit
221 Goodbye.
```

② 使用 user1 用户，能自由转换目录，可以将/etc/passwd 文件下载到主目录。

```
[root@client1 ～]# ftp 192.168.10.1
Connected to 192.168.10.1 (192.168.10.1).
220 (vsFTPd 3.0.2)
```

```
Name (192.168.10.1:root): user1          //列表外的用户是自由的
331 Please specify the password.
Password:                                //输入 user1 用户密码
230 Login successful.
Remote system type is UNIX.
Using binary mode to transfer files.
ftp>pwd
257 "/web/www/html"
ftp>mkdir testuser1
257 "/web/www/html/testuser1" created
ftp>cd /etc                              //成功转换到/etc 目录
250 Directory successfully changed.
ftp>get passwd
//成功下载密码文件 passwd 到本地用户的当前目录(本例是/root),可以退出后查看,但不安全
local: passwd remote: passwd
227 Entering Passive Mode (192,168,10,1,70,163).
150 Opening BINARY mode data connection for passwd (2790 bytes).
226 Transfer complete.
2790 bytes received in 0.000106 secs (26320.75 Kbytes/sec)
ftp>cd /web/www/html
250 Directory successfully changed.
ftp>ls
…
ftp>exit
[root@Client1 ~]#
```

(7) 最后,在 Server01 上把该任务的配置文件新增语句前面加上"#"注释掉。

12.7　设置 vsftp 虚拟账户案例

FTP 服务器的搭建工作并不复杂,但需要按照服务器的用途,合理规划相关配置。

12.7.1　案例需求

如果 FTP 服务器并不对互联网上的所有用户开放,则可以关闭匿名访问,而开启实体账户或者虚拟账户的验证机制。但实际操作中,如果使用实体账户访问,FTP 用户在拥有服务器真实用户名和密码的情况下,会对服务器产生潜在的危害。如果 FTP 服务器设置不当,则用户有可能使用实体账户进行非法操作。所以,为了 FTP 服务器的安全,可以使用虚拟用户验证方式,也就是将虚拟的账户映射为服务器的实体账户,客户端使用虚拟账户访问FTP 服务器。

要求:使用虚拟用户 user2、user3 登录 FTP 服务器,访问主目录是/var/ftp/vuser,只允许用户查看文件,不允许上传、修改等操作。

对于 vsftp 虚拟账户的配置主要有以下几个步骤。

12.7.2 解决方案

1. 创建用户数据库

1）创建用户文本文件

首先，建立保存虚拟账户和密码的文本文件，格式如下。

```
虚拟账户 1
密码
虚拟账户 2
密码
```

使用 vim 编辑器建立用户文件 vuser.txt，添加虚拟账户 user2 和 user3，如下所示。

```
[root@Server01 ~]#mkdir  /vftp
[root@Server01 ~]#vim  /vftp/vuser.txt
user2
12345678
User3
12345678
```

2）生成数据库

保存虚拟账户及密码的文本文件无法被系统账户直接调用，需要使用 db_load 命令生成 db 数据库文件。

```
[root@Server01 ~]#db_load  -T  -t  hash  -f  /vftp/vuser.txt /vftp/vuser.db
[root@Server01 ~]#ls  /vftp
vuser.db  vuser.txt
```

3）修改数据库文件访问权限

数据库文件中保存着虚拟账户和密码信息，为了防止非法用户盗取，可以修改该文件的访问权限。

```
[root@Server01 ~]#chmod  700  /vftp/vuser.db; ll  /vftp
```

2. 配置 PAM 文件

为了使服务器能够使用数据库文件，对客户端进行身份验证，需要调用系统的 PAM。不必重新安装应用程序，通过修改指定的配置文件，调整对该程序的认证方式。PAM 模块配置文件的路径为/etc/pam.d。该目录下保存着大量与认证有关的配置文件，并以服务名称命名。

下面修改 vsftp 对应的 PAM 配置文件/etc/pam.d/vsftpd，将默认配置使用"#"全部注释，添加相应字段，如下所示。

```
[root@Server01 ~]#vim /etc/pam.d/vsftpd
#%PAM-1.0
#session  optional  pam_keyinit.so  force revoke
```

```
#auth required pam_listfile.so item=user sense=deny file=/etc/vsftpd/ftpusers
onerr=succeed
#auth       required    pam_shells.so
#auth       include     password-auth
#account    include     password-auth
#session    required    pam_loginuid.so
#session    include     password-auth
auth        required    pam_userdb.sodb=/vftp/vuser
account     required    pam_userdb.so    db=/vftp/vuser
```

3. 创建虚拟账户对应系统用户并建立测试文件和目录

```
[root@Server01 ~]#useradd  -d  /var/ftp/vuser  vuser                    ①
[root@Server01 ~]#chown  vuser.vuser  /var/ftp/vuser                    ②
[root@Server01 ~]#chmod  555  /var/ftp/vuser                           ③
[root@Server01 ~]#touch  /var/ftp/vuser/file1; mkdir  /var/ftp/vuser/dir1
[root@Server01 ~]#ls  -ld  /var/ftp/vuser                              ④
dr-xr-xr-x. 6 vuser vuser 127 Jul 21 14:28 /var/ftp/vuser
```

以上代码中其后带序号的各行功能说明如下。

① 用 useradd 命令添加系统账户 vuser,将/home 目录指定为/var/ftp 下的 vuser。

② 变更 vuser 目录的所属用户和组,设定为 vuser 用户、vuser 组。

③ 当匿名账户登录时会映射为系统账户,并登录/var/ftp/vuser 目录,但其并没有访问该目录的权限,需要为 vuser 目录的属主、属组和其他用户和组添加读和执行权限。

④ 使用 ls 命令,查看 vuser 目录的详细信息,系统账户主目录设置完毕。

4. 修改/etc/vsftpd/vsftpd.conf

```
anonymous_enable=NO                                                    ①
anon_upload_enable=NO
anon_mkdir_write_enable=NO
anon_other_write_enable=NO
local_enable=YES                                                      ②
chroot_local_user=YES                                                 ③
allow_writeable_chroot=YES
write_enable=NO                                                       ④
guest_enable=YES                                                      ⑤
guest_username=vuser                                                  ⑥
listen=YES                                                            ⑦
listen_ipv6=NO                                                        ⑧
pam_service_name=vsftpd                                               ⑨
```

① "="两边不要加空格。② 将该内容直接加到配置文件的尾部,但与原文件相同的配置选项前面需要加上"#"注释掉。

以上代码中其后带序号的各行功能说明如下。

① 为了保证服务器的安全,关闭匿名访问,以及其他匿名相关设置。

② 虚拟账户会映射为服务器的系统账户,所以需要开启本地账户的支持。

③ 锁定账户的根目录。

④ 关闭用户的写权限。

⑤ 开启虚拟账户访问功能。

⑥ 设置虚拟账户对应的系统账户为 vuser。

⑦ 设置 FTP 服务器为独立运行。

⑧ 目前 Linux 网络环境尚不支持 ipv6。listen_ipv6 设置为 YES 的情况下,会导致出现错误而无法启动 vsftpd 服务,所以将其值改为 NO。

⑨ 配置 vsftp 使用的 PAM 模块为 vsftpd。

5. 设置防火墙放行和 SELinux 允许,重启 vsftpd 服务

(略)

6. 在 Client1 上测试

使用虚拟账户 user2、user3 登录 FTP 服务器,进行测试,会发现虚拟账户登录成功,并显示 FTP 服务器目录信息。

```
[root@Client1 ~]# ftp 192.168.10.1
Connected to 192.168.10.1 (192.168.10.1).
220 (vsFTPd 3.0.2)
Name (192.168.10.1:root): user2
331 Please specify the password.
Password:
230 Login successful.
Remote system type is UNIX.
Using binary mode to transfer files.
ftp> ls                                    //可以列示目录信息
227 Entering Passive Mode (192,168,10,1,46,27).
150 Here comes the directory listing.
drwxr-xr-x    2    0    0         6 Feb 08 17:12 dir1
-rw-r--r--    1    0    0         0 Feb 08 17:12 file1
226 Directory send OK.
ftp> cd /etc                               //不能更改主目录
550 Failed to change directory.
ftp> mkdir testuser1                        //仅能查看,不能写入
550 Permission denied.
ftp> quit
221 Goodbye.
```

7. 补充服务器端 vsftp 的主被动模式配置

1)主动模式配置

```
Port_enable=YES              //开启主动模式
```

```
Connect_from_port_20=YES          //指定当主动模式开启的时候,是否启用默认的 20 端口监听
Ftp_date_port=%portnumber%        //上一选项使用 NO 参数时指定数据传输端口
```

2）被动模式配置

```
connect_from_port_20=NO
PASV_enable=YES                   //开启被动模式
PASV_min_port=%number%            //被动模式最低端口
PASV_max_port=%number%            //被动模式最高端口
```

12.8 项目实录：配置与管理 FTP 服务器

1. 观看视频

实训前请扫描二维码观看视频。

2. 项目背景

某企业的网络拓扑图如图 12-3 所示。该企业想构建一台 FTP 服务器,为企业局域网中的计算机提供文件传送任务,为财务部门、销售部门和 OA 系统提供异地数据备份服务。要求对 FTP 服务器设置连接限制、日志记录和消息等属性,能够验证客户端身份,并能创建用户隔离的 FTP 站点。

实训项目 配置与管理 FTP 服务器

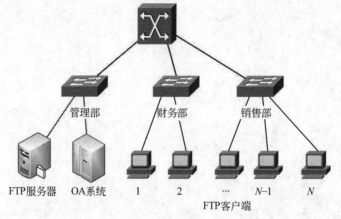

图 12-3 FTP 服务器搭建与配置网络拓扑

3. 深度思考

在观看视频时思考以下几个问题。

（1）如何使用 service vsftpd status 命令检查 vsftp 的安装状态？

（2）FTP 权限和文件系统权限有何不同？如何进行设置？

（3）为何不建议对根目录设置写权限？

（4）如何设置进入目录后的欢迎信息？

（5）如何锁定 FTP 用户在其宿主目录中？

（6）user_list 和 ftpusers 文件都存有用户名列表，如果一个用户同时存在两个文件中，最终的执行结果是怎样的？

4. 做一做

根据项目要求及视频内容，将项目十全十美地完成。

12.9　练习题

一、选择题

1. ftp 命令的(　　)参数可以与指定的机器建立连接。

    A. connect　　　　　B. close　　　　　C. cdup　　　　　D. open

2. FTP 服务使用的端口是(　　)。

    A. 21　　　　　　　B. 23　　　　　　C. 25　　　　　　D. 53

3. 从 Internet 上获得软件最常采用的是(　　)。

    A. WWW　　　　　B. Telnet　　　　C. FTP　　　　　D. DNS

4. 一次下载多个文件可以用(　　)命令。

    A. mget　　　　　　B. get　　　　　　C. put　　　　　　D. mput

5. 下面(　　)不是 FTP 用户的类别。

    A. real　　　　　　B. anonymous　　　C. guest　　　　　D. users

6. 修改文件 vsftpd.conf 的(　　)可以实现 vsftpd 服务独立启动。

    A. listen＝YES　　　　　　　　　　　B. listen＝NO

    C. boot＝standalone　　　　　　　　D. ＃listen＝YES

7. 将用户加入以下(　　)文件中可能会阻止用户访问 FTP 服务器。

    A. vsftpd/ftpusers　　　　　　　　　B. vsftpd/user_list

    C. ftpd/ftpusers　　　　　　　　　　D. ftpd/userlist

二、填空题

1. FTP 服务就是_____服务，FTP 的英文全称是_____。

2. FTP 服务通过使用一个共同的用户名_____，密码不限的管理策略，让任何用户都可以很方便地从这些服务器上下载软件。

3. FTP 服务有两种工作模式：_____和_____。

4. ftp 命令的格式如下：_____。

三、简答题

1. 简述 FTP 的工作原理。

2. 简述 FTP 服务的传输模式。

3. 简述常用的 FTP 软件。

第 13 章
电子邮件服务器配置

电子邮件服务是互联网上最受欢迎、应用最广泛的服务之一，用户可以通过电子邮件服务实现与远程用户的信息交流。能够实现电子邮件收发服务的服务器称为邮件服务器，本章将介绍基于 Linux 平台的 sendmail 邮件服务器的配置及基于 Web 界面的 Open Webmail 邮件服务器的架设方法。

学习要点

- 电子邮件服务的工作原理。
- sendmail 和 POP3 邮件服务器的配置。
- 电子邮件服务器的测试。

13.1 了解电子邮件服务工作原理

电子邮件(Electronic Mail，E-mail)服务是 Internet 最基本也是最重要的服务之一。

13.1.1 电子邮件服务概述

与现实生活中的邮件传递类似，每个人必须有一个唯一的电子邮件地址。电子邮件地址的格式是 USER@SERVER.COM，由 3 部分组成。第一部分 USER 代表用户邮箱账户，对于同一个邮件接收服务器来说，这个账户必须是唯一的；第二部分"@"是分隔符；第三部分 SERVER.COM 是用户信箱的邮件接收服务器域名，用于标志其所在的位置。这样的一个电子邮件地址表明该用户在指定的计算机(邮件服务器)上有一块存储空间。Linux 邮件服务器上的邮件存储空间通常是位于/var/spool/mail 目录下的文件。

13.1.2 电子邮件系统的组成

Linux 系统中的电子邮件系统包括 3 个组件：MUA(Mail User Agent，邮件用户代理)、MTA(Mail Transfer Agent，邮件传送代理)和 MDA(Mail Dilivery Agent，邮件投递代理)。

1. MUA

MUA 是电子邮件系统的客户端程序。它是用户与电子邮件系统的接口，主要负责邮件的发送和接收及邮件的撰写、阅读等工作。目前主流的用户代理软件有基于 Windows 平台的 Outlook、Foxmail 和基于 Linux 平台的 mail、elm、pine、Evolution 等。

2. MTA

MTA 是电子邮件系统的服务器端程序。它主要负责邮件的存储和转发。最常用的 MTA 软件有基于 Windows 平台的 Exchange 和基于 Linux 平台的 sendmail、qmail 和 postfix 等。

3. MDA

MDA 有时也称为 LDA(Local Dilivery Agent,本地投递代理)。MTA 把邮件投递到邮件接收者所在的邮件服务器,MDA 则负责把邮件按照接收者的用户名投递到邮箱中。

4. MUA、MTA 和 MDA 协同工作

总体来说,当使用 MUA 程序写信(例如 elm、pine 或 E-mail)时,应用程序把信件传给 sendmail 或 postfix 这样的 MTA 程序。如果信件是寄给局域网或本地主机的,那么 MTA 程序应该从地址上就可以确定这个信息。如果信件是发给远程系统用户的,那么 MTA 程序必须能够选择路由,与远程邮件服务器建立连接并发送邮件。MTA 程序还必须能够处理发送邮件时产生的问题,并且能向发信人报告出错信息。例如,当邮件没有填写地址或收信人不存在时,MTA 程序要向发信人报错。MTA 程序还支持别名机制,使得用户能够方便地用不同的名字与其他用户、主机或网络通信。而 MDA 的作用主要是把接收者 MTA 收到的邮件信息投递到相应的邮箱中。

13.1.3　电子邮件传输过程

电子邮件与普通邮件有类似的地方,发信者注明收件人的姓名与地址(即邮件地址),发送方服务器把邮件传到收件方服务器,收件方服务器再把邮件发到收件人的邮箱中,如图 13-1 所示。

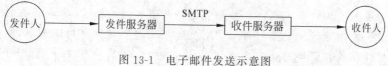

图 13-1　电子邮件发送示意图

以一封邮件的传递过程为例,下面是邮件发送的基本过程,如图 13-2 所示。

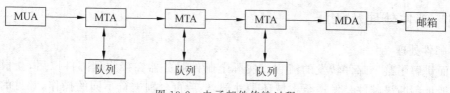

图 13-2　电子邮件传输过程

① 邮件用户在客户机使用 MUA 撰写邮件,并将写好的邮件提交给本地 MTA 上的缓冲区。

② MTA 每隔一定时间发送一次缓冲区中的邮件队列。MTA 根据邮件的接收者地址,使用 DNS 服务器的 MX(邮件交换器资源记录)解析邮件地址的域名部分,从而决定将邮件投递到哪一个目标主机。

③ 目标主机上的 MTA 收到邮件以后,根据邮件地址中的用户名部分判断用户的邮箱,并使用 MDA 将邮件投递到该用户的邮箱中。

④ 该邮件的接收者可以使用常用的 MUA 软件登录邮箱,查阅新邮件,并根据自己的需要做相应的处理。

13.1.4　与电子邮件相关的协议

常用的与电子邮件相关的协议有 SMTP、POP3 和 IMAP4。

1. SMTP(Simple Mail Transfer Protocol)

SMTP 即简单邮件传输协议,该协议默认工作在 TCP 的 25 端口。SMTP 属于客户机/服务器模型,它是一组用于由源地址到目的地址传送邮件的规则,由它来控制信件的中转方式。SMTP 属于 TCP/IP 协议簇,它帮助每台计算机在发送或中转信件时找到下一个目的地。通过 SMTP 所指定的服务器,就可以把电子邮件寄到收件人的服务器上。

2. POP3(Post Office Protocol 3)

POP3 即邮局协议的第 3 个版本,该协议默认工作在 TCP 的 110 端口。POP3 同样也属于客户机/服务器模型,它是规定怎样将个人计算机连接到 Internet 的邮件服务器和下载电子邮件的协议。它是 Internet 电子邮件的第一个离线协议标准,POP3 允许从服务器上把邮件存储到本地主机(即自己的计算机)上,同时删除保存在邮件服务器上的邮件。遵循POP3 来接收电子邮件的服务器是 POP3 服务器。

3. IMAP4(Internet Message Access Protocol 4)

IMAP4 即 Internet 信息访问协议的第 4 个版本,该协议默认工作在 TCP 的 143 端口。IMAP4 是用于从本地服务器上访问电子邮件的协议,它也是一个客户机/服务器模型协议,用户的电子邮件由服务器负责接收保存,用户可以通过浏览信件头来决定是否要下载此信件。用户也可以在服务器上创建或更改文件夹或邮箱,删除信件或检索信件的特定部分。

注意

　　虽然 POP3 和 IMAP4 都用于处理电子邮件的接收,但二者在机制上却有所不同。在用户访问电子邮件时,IMAP4 需要持续访问邮件服务器,而 POP3 则是将信件保存在服务器上。当用户阅读信件时,所有内容都会被立即下载到用户的计算机上。

13.1.5　邮件处理及认证

1. 邮件处理

前面讲解了整个邮件转发的流程。实际上邮件服务器在接收到邮件以后,会根据邮件的目的地址判断该邮件是发送至本域还是外部,然后再分别进行不同的操作,常见的处理方法有以下两种。

1) 本地邮件发送

当邮件服务器检测到邮件发往本地邮箱时,如 yun@smile.com 发送至 long@smile.com,处理方法比较简单,会直接将邮件发往指定的邮箱。

2) 邮件中继

邮件中继是指要求服务器向其他服务器传递邮件的一种请求。一台服务器处理的邮件只有两类:一类是外发的邮件,另一类是接收的邮件。前者是本域用户通过服务器要向外部转发的邮件,后者是发给本域用户的。

　　一台服务器不应该处理过路的邮件,就是既不是自己的用户发送的,也不是发给自己的用户的,而是一个外部用户发给另一个外部用户的。此时要用到第三方邮件中继。如果是不需要经过验证就可以通过邮件中继将邮件转到组织外,称为开放邮件中继(Open Relay)。这里需要了解几个概念。

　　(1) 邮件中继。用户通过服务器将邮件传递到组织外。

　　(2) 开放邮件中继。不受限制的组织外中继,即无验证的用户也可提交邮件中继请求。

　　(3) 第三方邮件中继。由服务器提交的开放邮件中继不是从客户端直接提交的。比如,用户的域是 A,通过服务器 B(属于 B 域)中转邮件到 C 域。这时在服务器 B 上看到的是连接请求来源于 A 域的服务器(不是客户),而邮件既不是服务器 B 所在域用户提交的,也不是发往 B 域的,这就属于第三方邮件中继。如果有人通过直接连接到服务器发送邮件,这是无法阻止的,比如群发软件。但如果关闭了开放邮件中继,那么他只能发信到你组织内的用户,无法将邮件发到组织外。

2. 邮件认证机制

　　如果关闭了开放邮件中继,那么必须是该组织成员通过验证后才可以提交中继请求。也就是说,用户要发邮件到组织外,一定要经过验证。要注意的是不能关闭邮件中继,否则邮件系统只能在组织内使用。邮件认证机制要求用户在发送邮件时必须提交账户及密码,邮件服务器验证该用户属于该域合法用户后,才允许其转发邮件。

13.2　案例设计及准备

　　本项目选择企业版 Linux 网络操作系统提供的电子邮件系统 Postfix 来部署电子邮件服务,利用 Windows 10 的 Outlook 程序来收发邮件(如果没安装请从网上下载后安装)。

　　部署电子邮件服务应满足下列需求。

　　(1) 安装好企业版 Linux 网络操作系统,并且必须保证 Apache 服务和 Perl 语言解释器正常工作。客户端使用 Linux 和 Windows 网络操作系统。服务器和客户端能够通过网络进行通信。

　　(2) 电子邮件服务器的 IP 地址、子网掩码等 TCP/IP 参数应手工配置。

　　(3) 电子邮件服务器应拥有一个友好的 DNS 名称,应能够被正常解析,并且具有电子邮件服务所需的 MX 资源记录。

　　(4) 创建任何电子邮件域之前,规划并设置好 POP3 服务器的身份验证方法。

　　计算机的配置信息如表 13-1 所示(可以使用 VM 的克隆技术快速安装需要的 Linux 客户端)。

表 13-1　Linux 服务器和客户端的配置信息

主机名称	操作系统	IP 地址	角色及其他
邮件服务器: Server01	RHEL 8	192.168.10.1	DNS 服务器、postfix 邮件服务器,VMnet1
Linux 客户端: Client1	RHEL 8	IP:192.168.10.20 DNS:192.168.10.1	邮件测试客户端,VMnet1
Windows 客户端: Client3	Windows 10	IP:192.168.10.50 DNS:192.168.10.1	邮件测试客户端,VMnet1

13.3 配置 postfix 常规服务器

在 RHEL 5、RHEL 6 以及诸多早期的 Linux 系统中,默认使用的发件服务是由 sendmail 服务程序提供的,而在 RHEL 7/8 系统中已经替换为 postfix 服务程序。相较于 sendmail 服务程序,postfix 服务程序减少了很多不必要的配置步骤,而且在稳定性、并发性 方面也有很大改进。

如果想要成功地架设 postfix 服务器,除了需要理解其工作原理外,还需要清楚整个设 定流程,以及在整个流程中每一步的作用。设定一个简易 postfix 服务器主要包含以下几个 步骤。

(1) 配置好 DNS。

(2) 配置 postfix 服务程序。

(3) 配置 Dovecot 服务程序。

(4) 创建电子邮件系统的登录账户。

(5) 启动 postfix 服务器。

(6) 测试电子邮件系统。

13.3.1 安装所需要的服务器组件

1. 安装 bind 和 postfix 服务

```
[root@Server01 ~]#rpm -q postfix
[root@Server01 ~]#mount /dev/cdrom /media
[root@Server01 ~]#dnf clean all                    //安装前先清除缓存
[root@Server01 ~]#dnf install bind postfix -y
[root@Server01 ~]#rpm -qa|grep postfix             //检查安装组件是否成功
```

2. 开放 dns、smtp 服务

打开与 SELinux 有关的布尔值,在防火墙中开放 dns、smtp 服务。重启服务,并设置开 机重启生效。

```
[root@Server01 ~]#setsebool -P allow_postfix_local_write_mail_spool on
[root@Server01 ~]#systemctl restart postfix
[root@Server01 ~]#systemctl restart named
[root@Server01 ~]#systemctl enable named
[root@Server01 ~]#systemctl enable postfix
[root@Server01 ~]#firewall-cmd --permanent --add-service=dns
[root@Server01 ~]#firewall-cmd --permanent --add-service=smtp
[root@Server01 ~]#firewall-cmd --reload
```

13.3.2 postfix 服务程序主配置文件

postfix 服务程序主配置文件(/etc/ postfix/main.cf)有 679 行左右的内容,主要的配置 参数如表 13-2 所示。

表 13-2　postfix 服务程序主配置文件中的主要参数

参　　数	作　　用
myhostname	邮局系统的主机名
mydomain	邮局系统的域名
myorigin	从本机发出邮件的域名名称
inet_interfaces	监听的网卡接口
mydestination	可接收邮件的主机名或域名
mynetworks	设置可转发哪些主机的邮件
relay_domains	设置可转发哪些网域的邮件

在 postfix 服务程序的主配置文件中,总计需要修改以下 5 处。

① 在第 96 行定义一个名为 myhostname 的变量,用来保存服务器的主机名称。还要记住以下的参数,需要调用它。

```
myhostname =mail.long90.cn
```

② 在第 104 行定义一个名为 mydomain 的变量,用来保存邮件域的名称。后面也要调用这个变量。

```
mydomain =long90.cn
```

③ 在第 120 行调用前面的 mydomain 变量,用来定义发出邮件的域。调用变量的好处是避免重复写入信息,以及便于日后统一修改。

```
myorigin =$mydomain
```

④ 在第 137 行定义网卡监听地址。可以指定要使用服务器的哪些 IP 地址对外提供电子邮件服务;也可以直接写成 all,代表所有 IP 地址都能提供电子邮件服务。

```
inet_interfaces =all
```

⑤ 在第 186 行定义可接收邮件的主机名或域名列表。这里可以直接调用前面定义好的 myhostname 和 mydomain 变量(如果不想调用变量,也可以直接调用变量中的值)。

```
mydestination =$myhostname,$mydomain,localhost
```

13.3.3　群发和邮件中继

1. 别名和群发设置

用户别名是经常用到的一个功能。顾名思义,别名就是给用户起的另外一个名字。例如,给用户 A 起个别名为 B,以后发给 B 的邮件实际是 A 用户来接收。为什么说这是一个经常用到的功能呢? 第一,root 用户无法收发邮件,如果有发给 root 用户的信件,就必须为 root 用户建立别名。第二,群发设置需要用到这个功能。企业内部在使用邮件服务时,经常会按照部门群发信件,发给财务部门的信件只有财务部的人才会收到,其他部门的则无法收到。

如果要使用别名设置功能,首先需要在/etc 目录下建立文件 aliases,然后编辑文件内容,其格式如下。

```
alias: recipient[,recipient,...]
```

其中,alias 为邮件地址中的用户名(别名),recipient 是实际接收该邮件的用户。下面通过几个例子来说明用户别名的设置方法。

【例 13-1】 为 user1 账户设置别名为 zhangsan,为 user2 账户设置别名为 lisi。方法如下。

```
[root@Server01  ~]#vim        /etc/aliases
//添加下面两行
zhangsan: user1
lisi: user2
```

【例 13-2】 假设网络组的每位成员在本地 Linux 系统中都拥有一个真实的电子邮件账户,现在要给网络组的所有成员发送一封相同内容的电子邮件。可以使用用户别名机制中的邮件列表功能实现,方法如下。

```
[root@Server01  ~]#vim        /etc/aliases
network_group:  net1,net2,net3,net4
```

这样,通过给 network_group 发送信件就可以给网络组中的 net1、net2、net3 和 net4 都发送一封同样的信件。

最后,在设置过 aliases 文件后,还要使用 newaliases 命令生成 aliases.db 数据库文件。

```
[root@Server01  ~]#newaliases
```

2. 利用 Access 文件设置邮件中继

Access 文件用于控制邮件中继(RELAY)和邮件的进出管理。可以利用 Access 文件来限制哪些客户端可以使用此邮件服务器来转发邮件。例如,限制某个域的客户端拒绝转发邮件,也可以限制某个网段的客户端可以转发邮件。Access 文件的内容会以列表形式体现出来。其格式如下。

```
对象    处理方式
```

对象和处理方式的表现形式并不单一,每一行都包含对象和对它们的处理方式。下面简单介绍常见的对象和处理方式的类型。

Access 文件中的每一行都具有一个对象和一种处理方式,需要根据环境进行二者的组合。来看一个示例,使用 vim 命令查看默认的 access 文件。

默认的设置表示来自本地的客户端允许使用邮件服务器收发邮件。通过修改 Access 文件,可以设置邮件服务器对 E-mail 的转发行为,但是配置后必须使用 postmap 建立新的

access.db 数据库。

【例 13-3】　允许 192.168.0.0/24 网段和 long90.cn 自由发送邮件,但拒绝客户端 clm.long90.cn,以及除 192.168.2.100 以外的 192.168.2.0/24 网段的所有主机。

```
[root@Server01~]#vim  /etc/postfix/access
192.168.0                OK
.long90.cn               OK
clm.long90.cn            REJECT
192.168.2.100            OK
192.168.2                OK
```

还需要在/etc/postfix/main.cf 中增加以下内容。

```
smtpd_client_restrictions =check_client_access hash:/etc/postfix/access
```

只有增加这一行访问控制的过滤规则,/etc/postfix/access 文件中的设置才生效!

最后使用 postmap 生成新的 access.db 数据库。

```
[root@Server01  ~]#postmap    hash:/etc/postfix/access
[root@Server01  ~]#ls  -l  /etc/postfix/access *
-rw-r--r--. 1  root  root  20986  Aug    4  18:53  /etc/postfix/access
-rw-r--r--. 1  root  root  12288  Aug    4  18:55  /etc/postfix/access.db
```

3. 设置邮箱容量

1) 设置用户邮件的大小限制

编辑/etc/postfix/main.cf 配置文件,限制发送的邮件大小最大为 5MB,添加以下内容。

```
message_size_limit=5000000
```

2) 通过磁盘配额限制用户邮箱空间

① 使用 df -hT 命令查看邮件目录挂载信息,如图 13-3 所示。

② 使用 vim 编辑器修改/etc/fstab 文件,如图 13-4 所示(一定保证/var 是单独的 xfs 分区)。

在项目 1 中的硬盘分区中已经考虑了独立分区的问题,这样保证了该实训的正常进行。从图 13-3 可以看出,/var 已经自动挂载了。

③ /dev/nvme0n1p5(这是非易失性硬盘的表示,类似于/dev/sda5)分区格式为 xfs,查看是否自动开启磁盘配额功能可用 usrquota 和 grpquota 参数。

```
[root@Server01~]#mount |grep /var
/dev/nvme0n1p5 on /var type xfs (rw,relatime,seclabel,attr2,inode64,noquota)
sunrpc on /var/lib/nfs/rpc_pipefs type rpc_pipefs (rw,relatime)
```

```
root@Server01:~
文件(F) 编辑(E) 查看(V) 搜索(S) 终端(T) 帮助(H)
[root@Server01 ~]# df  -hT
文件系统         类型       容量  已用  可用 已用% 挂载点
devtmpfs         devtmpfs   872M     0  872M    0% /dev
tmpfs            tmpfs      901M     0  901M    0% /dev/shm
tmpfs            tmpfs      901M   29M  872M    4% /run
tmpfs            tmpfs      901M     0  901M    0% /sys/fs/cgroup
/dev/nvme0n1p8   xfs        9.4G  212M  9.1G    3% /
/dev/nvme0n1p3   xfs        7.5G  4.0G  3.5G   54% /usr
/dev/nvme0n1p5   xfs        7.5G  381M  7.1G    5% /var
/dev/nvme0n1p2   xfs        7.5G   86M  7.4G    2% /home
/dev/nvme0n1p7   xfs        947M   40M  908M    5% /tmp
/dev/nvme0n1p1   xfs        281M  205M   77M   73% /boot
tmpfs            tmpfs      181M  1.2M  179M    1% /run/user/42
tmpfs            tmpfs      181M  4.6M  176M    3% /run/user/0
```

图 13-3　查看邮件目录挂载信息

```
root@Server01:~
文件(F) 编辑(E) 查看(V) 搜索(S) 终端(T) 帮助(H)
UUID=b81c866d-9c86-46a5-9a0b-76ba4011c11c /boot     xfs     defaults     0 0
UUID=b412cfea-0b12-48f6-8f52-b4ae9b16a05d /home     xfs     defaults     0 0
UUID=467e93d8-7600-4268-a213-8ea58532a44e /tmp      xfs     defaults     0 0
UUID=df677087-6840-45ed-bf67-079ab4c82bd0 /usr      xfs     defaults     0 0
UUID=f2a5970d-e577-4ebb-af7d-5e92a06c4172 /var      xfs     defaults     0 0
/dev/mapper/rhel-swap   swap           swap    defaults        0 0
```

图 13-4　/etc/fstab 文件

④ noquota 说明没有自动开启磁盘配额,可在 defaults 后面增加“,usrquota,grpquota”启用配额参数,如下所示。

```
UUID=f2a5970d-e577-4ebb-af7d-5e92a06c4172 /var    xfs    defaults,usrquota,grpquota    0 0
```

usrquota 为用户的配额参数,grpquota 为组的配额参数。保存文件并退出,重新启动系统,使操作系统按照新的参数挂载文件系统。

⑤ 重启系统后再次查看配额激活情况。

```
[root@Server01 ~]#mount |grep /var
/dev/nvme0n1p5 on /var type xfs (rw, relatime, seclabel, attr2, inode64, usrquota,
grpquota)
sunrpc on /var/lib/nfs/rpc_pipefs type rpc_pipefs (rw,relatime)
[root@Server01 ~]#quotaon -p /var
group quota on /var (/dev/nvme0n1p5) is on
user quota on /var (/dev/nvme0n1p5) is on
```

⑥ 设置磁盘配额。

下面为用户和组配置详细的配额限制,使用 edquota 命令设置磁盘配额,命令格式如下。

```
edquota  -u  用户名
```

或

```
edquota  -g  组名
```

为用户 bob 配置磁盘配额限制，执行 edquota 命令，打开用户配额编辑文件，如下所示（bob 用户一定是存在的 Linux 系统用户）。

```
[root@Server01 ~]#useradd bob; passwd bob
[root@Server01 ~]#edquota      -u      bob
Disk quotas for  user  bob  (uid  1015):
  Filesystem        blocks  soft  hard  inodes  soft  hard
/dev/nvme0n1p5        0      0     0      1      0     0
```

磁盘配额参数的含义如表 13-3 所示。

表 13-3　磁盘配额参数

列　名	解　释
Filesystem	文件系统的名称
blocks	用户当前使用的块数（磁盘空间），单位为 KB
soft	可以使用的最大磁盘空间。可以在一段时期内超过软限制规定
hard	可以使用的磁盘空间的绝对最大值。达到了该限制后，操作系统将不再为用户或组分配磁盘空间
inodes	用户当前使用的 inode 节点数量（文件数）
soft	可以使用的最大文件数。可以在一段时期内超过软限制规定
hard	可以使用的文件数的绝对最大值。达到了该限制后，用户或组将不能再建立文件

设置磁盘空间或者文件数限制，需要修改对应的 soft、hard 值，而不要修改 blocks 和 inodes 值，根据当前磁盘的使用状态，操作系统会自动设置这两个字段的值。

注意　如果 soft 或者 hard 设置为 0，则表示没有限制。

这里将磁盘空间的硬限制设置为 100MB，编辑完成后存盘退出。

```
[root@Server01 ~]#edquota      -u      bob
Disk quotas for  user  bob  (uid  1015):
  Filesystem        blocks  soft  hard  inodes  soft  hard
/dev/nvme0n1p5        0      0  100000    1      0     0
```

13.4　配置 Dovecot 服务程序

在 postfix 服务器 Server01 上进行基本配置以后，邮件服务器就可以完成邮件的发送工作，但是如果需要使用 POP3 和 IMAP 协议接收邮件，还需要安装 Dovecot 软件包。

13.4.1　安装 Dovecot 服务程序软件包

(1) 安装 POP3 和 IMAP。

```
[root@Server01  ~]#mount /dev/cdrom /media
[root@Server01  ~]#dnf install dovecot -y
[root@Server01  ~]#rpm -qa |grep dovecot
dovecot-2.3.8-2.el8.x86_64
```

(2) 启动 POP3 服务,同时开放 POP3 和 IMAP 对应的 TCP 端口 110 和 143。

```
[root@Server01  ~]#systemctl restart   dovecot
[root@Server01  ~]#systemctl enable    dovecot
[root@Server01  ~]#firewall-cmd --permanent --add-port=110/tcp
[root@Server01  ~]#firewall-cmd --permanent --add-port=25/tcp
[root@Server01  ~]#firewall-cmd --permanent --add-port=143/tcp
[root@Server01  ~]#firewall-cmd --reload
```

(3) 测试。

使用 netstat 命令测试是否开启 POP3 的 110 端口和 IMAP 的 143 端口,如下所示。

```
[root@Server 01   ~]#netstat      -an|grep   :110
tcp     0      0 0.0.0.0:110            0.0.0.0:*         LISTEN
tcp6    0      0 :::110                 :::*              LISTEN
[root@Server01    ~]#netstat      -an|grep   :143
tcp     0      0        0.0.0.0:143 0.0.0.0:*         LISTEN
tcp6    0      0        :::143      :::*              LISTEN
```

如果显示 110 和 143 端口开启,则表示 POP3 以及 IMAP 服务已经可以正常工作。

13.4.2　配置部署 Dovecot 服务程序

(1) 在 Dovecot 服务程序的主配置文件中进行如下修改。首先是第 24 行,把 Dovecot 服务程序支持的电子邮件协议修改为 IMAP、POP3 和 IMTP。不修改也可以,默认就是这些协议。

```
[root@Server01    ~]#vim /etc/dovecot/dovecot.conf
protocols =imap pop3 lmtp
```

(2) 在主配置文件中的第 48 行,设置允许登录的网段地址。也就是说,可以在这里限制只有来自某个网段的用户才能使用电子邮件系统。如果想允许所有人都能使用,修改参数如下。

```
login_trusted_networks=0.0.0.0/0
```

也可修改为某网段,如 192.168.10.0/24。

注意

　　本字段一定要启用,否则在连接 Telnet 使用 25 号端口收邮件时会出现如下错误:

　　-ERR [AUTH] Plaintext authentication disallowed on non-secure (SSL/TLS) connections.

13.4.3　配置邮件格式与存储路径

　　在 Dovecot 服务程序单独的子配置文件中,定义一个路径,用于指定要将收到的邮件存放到服务器本地的哪个位置。这个路径默认已经定义好了,只需要将该配置文件中第 24 行前面的井号(♯)删除即可。然后存盘并退出。

```
[root@Server01  ~]#vim  /etc/dovecot/conf.d/10-mail.conf
mail_location  =  mbox:~/mail:INBOX=/var/mail/%u
```

13.4.4　创建用户,建立保存邮件的目录

　　以创建 user1 和 user2 为例。创建用户完成后,建立相应用户的保存邮件的目录(这是必需的,否则出错)。至此,对 Dovecot 服务程序的配置部署全部结束。

```
[root@Server01  ~]#useradd  user1
[root@Server01  ~]#useradd  user2
[root@Server01  ~]#passwd  user1
[root@Server01  ~]#passwd  user2
[root@Server01  ~]#mkdir  -p  /home/user1/mail/.imap/INBOX
[root@Server01  ~]#mkdir  -p  /home/user2/mail/.imap/INBOX
```

13.5　配置完整的收发邮件服务器案例

　　下面配置一个完整的收发邮件服务器。

13.5.1　案例需求

　　postfix 邮件服务器和 DNS 服务器的地址为 192.168.10.1,利用 Telnet 命令,使邮件地址为 user3@long90.cn 的用户向邮件地址为 user4@long90.cn 的用户发送主题为“The first mail:user3 TO user4”的邮件,同时使用 Telnet 命令从 IP 地址为 192.168.10.1 的 POP3 服务器接收电子邮件。

13.5.2　案例分析

　　当 postfix 服务器搭建好之后,应该尽可能快地保证服务器正常使用,一种快速有效的测试方法是使用 Telnet 命令直接登录服务器的 25 端口,并收发信件以及对 postfix 进行测试。

　　在测试之前,先确保 Telnet 的服务器端软件和客户端软件已经安装(分别在 Server01

和 Client1 上安装,不再一一分述)。为了避免原来的设置影响本次实训,建议将计算机恢复到初始状态。具体操作过程如下。

13.5.3 解决方案

1. 在 Server01 上安装 dns、postfix、dovecot 和 telnet 并启动

(1) 安装 dns、postfix、dovecot 和 telnet。

```
[root@Server01 ~]#mount  /dev/cdrom  /media
[root@Server01 ~]#dnf  clean  all                        //安装前先清除缓存
[root@Server01 ~]# dnf  install  bind  postfix  dovecot  telnet-server
                telnet -y
```

(2) 打开与 SELinux 有关的布尔值,在防火墙中开放 dns、smtp 服务。

```
[root@Server01 ~]#setsebool    -P    allow_postfix_local_write_mail_spool
on
[root@Server01 ~]#firewall-cmd  --permanent  --add-service=dns
[root@Server01 ~]#firewall-cmd  --permanent  --add-service=smtp
[root@Server01 ~]#firewall-cmd  --permanent  --add-service=telnet
[root@Server01 ~]#firewall-cmd  --reload
```

(3) 启动 POP3 服务,同时开放 POP3 和 IMAP 对应的 TCP 端口 110 和 143。

```
[root@Server01 ~]#firewall-cmd  --permanent  --add-port=110/tcp
[root@Server01 ~]#firewall-cmd  --permanent  --add-port=25/tcp
[root@Server01 ~]#firewall-cmd  --permanent  --add-port=143/tcp
[root@Server01 ~]#firewall-cmd  --reload
```

2. 在 Server01 上配置 DNS 服务器,设置 MX 资源记录

配置 DNS 服务器,并设置虚拟域的 MX 资源记录。具体步骤如下。

(1) 编辑修改 DNS 服务的主配置文件,添加 long90.cn 域的区域声明(options 部分省略,按常规配置即可,完整的配置文件见 www.ryjiaoyu.com 或向作者索要)。

```
[root@Server01 ~]#vim  /etc/named.conf
zone  "long90.cn"  IN  {
        type  master;
        file  "long90.cn.zone";    };

zone  "10.168.192.in-addr.arpa"  IN  {
        type              master;
        file              "1.10.168.192.zone";
};
#include?"/etc/named.zones";
```

注释掉 include 语句,免得受影响,因为本例在 named.conf 中直接写入域的声明。也就是将 named.conf 和 named.zones 合二为一。

（2）编辑 long90.cn 区域的正向解析数据库文件。

```
[root@Server01 ～]#vim  /var/named/long90.cn.zone
$TTL 1D
@     IN SOA long90.cn.  root.long90.cn.  (
                                        2013120800    ;  serial
                                        1D            ;  refresh
                                        1H            ;  retry
                                        1W            ;  expire
                                        3H )          ;  minimum

@                     IN        NS           dns.long90.cn.
@                     IN        MX   10      mail.long90.cn.
dns                   IN        A            192.168.10.1
mail                  IN        A            192.168.10.1
smtp                  IN        A            192.168.10.1
pop3                  IN        A            192.168.10.1
```

（3）编辑 long90.cn 区域的反向解析数据库文件。

```
[root@Server01 ～]#vim  /var/named/1.10.168.192.zone
$TTL  1D
@       IN  SOA  @  root.long90.cn.  (
                                  0    ;  serial
                                  1D   ;  refresh
                                  1H   ;  retry
                                  1W   ;  expire
                                  3H ) ;  minimum

@           IN              NS      dns.long90.cn.
@           IN              MX  10  mail.long90.cn.

1           IN              PTR     dns.long90.cn.
1           IN              PTR     mail.long90.cn.
1           IN              PTR     smtp.long90.cn.
1           IN              PTR     pop3.long90.cn.
```

（4）利用下面的命令重新启动 DNS 服务，使配置生效，并测试。

```
[root@Server01 ～]#systemctl  restart  named
[root@Server01 ～]#systemctl  enable  named
[root@Server01 ～]#nslookup
>mail.long90.cn
Server:    127.0.0.1
Address:   127.0.0.1#53

Name:mail.long90.cn
Address: 192.168.10.1
>192.168.10.1
1.10.168.192.in-addr.arpa name =smtp.long90.cn.
```

```
1.10.168.192.in-addr.arpa name =mail.long90.cn.
1.10.168.192.in-addr.arpa name =dns.long90.cn.
1.10.168.192.in-addr.arpa name =pop3.long90.cn.
>exit
```

3. 在 Server01 上配置邮件服务器

先配置/etc/ postfix/main.cf,再配置 Dovecot 服务程序。

(1) 配置/etc/ postfix/main.cf。

```
[root@Server01 ~]#vim /etc/postfix/main.cf
myhostname = mail.long90.cn
mydomain = long90.cn
myorigin = $mydomain
inet_interfaces = all
mydestination = $myhostname,$mydomain,localhost
```

(2) 配置 dovecot.conf。

```
[root@Server01 ~]#vim /etc/dovecot/dovecot.conf
protocols = imap pop3 lmtp
login_trusted_networks = 0.0.0.0/0
```

(3) 配置邮件格式和路径(默认已配置好,在 25 行左右),建立邮件目录(极易出错)。

```
[root@Server01 ~]#vim /etc/dovecot/conf.d/10-mail.conf
mail_location = mbox:~/mail:INBOX=/var/mail/%u
[root@Server01 ~]#useradd user3
[root@Server01 ~]#useradd user4
[root@Server01 ~]#passwd user3
[root@Server01 ~]#passwd user4
[root@Server01 ~]#mkdir -p /home/user3/mail/.imap/INBOX
[root@Server01 ~]#mkdir -p /home/user4/mail/.imap/INBOX
```

(4) 启动各种服务,配置防火墙,允许布尔值等。

```
[root@Server01 ~]#systemctl restart postfix
[root@Server01 ~]#systemctl restart named
[root@Server01 ~]#systemctl restart dovecot
[root@Server01 ~]#systemctl enable postfix
[root@Server01 ~]#systemctl enable dovecot
[root@Server01 ~]#systemctl enable named
[root@Server01 ~]#setsebool -P allow_postfix_local_write_mail_spool on
```

4. 在 Client1 上使用 Telnet 发送邮件

使用 Telnet 发送邮件(在 Client1 客户端测试,确保 DNS 服务器设为 192.168.10.1)。

（1）在 Client1 上测试 DNS 是否正常，这一步至关重要。

```
[root@client1  ~]#vim /etc/resolv.conf
nameserver  192.168.10.1
[root@client1  ~]#nslookup
>  set  type=MX
>long90.cn
Server:       192.168.10.1
Address:  192.168.10.1#53

long90.cn  mail exchanger =10 mail.long90.cn.
>  exit
```

（2）在 Client1 上依次安装 Telnet 所需的软件包。

```
[root@Client1  ~]#rpm -qa|grep telnet
[root@Client1  ~]#dnf install telnet-server -y      //安装 Telnet 服务器软件
[root@Client1  ~]#dnf install telnet -y             //安装 Telnet 客户端软件
[root@Client1  ~]#rpm -qa|grep telnet               //检查安装组件是否成功
telnet-0.17-73.el8.x86_64
telnet-server-0.17-73.el8.x86_64
```

（3）在 Client1 客户端测试。

```
[root@Client1  ~]#telnet 192.168.10.1 25
                            //利用 telnet 命令连接邮件服务器的 25 端口
Trying  192.168.10.1...
Connected  to  192.168.10.1.
Escape character is '^]'.
220 mail.long90.cn ESMTP postfix
helo long90.cn                     //利用 helo 命令向邮件服务器表明身份,不是 hello
250 mail.long90.cn
mail from:"test"<user3@long90.cn>  //设置信件标题以及发信人地址。其中信件标题
                                   //为"test",发信人地址为 client1@smile90.cn
250 2.1.0 Ok
rcpt to:user4@long90.cn            //利用 rcpt  to 命令输入收件人的邮件地址
250 2.1.5 Ok
data                               //data 表示要求开始写信件内容了。当输入完 data
                                     指令后,会提示以一个单行的"."结束信件
354 End data with <CR><LF>.<CR><LF>
The first mail: user3 TO user4  //信件内容
.                                  //"."表示结束信件内容。千万不要忘记输入"."
250 2.0.0 Ok: queued as 456EF25F

quit                               //退出 telnet 命令
221 2.0.0 Bye
Connection closed by foreign host.
```

细心的读者一定已经注意到，每当输入指令后，服务器总会回应一个数字代码给用户。熟知这些代码的含义对于判断服务器的正误是很有帮助的。下面介绍常见的回应代码以及相关含义，如表 13-4 所示。

表 13-4   邮件回应代码

回 应 代 码	说　　明
220	表示 SMTP 服务器开始提供服务
250	表示命令指定完毕，回应正确
354	可以开始输入信件内容，并以"."结束
500	表示 SMTP 语法错误，无法执行指令
501	表示指令参数或引述的语法错误
502	表示不支持该指令

5. 利用 Telnet 工具接收电子邮件

```
   [root@Client1  ~]#telnet  192.168.10.1  110
                          //利用 telnet 命令连接邮件服务器 110 端口
Trying  192.168.10.1...
Connected  to  192.168.10.1.
Escape  character  is  '^]'.
+OK Dovecot  ready.
user  user4                //利用 user 命令输入用户的用户名为 user4
+OK
pass  12345678             //利用 pass 命令输入 user4 账户的密码为 12345678
+OK  Logged  in.
list                       //利用 list 命令获得 user4 账户邮箱中各邮件的编号
+OK  1  messages:
1  263
.
retr  1                    //利用 retr 命令收取邮件编号为 1 的邮件信息,下面各行为邮
                             件信息
+OK  291  octets
Return-Path: <user3@long90.cn>
X-Original-To: user4@long90.cn
Delivered-To: user4@long90.cn
Received: from long90.cn (unknown [192.168.10.20])
    by mail.long90.cn (postfix) with SMTP id 235DC1485
    for <user4@long90.cn>; Sun, 21 Feb 2021 12:09:51 -0500 (EST)
.
quit                       //退出 telnet 命令
+OK  Logging  out.
Connection  closed  by  foreign  host.
```

Telnet 工具有以下命令可以使用，其命令格式及参数说明如下。

• stat 命令格式（无须参数）：

```
stat
```

• list 命令格式（参数 n 可选，表示邮件编号）：

```
list [n]
```

- uidl 命令格式（参数同上）：

```
uidl [n]
```

- retr 命令格式（参数 n 不可省，表示邮件编号）：

```
retr n
```

- dele 命令格式（n 同上）：

```
dele n
```

- top 命令格式（n 为邮件编号，m 为行数）：

```
top n m
```

- noop 命令格式（无须参数）：

```
noop
```

- quit 命令格式（无须参数）：

```
quit
```

各命令的详细功能见下面的说明。

- stat 命令不带参数。对于此命令，POP3 服务器会响应一个正确应答，此响应为一个单行的信息提示，它以＋OK 开头，接着是两个数字，第一个是邮件数目，第二个是邮件的大小，如＋OK 4 1603。
- list 命令的参数可选。该参数是一个数字，表示的是邮件在邮箱中的编号。可以利用不带参数的 list 命令获得各邮件的编号，并且每一封邮件均占用一行显示，前面的数为邮件的编号，后面的数为邮件的大小。
- uidl 命令与 list 命令用途差不多，只不过 uidl 命令显示邮件的信息比 list 更详细、更具体。
- retr 命令是收邮件中最重要的一条命令，它的作用是查看邮件的内容。它必须带参数运行。该命令执行之后，服务器应答的信息比较长，其中包括发件人的电子邮箱地址、发件时间、邮件主题等，这些信息统称为邮件头，紧接在邮件头之后的信息便是邮件正文。
- dele 命令是用来删除指定的邮件（注意：dele n 命令只是给邮件做删除标记，只有在执行 quit 命令之后，邮件才会真正被删除）。
- top 命令有两个参数，不允许省略。
- noop 命令发出后，POP3 服务器不做任何事，仅返回一个正确响应＋OK。
- quit 命令发出后，Telnet 断开与服务器的连接，系统进入更新状态。

6. 用户邮件目录/var/spool/mail

可以在邮件服务器 Server01 上进行用户邮件的查看，这可以确保邮件服务器已经在正常工作了。postfix 在/var/spool/mail 目录中为每个用户分别建立单独的文件,用于存放每个用户的邮件,这些文件的名字和用户名是相同的。例如,邮件用户 user3@long90.cn 的文件是 user3。

```
[root@Server01  ~]#ls      /var/spool/mail
user3    user4    root
```

7. 邮件队列

邮件服务器配置成功后,就能够为用户提供 E-mail 的发送服务了。但如果接收这些邮件的服务器出现问题,或者因为其他原因,邮件无法安全地到达目的地,而发送的 SMTP 服务器又没有保存邮件,这封邮件就可能会失踪。无论是谁都不愿意看到这样的情况,所以 postfix 采用了邮件队列来保存这些发送不成功的信件,而且,服务器会每隔一段时间重新发送这些邮件。通过 mailq 命令来查看邮件队列的内容。

```
[root@Server01  ~]#mailq
```

其中各列说明如下。
- Q-ID:表示此封邮件队列的编号(ID)。
- Size:表示邮件的大小。
- Q-Time:邮件进入/var/spool/mqueue 目录的时间,并且说明无法立即传送出去的原因。
- Sender/Recipient:发信人和收信人的邮件地址。

如果邮件队列中有大量的邮件,那么请检查邮件服务器是否设置不当,或者被当作了转发邮件服务器。

13.6 使用 Cyrus-SASL 实现 SMTP 认证案例

无论是本地域内的不同用户,还是本地域与远程域的用户,要实现邮件通信都要求邮件服务器开启邮件的转发功能。为了避免邮件服务器成为各类广告与垃圾信件的中转站和集结地,对转发邮件的客户端进行身份认证(用户名和密码验证)是非常必要的。SMTP 认证机制是通过 Cryus-SASL 包来实现的。

13.6.1 案例需求

建立一个能够实现 SMTP 认证的服务器,邮件服务器和 DNS 服务器的 IP 地址是 192.168.10.1,客户端 Client1 的 IP 地址是 192.168.10.20,系统用户是 user3 和 user4,DNS 服务器的配置沿用例 13-4。其具体配置步骤如下。

使用 Cyrus-SASL 实现 SMTP 认证

13.6.2 解决方案

1. 编辑认证配置文件
(1) 安装 cyrus-sasl 软件。

```
[root@Server01 ~]#dnf install cyrus-sasl -y
```

（2）查看、选择、启动和测试所选的密码验证方式。

```
[root@Server01 ~]#saslauthd    -v            //查看支持的密码验证方法
saslauthd 2.1.27
authentication mechanisms: getpwent kerberos5 pam rimap shadow ldap httpform
[root@mail ~]#vim    /etc/sysconfig/saslauthd    //将密码认证机制修改为 shadow
…
MECH=shadow              //指定对用户及密码的验证方式,由 pam 改为 shadow,本地用户认证
…
[root@Server01 ~]#systemctl restart saslauthd   //重启认证服务
[root@Server01 ~]#ps aux | grep saslauthd     //查看 saslauthd 进程是否已经运行
root   5253   0.0   0.0 112664    972 pts/0       S+      16:15      0:00
 grep --color=auto saslauthd
//开启 SELinux 允许 saslauthd 程序读取/etc/shadow 文件
[root@Server01 ~]#setsebool   -P   allow_saslauthd_read_shadow   on
[root@Server01 ~]#testsaslauthd   -u user3   -p   '12345678'
                                //测试 saslauthd 的认证功能
0:OK "Success."                 //表示 saslauthd 的认证功能已起作用
```

（3）编辑 smtpd.conf 文件,使 Cyrus-SASL 支持 SMTP 认证。

```
[root@Server01 ~]#vim    /etc/sasl2/smtpd.conf
pwcheck_method: saslauthd
mech_list: plain    login
log_level: 3                      //记录 log 的模式
saslauthd_path:/run/saslauthd/mux      //设置 smtp 寻找 cyrus-sasl 的路径
```

2. 编辑 main.cf 文件,使 postfix 支持 SMTP 认证

（1）在默认情况下,postfix 并没有启用 SMTP 认证机制。要让 postfix 启用 SMTP 认证,就必须在 main.cf 文件中添加如下配置行(**放在文件最后**)。

```
[root@Server01 ~]#vim    /etc/postfix/main.cf
smtpd_sasl_auth_enable = yes             //启用 SASL 作为 SMTP 认证
smtpd_sasl_security_options = noanonymous //禁止采用匿名登录方式
broken_sasl_auth_clients = yes           //兼容早期非标准的 SMTP 认证协议(如
                                         OE4.x)
smtpd_recipient_restrictions = permit_sasl_authenticated, reject_unauth_
destination                              //认证网络允许,没有认证的拒绝
```

最后一句设置基于收件人地址的过滤规则,允许通过 SASL 认证的用户向外发送邮件,拒绝不是默认转发和默认接收的连接。

（2）重新载入 postfix 服务,使配置文件生效(防火墙、端口、SELinux 的设置同前面内容)。

```
[root@Server01 ~]#postfix  check
[root@Server01 ~]#postfix    reload
[root@Server01 ~]#systemctl  restart  saslauthd
[root@Server01 ~]#systemctl  enable  saslauthd
```

3. 测试普通发信验证

```
[root@client1 ~]#telnet mail.long90.cn 25
Trying 192.168.10.1...
Connected to mail.long90.cn.
Escape character is '^]'.
helo long90.cn
220 mail.long90.cn ESMTP postfix
250 mail.long90.cn
mail from:user3@long90.cn
250 2.1.0 Ok
rcpt to:68433059@qq.com
554 5.7.1 <68433059@qq.com>: Relay access denied
                              //未认证,所以拒绝访问,发送失败
```

4. 字符终端测试 postfix 的 SMTP 认证(使用域名来测试)

(1)由于前面采用的用户身份认证方式不是明文方式,所以首先要通过 printf 命令计算出用户名和密码的相应编码。

```
[root@Server01 ~]#printf "user3" | openssl base64
dXNlcjM=                        //用户名 user3 的 Base64 编码
[root@Server01 ~]#printf "12345678" | openssl base64
MTIzNDU2Nzg=                   //密码 12345678 的 Base64 编码
```

(2)字符终端测试认证发信。

```
[root@client1 ~]#telnet 192.168.10.1 25
Trying 192.168.10.1...
Connected to 192.168.10.1.
Escape character is '^]'.
220 mail.long90.cn ESMTP postfix
ehlo localhost                    //告知客户端地址
250-mail.long90.cn
250-PIPELINING
250-SIZE 10240000
250-VRFY
250-ETRN
250-AUTH PLAIN LOGIN
250-AUTH=PLAIN LOGIN
250-ENHANCEDSTATUSCODES
250-8BITMIME
```

```
250  DSN
auth  login                              //声明开始进行 SMTP 认证登录
334  VXNlcm5hbWU6                        //"Username:"的 Base64 编码
dXNlcjM=                                 //输入 user3 用户名对应的 Base64 编码
334  UGFzc3dvcmQ6                        //用户密码"12345678"的 Base64 编码,前后不要加
                                           空格
235  2.7.0  Authentication  successful   //通过了身份认证
mail  from:user3@long90.cn
250  2.1.0  Ok
rcpt  to:68433059@qq.com
250  2.1.5  Ok
data
354  End  data  with  <CR><LF>.<CR><LF>
This  a  test  mail!
.
250  2.0.0  Ok:  queued  as  5D1F9911    //经过身份认证后的发信成功
quit
221  2.0.0  Bye
Connection  closed  by  foreign  host.
```

5. 在客户端启用认证支持

当服务器启用认证机制后,客户端也需要启用认证支持。以 Outlook 2010 为例,在图 13-5 所示的对话框中一定要勾选"我的发送服务器(SMTP)要求验证",否则,不能向其他邮件域的用户发送邮件,而只能给本域内的其他用户发送邮件。

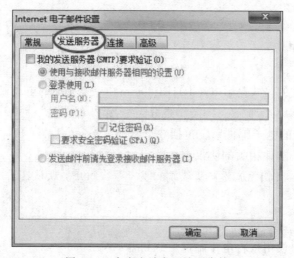

图 13-5　在客户端启用认证支持

13.7　项目实录:配置与管理电子邮件服务器

1. 观看视频

实训前请扫描二维码观看视频。

2. 项目实训目的

- 能熟练完成企业 POP3 邮件服务器的安装与配置。
- 能熟练完成企业邮件服务器的安装与配置。
- 能熟练测试邮件服务器。

3. 项目背景与任务

实训项目　配置与管理电子邮件
服务器

企业需求：企业需要构建自己的邮件服务器供员工
使用；本企业已经申请了域名 long90.cn，要求企业内部
员工的邮件地址为 username@long90.cn 格式。员工可以通过浏览器或者专门的客户端软
件收发邮件。

任务：假设邮件服务器的 IP 地址为 192.168.10.2，域名为 mail.long90.cn。请构建
POP3 和 SMTP 服务器，为局域网中的用户提供电子邮件收发服务；邮件要能发送到
Internet 上，同时 Internet 上的用户也能把邮件发到企业内部用户的邮箱中。

4. 项目实训内容

（1）复习 DNS 在邮件中的使用。

（2）练习 Linux 系统下邮件服务器的配置方法。

（3）使用 Telnet 进行邮件的发送和接收测试。

5. 做一做

根据项目实录视频进行项目实训，检查学习效果。

13.8　练习题

一、填空题

1. 电子邮件地址的格式是 user@RHEL6.com。一个完整的电子邮件由 3 部分组成，第
1 部分代表_____，第 2 部分_____ 是分隔符，第 3 部分是_____。

2. Linux 系统中的电子邮件系统包括 3 个组件：_____、_____ 和_____。

3. 常用的与电子邮件相关的协议有_____、_____ 和_____。

4. SMTP 工作在 TCP 协议上默认端口为____，POP3 默认工作在 TCP 协议的____
端口。

二、选择题

1. 以下（　　）协议用来将电子邮件下载到客户机。

　　A. SMTP　　　　　　B. IMAP4　　　　　　C. POP3　　　　　　D. MIME

2. 利用 Access 文件设置邮件中继需要转换 access.db 数据库，需要使用（　　）命令。

　　A. postmap　　　　　B. m4　　　　　　　C. access　　　　　D. macro

3. 用来控制 Postfix 服务器邮件中继的文件是（　　）。

　　A. main.cf　　　　　B. postfix.cf　　　　C. postfix.conf　　　D. access.db

4. 邮件转发代理也称邮件转发服务器，可以使用 SMTP，也可以使用（　　）。

　　A. FTP　　　　　　　B. TCP　　　　　　　C. UUCP　　　　　　D. POP

5. (　　)不是邮件系统的组成部分。

    A. 用户代理　　　　　B. 代理服务器　　　　C. 传输代理　　　　D. 投递代理

6. Linux 下可用的 MTA 服务器为(　　)。

    A. Postfix　　　　　B. qmail　　　　　C. imap　　　　D. sendmail

7. Postfix 常用的 MTA 软件有(　　)。

    A. sendmail　　　　B. postfix　　　　C. qmail　　　　D. exchange

8. Postfix 的主配置文件是(　　)。

    A. postfix.cf　　　　　　　　　　　B. main.cf

    C. access　　　　　　　　　　　　D. local-host-name

9. Access 数据库中访问控制操作有(　　)。

    A. OK　　　　　　B. REJECT　　　　C. DISCARD　　　　D. RELAY

10. 默认的邮件别名数据库文件是(　　)。

    A. /etc/names　　　　　　　　　　B. /etc/aliases

    C. /etc/postfix/aliases　　　　　　D. /etc/hosts

三、简述题

1. 简述电子邮件系统的构成。

2. 简述电子邮件的传输过程。

3. 电子邮件服务与 HTTP、FTP、NFS 等程序的服务模式的最大区别是什么？

4. 电子邮件系统中 MUA、MTA、MDA 三种服务角色的用途分别是什么？

5. 能否让 Dovecot 服务程序限制允许连接的主机范围？

6. 如何定义用户别名信箱以及让其立即生效？如何设置群发邮件。

第 14 章
代理服务器配置

某高校组建了校园网,并且已经架设了具有 Web、FTP、DNS、DHCP、E-mail 等功能的服务器来为校园网用户提供服务,现有如下问题需要解决。

(1) 需要架设防火墙以实现校园网的安全。

(2) 由于校园网使用的是私有地址,需要转换网络地址,使校园网中的用户能够访问互联网。

该项目实际上是由 Linux 的防火墙与代理服务器 firewall 和 squid 来完成的,通过该角色部署 firewall、NAT、squid,能够实现上述功能。

学习要点

- 了解代理服务器的基本知识。
- 掌握 squid 代理服务器的配置。

14.1 认识代理服务器

代理服务器等同于内网与 Internet 的桥梁。普通的 Internet 访问是一个典型的客户机与服务器结构:用户利用计算机上的客户端程序(如浏览器)发出请求,远端 www 服务器程序响应请求并提供相应的数据。而代理服务器处于客户机与服务器之间,对于服务器来说,代理服务器是客户机,代理服务器提出请求,服务器响应;对于客户机来说,代理服务器是服务器,它接收客户机的请求,并将服务器上传来的数据转给客户机。它的作用如同现实生活中的代理服务商。

14.1.1 代理服务器的工作原理

当客户端在浏览器中设置好代理服务器后,所有使用浏览器访问 Internet 站点的请求都不会直接发给目的主机,而是首先发送至代理服务器,代理服务器接收到客户端的请求以后,由代理服务器向目的主机发出请求,并接收目的主机返回的数据,存放在代理服务器的硬盘中,然后再由代理服务器将客户端请求的数据转发给客户端。代理服务器的工作原理如图 14-1 所示。

① 当客户端 A 对 Web 服务器端提出请求时,此请求会首先发送到代理服务器。

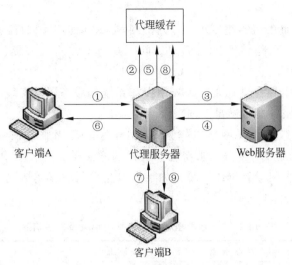

图 14-1　代理服务器的工作原理

② 代理服务器接收到客户端请求后，会检查缓存中是否存有客户端需要的数据。

③ 如果代理服务器没有客户端 A 请求的数据，它将会向 Web 服务器提交请求。

④ Web 服务器响应请求的数据。

⑤ 代理服务器从服务器获取数据后，会保存至本地的缓存，以备以后查询使用。

⑥ 代理服务器向客户端 A 转发 Web 服务器的数据。

⑦ 客户端 B 访问 Web 服务器，向代理服务器发出请求。

⑧ 代理服务器查找缓存记录，确认已经存在 Web 服务器的相关数据。

⑨ 代理服务器是直接回应查询的信息，不需要再去服务器查询，从而节约网络流量和提高访问速度。

14.1.2　代理服务器的作用

（1）提高访问速度。因为客户要求的数据存于代理服务器的硬盘中，因此下次这个客户或其他客户再要求相同目的站点的数据时，就会直接从代理服务器的硬盘中读取，代理服务器起到了缓存的作用，热门站点有很多客户访问时，代理服务器的优势更为明显。

（2）用户访问限制。因为所有使用代理服务器的用户都必须通过代理服务器访问远程站点，因此在代理服务器上就可以设置相应的限制，以过滤或屏蔽掉某些信息。这是局域网网管限制局域网用户访问范围最常用的办法，也是局域网用户为什么不能浏览某些网站的原因。拨号用户如果使用代理服务器，同样必须服从代理服务器的访问限制。

（3）安全性得到提高。无论是上聊天室还是浏览网站，目的网站只能知道使用的代理服务器的相关信息，而无法测知客户端的真实 IP 地址，这就使得使用者的安全性得以提高。

14.2　案例设计与准备

网络建立初期，人们只考虑如何实现通信而忽略了网络的安全。而防火墙可以通过使企业内部局域网与 Internet 之间或者与其他外部网络互相隔离、限制网络互访来保护内部网络。

大量拥有内部地址的机器组成了企业内部网,那么如何连接内部网与 Internet? 代理服务器将是很好的选择,它能够解决内部网访问 Internet 的问题并提供访问的优化和控制功能。

本项目设计在安装有企业版 Linux 网络操作系统的服务器上安装 squid 代理服务器。

部署 squid 代理服务器应满足下列需求。

(1) 安装好企业版 Linux 网络操作系统,必须保证常用服务正常工作。客户端使用 Linux 或 Windows 网络操作系统。服务器和客户端能够通过网络进行通信。

(2) 或者利用虚拟机设置网络环境。如果模拟互联网的真实情况,则需要 3 台虚拟机,如表 14-1 所示。

表 14-1　Linux 服务器和客户端的地址及角色信息

主 机 名 称	操作系统	IP 地址	角　色
内网服务器:Server01	RHEL 8	192.168.10.1(VMnet1)	Web 服务器、firewall
squid 代理服务器:Server02	RHEL 8	IP1:192.168.10.20(VMnet1) IP2:202.112.113.112(VMnet8)	firewall、squid
外网 Linux 客户端:Client1	RHEL 8	202.112.113.113(VMnet8)	Web、firewall

14.3　配置 squid 服务器

14.3.1　安装、启动、停止与随系统启动 squid 服务

对于 Web 用户来说,squid 是一个高性能的代理缓存服务器,可以加快内部网浏览 Internet 的速度,提高客户机的访问命中率。squid 不仅支持 HTTP,还支持 FTP、gopher、SSL 和 WAIS 等协议。和一般的代理缓存软件不同,squid 用一个单独的、非模块化的 I/O 驱动的进程来处理所有的客户端请求。

1. squid 软件包与常用配置项

1)squid 软件包

- 软件包名:squid
- 服务名:squid
- 主程序:/usr/sbin/squid
- 配置目录:/etc/squid/
- 主配置文件:/etc/squid/squid.conf
- 默认监听端口:TCP 3128
- 默认访问日志文件:/var/log/squid/access.log

2)常用配置项

- http_port 3128
- access_log /var/log/squid/access.log
- visible_hostname proxy.example.com

2. 安装、启动、停止 squid 服务（在 Server02 上安装）

```
[root@Server02 ~]#rpm -qa |grep squid
[root@Server02 ~]#mount /dev/cdrom /media
[root@Server02 ~]#dnf clean all                    #安装前先清除缓存
[root@Server02 ~]#dnf install squid -y
[root@Server02 ~]#systemctl start squid            #启动 squid 服务
[root@Server02 ~]#systemctl enable squid           #开机自动启动
```

14.3.2　配置 squid 服务器

squid 服务的主配置文件是/etc/squid/squid.conf，用户可以根据自己的实际情况修改相应的选项。

1. 几个常用的选项

与之前配置过的服务程序大致类似，squid 服务程序的配置文件也是存放在/etc 目录下一个以服务名称命名的目录中。表 14-2 是一些常用的 squid 服务程序配置参数。

表 14-2　常用的 squid 服务程序配置参数以及作用

参　　数	作　　用
http_port 3128	监听的端口号
cache_mem 64M	内存缓冲区的大小
cache_dir ufs /var/spool/squid 2000 16 256	硬盘缓冲区的大小
cache_effective_user squid	设置缓存的有效用户
cache_effective_group squid	设置缓存的有效用户组
dns_nameservers［IP 地址］	一般不设置，而是用服务器默认的 DNS 地址
cache_access_log /var/log/squid/access.log	访问日志文件的保存路径
cache_log /var/log/squid/cache.log	缓存日志文件的保存路径
visible_hostname www.smile.com	设置 squid 服务器的名称

2. 设置访问控制列表

squid 代理服务器是 Web 客户机与 Web 服务器之间的中介，它实现访问控制，决定哪一台客户机可以访问 Web 服务器以及如何访问。squid 服务器通过检查具有控制信息的主机和域的访问控制列表（ACL）来决定是否允许某客户机访问。ACL 是要控制客户的主机和域的列表。使用 acl 命令可以定义 ACL，该命令在控制项中创建标签。用户可以使用 http_access 等命令定义这些控制功能，可以基于多种 acl 选项，如源 IP 地址、域名，甚至时间和日期等来使用 acl 命令定义系统或者系统组。

1）acl

acl 命令的格式如下。

acl 列表名称　　列表类型　　［**-i**］　　列表值

其中，列表名称用于区分 squid 的各个访问控制列表，任何两个访问控制列表不能用相同的列表名。一般来说，为了便于区分列表的含义，应尽量使用意义明确的列表名称。

列表类型用于定义可被 squid 识别的类别。例如，可以通过 IP 地址、主机名、域名、日期和时间等。常见的列表类型如表 14-3 所示。

表 14-3　ACL 列表类型选项

ACL 列表类型	说　　明
src　ip-address/netmask	客户端源 IP 地址和子网掩码
src　addr1-addr4/netmask	客户端源 IP 地址范围
dst　ip-address/netmask	客户端目标 IP 地址和子网掩码
myip　ip-address/netmask	本地套接字 IP 地址
srcdomain domain	源域名（客户机所属的域）
dstdomain　domain	目的域名（Internet 中的服务器所属的域）
srcdom_regex　expression	对来源的 URL 做正则匹配表达式
dstdom_regex　expression	对目的 URL 做正则匹配表达式
time	指定时间。用法：acl aclname time [day-abbrevs] [h1:m1-h2:m2]。其中 day-abbrevs 可以为 S（Sunday）、M（Monday）、T（Tuesday）、W（Wednesday）、H（Thursday）、F（Friday）、A（Saturday）。注意：h1:m1 一定要比 h2:m2 小
port	指定连接端口，如 acl SSL_ports port 443
proto	指定使用的通信协议，如 acl allowprotolist proto HTTP
url_regex	设置 URL 规则匹配表达式
urlpath_regex:URL-path	设置略去协议和主机名的 URL 规则匹配表达式

更多的 ACL 类型表达式可以查看 squid.conf 文件。

2）http_access

设置允许或拒绝某个访问控制列表的访问请求。格式如下。

```
http_access [allow|deny] 访问控制列表的名称
```

squid 服务器在定义访问控制列表后，会根据 http_access 选项的规则允许或禁止满足一定条件的客户端的访问请求。

【例 14-1】　拒绝所有客户端的请求。

```
acl    all    src    0.0.0.0/0.0.0.0
http_access  deny    all
```

【例 14-2】　禁止 192.168.1.0/24 网段的客户机上网。

```
acl    client1    src    192.168.1.0/255.255.255.0
http_access    deny    client1
```

【例 14-3】　禁止用户访问域名为 www.playboy.com 的网站。

```
acl    baddomain    dstdomain    www.playboy.com
http_access    deny    baddomain
```

【例 14-4】　禁止 192.168.1.0/24 网络的用户在周一到周五的 9:00—18:00 上网。

```
acl    client1    src    192.168.1.0/255.255.255.0
acl    badtime    time    MTWHF    9:00-18:00
http_access deny    client1    badtime
```

【例 14-5】　禁止用户下载 ＊.mp3、＊.exe、＊.zip 和 ＊.rar 类型的文件。

```
acl    badfile    urlpath_regex    -i    \.mp3$    \.exe$    \.zip$    \.rar$
http_access    deny    badfile
```

【例 14-6】　屏蔽 www.whitehouse.gov 站点。

```
acl    badsite    dstdomain    -i    www.whitehouse.gov
http_access    deny    badsite
```

-i 表示忽略大小写字母,默认情况下 squid 是区分大小写的。

【例 14-7】　屏蔽所有包含"sex"的 URL 路径。

```
acl    sex    url_regex    -i    sex
http_access    deny    sex
```

【例 14-8】　禁止访问 22、23、25、53、110、119 这些危险端口。

```
acl    dangerous_port    port    22    23    25    53    110    119
http_access    deny    dangerous_port
```

如果不确定哪些端口具有危险性,也可以采取更为保守的方法,就是只允许访问安全的端口。

默认的 squid.conf 包含下面的安全端口 ACL。

```
acl    safe_port1    port    80                        #http
acl    safe_port2    port    21                        #ftp
acl    safe_port3    port    443  563                  #https,snews
acl    safe_port4    port    70                        #gopher
acl    safe_port5    port    210                       #wais
acl safe_port6        port    1025-65535               #unregistered ports
acl safe_port7        port    280                       #http-mgmt
acl    safe_port8    port    488                       #gss-http
acl    safe_port9    port    591                       #filemaker
acl    safe_port10   port    777                       #multiling http
acl    safe_port11   port    210                       #waisp
http_access    deny    !safe_port1
http_access    deny    !safe_port2
                (略)
http_access    deny    !safe_port11
```

http_access　deny　! safe_port1 表示拒绝所有非 safe_ports 列表中的端口。这样设置系统的安全性得到了进一步的保障。其中叹号"!"表示取反。

> **注意**　　由于 squid 是按照顺序读取访问控制列表的，所以合理安排各个访问控制列表的顺序至关重要。

14.4　企业实战与应用案例

利用 squid 和 NAT 功能可以实现透明代理。透明代理的意思是客户端根本不需要知道有代理服务器的存在，客户端不需要在浏览器或其他的客户端工作中做任何设置，只需要将默认网关设置为 Linux 服务器的 IP 地址（内网 IP 地址）即可。

14.4.1　企业环境和需求

透明代理服务的典型应用环境如图 14-2 所示，企业需求如下。

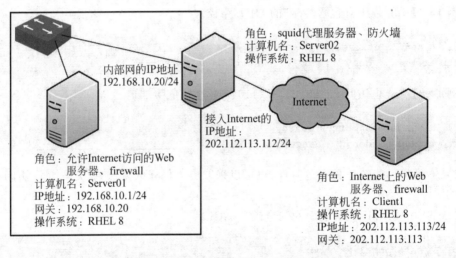

图 14-2　透明代理服务的典型应用环境

（1）客户端在设置代理服务器地址和端口的情况下能够访问互联网上的 Web 服务器。

（2）客户端不需要设置代理服务器地址和端口就能够访问互联网上的 Web 服务器，即透明代理。

（3）Server02 配置代理服务，内存为 2GB，硬盘为 SCSI 硬盘，容量为 200GB，设置 10GB 空间为硬盘缓存，要求所有客户端都可以上网。

14.4.2　手动设置代理服务器解决方案

1. 部署环境

1）在 Server02 上安装双网卡

假设计算机的第 1 块网卡是 ens160,第 2 块网卡系统自动命名为了 ens224。

2）配置 IP 地址、网关等信息

本实训由 3 台 Linux 虚拟机组成,请按要求进行 IP 地址、网关等信息的设置:一台是 squid 代理服务器(Server02),双网卡(IP2 为 192.168.10.20/24,连接 VMnet1;IP2 为 202.112.113.112/24,连接 VMnet8);1 台是安装 Linux 操作系统的 squid 客户端(Server01,IP 为 192.168.10.1/24,网关为 192.168.10.20,连接 VMnet1);还有 1 台是互联网上的 Web 服务器,也安装了 Linux(IP 为 202.112.113.113,连接 VMnet8)。

请读者注意各网卡的网络连接方式是 VMnet1 还是 VMnet8。各网卡的 IP 地址信息可以永久设置,后面的实训也会沿用。

① 在 Server01 上设置 IP 地址等信息。

② 在 Client1 上安装 httpd 服务,让防火墙允许,并测试默认网络配置是否成功。

```
[root@Client1 ~]#mount /dev/cdrom /media          #挂载安装光盘
[root@Client1 ~]#dnf clean all
[root@Client1 ~]#dnf install httpd -y             #安装 Web
[root@Client1 ~]#systemctl start httpd
[root@Client1 ~]#systemctl enable httpd
[root@Client1 ~]#systemctl start firewalld
[root@Client1 ~]#firewall-cmd --permanent --add-service=http
                                                  #让防火墙放行 httpd 服务
[root@Client1 ~]#firewall-cmd --reload
[root@Client1 ~]#firefox 202.112.113.113          #测试 Web 配置是否成功
```

2. 在 Server02 上安装 squid 服务,配置 squid 服务(行号为大致位置如下)

```
[root@Server02 ~]#vim /etc/squid/squid.conf
...
55 acl localnet src 192.0.0.0/8
56 http_access allow localnet
57 http_access deny all
#上面 3 行的意思是,定义 192.0.0.0 的网络为 localnet,允许访问 localnet,其他都被拒绝
64 http_port 3128
67 cache_dir ufs /var/spool/squid 10240 16 256
#设置硬盘缓存大小为 10GB,目录为/var/spool/squid,一级子目录 16 个,二级子目录 256 个
68 visible_hostname Server02
[root@Server02 ~]#systemctl start squid
[root@Server02 ~]#systemctl enable squid
```

3. 在 Linux 客户端 Server01 上测试代理设置是否成功

（1）打开 Firefox 浏览器,配置代理服务器。在浏览器中,按下 Alt 键调出菜单,选择"编

辑"→"首选项"→"网络"→"设置"命令，打开"连接设置"对话框，选择手动代理配置选项，将代理服务器地址设为 192.168.10.20，端口设为 3128，如图 14-3 所示。设置完成后单击"确定"按钮退出。

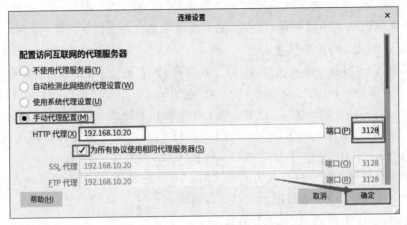

图 14-3　在 Firefox 中配置代理服务器

（2）在浏览器地址栏输入 http://202.112.113.113，按 Enter 键，出现如图 14-4 所示的错误界面。

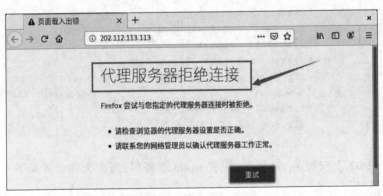

图 14-4　不能正常连接

4. 排除故障

（1）解决方案：在 Server02 上设置防火墙，当然也可以使用 stop 停止全部防火墙。

```
[root@Server02  ~]#firewall-cmd --permanent --add-service=squid
[root@Server02  ~]#firewall-cmd --permanent --add-port=80/tcp
[root@Server02  ~]#firewall-cmd --reload
[root@Server02 ~]#netstat -an |grep :3128          #3128端口正常监听
tcp6       0      0 :::3128            :::*            LISTEN
```

（2）在 Server01 浏览器地址栏输入 http://202.112.113.113，按 Enter 键，出现如图 14-5 所示的正确界面。

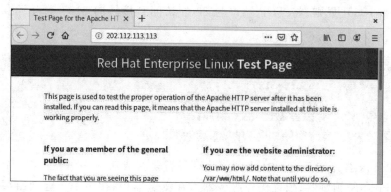

图 14-5 成功浏览

 提 示 服务器的设置一要考虑 firewall 防火墙,二要考虑管理布尔值(SELinux)。

5. 在 Linux 服务器端 Server02 上查看日志文件

```
[root@Server02  ~]#vim  /var/log/squid/access.log
532869125.169    5  192.168.10.1  TCP_MISS/403  4379  GET  http:#202.112.113.
113/  -  HIER_DIRECT/202.112.113.113  text/html
```

思考:在 Web 服务器 Client1 上的日志文件 var/log/messages 有何记录?读者不妨查阅一下该日志文件。

14.4.3 客户端不需要配置代理服务器的解决方案

(1) 在 Server02 上配置 squid 服务,上面开放 squid 防火墙和端口的内容仍适用于本任务。

① 修改 squid.conf 配置文件,将 http_port 3128 下面增加如下内容并重新加载该配置。

```
[root@Server02?~]#vim  /etc/squid/squid.conf
64 http_port 3128
64 http_port 3129 transparent
[root@Server02?~]#systemctl restart squid
[root@Server02 ~]#netstat -an |grep :3128     #查看端口是否启动监听,很重要!!!
tcp6     0      0 :::3128    ::: *          LISTEN
[root@Server02 ~]#netstat -an |grep :3129     #查看端口是否启动监听,很重要!!!
tcp6     0      0 :::3129    ::: *          LISTEN
```

 说 明 3128 端口默认必须启动,因此不能用作透明代理端口。透明代理端口要单独设置,本例为 3129。

② 添加 firewall 规则,将 TCP 端口为 80 的访问直接转向 3129 端口。重启防火墙和 squid。

```
[root@Server02 ~]#firewall-cmd --permanent --add-forward-port=port=80:proto=tcp:
                 toport=3129
success
[root@Server02 ~]#firewall-cmd --reload
[root@Server02 ~]#systemctl restart squid
```

(2) 在 Linux 客户端 Server01 上测试代理设置是否成功。

①打开 Firefox 浏览器,配置代理服务器。在浏览器中,按下 Alt 键调出菜单,选择"编辑"→"首选项"→"网络"→"设置"命令,打开"连接设置"对话框,选中"不使用代理服务器"选项,将代理服务器设置清空。

② 设置 Server01 的网关为 192.168.10.20(删除网关命令是将 add 改为 del)。

```
[root@Server01  ~]#route  add  default  gw  192.168.10.20          #网关一定要设置
```

③ 在 Server01 浏览器地址栏输入 http:#202.112.113.113,按 Enter 键,显示测试成功。

(3) 在 Web 服务器端 Client1 上查看日志文件。

```
[root@Client1 ~]#vim /var/log/httpd/access_log
202.112.113.112 - - [28/Jul/2018:23:17:15 +0800] "GET /favicon.ico HTTP/
1.1" 404 209 "-" "Mozilla/5.0 (X11; Linux x86_64; rv:52.0) Gecko/
20100101 Firefox/52.0"
```

注意

RHEL 8 的 Web 服务器日志文件是/var/log/httpd/access_log,RHEL 6 中的 Web 服务器的日志文件是/var/log/httpd/access.log。

(4) 初学的读者可以在 firewall 的图形界面设置上面的转发规则,如图 14-6 所示。

```
[root@Server02 ~]#firewall-config          #需要用 dnf 先安装该软件
```

14.4.4 反向代理的解决方案

外网 Client 要访问内网 Server01 的 Web 服务器,可以使用反向代理。

(1) 在 Server01 上安装、启动 http 服务,并设置防火墙让该服务通过。

```
[root@Server01  ~]#dnf install httpd -y
[root@Server01  ~]#systemctl start firewalld
[root@Server01  ~]#firewall-cmd --permanent --add-service=http
[root@Server01  ~]#firewall-cmd --reload
[root@Server01  ~]#systemctl start httpd
[root@Server01  ~]#systemctl enable httpd
```

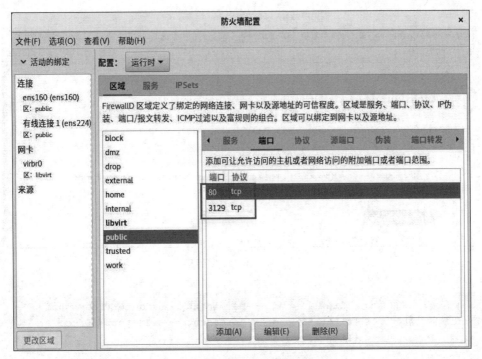

图 14-6　在 firewall 中设置端口转发

（2）在 Server02 上配置反向代理（特别注意 acl 等前 3 句，意思是先定义一个 localnet 网络，其网络 ID 是 202.0.0.0，后面再允许该网段访问，拒绝其他网段访问）。

```
[root@Server02  ~]# firewall-cmd  --permanent  --add-service=squid
[root@Server02  ~]# firewall-cmd  --permanent  --add-port=80/tcp
[root@Server02  ~]# firewall-cmd  --reload

[root@Server02  ~]# vim  /etc/squid/squid.conf
55 acl  localnet  src  202.0.0.0/8
56 http_access  allow  localnet
59 http_access  deny  all
64 http_port  202.112.113.112:80  vhost
65 cache_peer  192.168.10.1  parent  80  0  originserver  weight=5  max_conn=
30
[root@Server02  ~]# systemctl  restart  squid
```

（3）在外网 Client1 上进行测试（浏览器的代理服务器设为"无代理"）。

```
[root@Client1?~]# firefox 202.112.113.112
```

14.4.5　几种错误的解决方案（以反向代理为例）

（1）如果防火墙设置不好，就会出现图 14-7 所示的错误界面。

解决方案：在 Server02 上设置防火墙，当然也可以使用 stop 停止全部防火墙（firewall 防火墙默认是开启状态，停止防火墙的命令是 systemctl stop firewalld）。

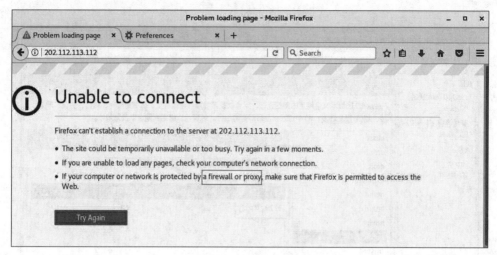

图 14-7　不能正常连接

```
[root@Server02 ~]#firewall-cmd --permanent --add-service=squid
[root@Server02 ~]#firewall-cmd --permanent --add-port=80/tcp
[root@Server02 ~]#firewall-cmd --reload
```

（2）如果 ACL 列表设置不对，可能会出现图 14-8 所示的错误界面。

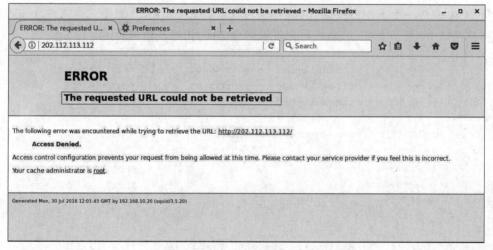

图 14-8　不能被检索

解决方案：在 Server02 上的配置文件中增加或修改如下语句。

```
[root@Server02 ~]#vim /etc/squid/squid.conf
acl localnet src 202.0.0.0/8
http_access allow localnet
http_access deny all
```

说明　防火墙是非常重要的保护工具,许多网络故障是由于防火墙配置不当,需要读者认识清楚。为了后续实训不受此影响,可以在完成本次实训后,重新恢复原来的初始安装备份。

14.5　项目实录:配置与管理 squid 代理服务器

1. 观看视频

实训前请扫描二维码观看视频。

2. 项目背景

如图 14-9 所示,公司用 squid 作代理服务器(内网 IP 地址为 192.168.1.1),公司所用 IP 地址段为 192.168.1.0/24,并且想用 8080 作为代理端口。项目需求如下。

实训项目　配置与管理 squid 代理服务器

(1) 客户端在设置代理服务器地址和端口的情况下能够访问互联网上的 Web 服务器。

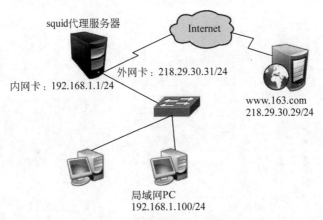

图 14-9　代理服务的典型应用环境

(2) 客户端不需要设置代理服务器地址和端口就能够访问互联网上的 Web 服务器,即透明代理。

(3) 配置反向代理,并测试。

3. 做一做

根据项目要求及视频内容,完成整个项目。

14.6　练习题

一、填空题

1. 代理服务器等同于内网与_____的桥梁。

2. 普通的 Internet 访问是一个典型的_____结构:用户利用计算机上的客户端程序

(如浏览器)发出请求,远端 www 服务器程序响应请求并提供相应的数据。

3. 代理服务器处于客户机与服务器之间,对于服务器来说,代理服务器是_____,代理服务器提出请求,服务器响应;对于客户机来说,代理服务器是_____,它接收客户机的请求,并将服务器上传来的数据转给_____。

4. 当客户端在浏览器中设置好代理服务器后,所有使用浏览器访问 Internet 站点的请求都不会直接发给_____,而是首先发送至_____。

二、简述题

1. 简述代理服务器的工作原理和作用。

2. 配置透明代理的目的是什么?如何配置透明代理?

"Linux 操作系统"课程根据岗位技能需求和学生认知的特点,遵循学生职业素养、职业能力培养的基本规律,以真实工程项目为载体,以工作过程为导向,以职业素养和职业能力培养为重点,按照**技术应用从易到难**、学习情境从简单到复杂、从局部到整体,职业能力不断**提升**的原则规范化教学内容。

全书 14 章包括了 Linux 服务器搭建、Linux 基本应用、Linux 系统配置与管理、Linux 服务器配置与管理等详细内容。除此之外,还增加了电子活页,包括"系统安全与故障排除""拓展提升"2 个学习情境(12 个项目实录视频和 1 个文档阅读资料)。

双元模式、岗课融通、项目驱动、任务导向、知识点微课、实训慕课、电子活页,融媒体教材提供"一站式"课程解决方案。

一、系统安全与故障排除——千里之堤,溃于蚁穴

项目实录　进程管理
与系统监视

项目实录　配置与管理
VPN 服务器

项目实录　OpenSSL
及证书服务

项目实录　配置与管理
Web 服务器(SSL)之一

项目实录　配置与管理
Web 服务器(SSL)之二

项目实录　实现邮件
TLS/SSL 加密通信

项目实录　排除系统
和网络故障

项目实录　cups＋smb
打印服务

二、拓展提升——欲穷千里目,更上一层楼

项目实录　安装和
管理软件包

项目实录　配置
远程管理

项目实录　配置与管
理 chrony 服务器

项目实录　安装 Linux
Nginx MariaDB PHP

中国计算机重大事
件和突出贡献人物

参 考 文 献

[1] 杨云. Linux 网络操作系统项目教程(RHEL 7.4/CentOS 7.4)[M]. 3 版. 北京：人民邮电出版社,2019.

[2] 杨云. Red Hat Enterprise Linux 7.4 网络操作系统详解[M]. 北京：清华大学出版社,2019.

[3] 杨云. 网络服务器搭建、配置与管理——Linux 版[M]. 3 版. 北京：人民邮电出版社,2019.

[4] 杨云. Linux 网络操作系统与实训[M]. 4 版. 北京：中国铁道出版社,2020.

[5] 赵良涛. Linux 服务器配置与管理项目教程(微课版)[M]. 北京：中国水利水电出版社,2019.

[6] 鸟哥. 鸟哥的 Linux 私房菜——基础学习篇[M]. 3 版.北京：人民邮电出版社,2018.

[7] 刘遄. Linux 就该这么学[M]. 北京：人民邮电出版社,2016.

[8] 刘晓辉,等. 网络服务搭建、配置与管理大全(Linux 版)[M]. 北京：电子工业出版社,2009.

[9] 陈涛,张强,韩羽. 企业级 Linux 服务攻略[M]. 北京：清华大学出版社,2008.

[10] 曹江华. Red Hat Enterprise Linux 5.0 服务器构建与故障排除[M]. 北京：电子工业出版社,2008.

[11] 夏栋梁,宁菲菲. Red Hat Enterprise Linux 8 系统管理实战[M]. 北京:清华大学出版社,2020.

[12] 鸟哥. 鸟哥的 Linux 私房菜——服务器架设篇[M]. 3 版.北京：机械工业出版社,2012.